普通高等教育人工智能专业系列教材
人工智能通识类

# 人工智能技术及应用
## 第 2 版

程显毅 张 盛 靳 伟 田亚崇 编著

机械工业出版社

随着信息技术和互联网技术的快速发展，人工智能已成为新一轮科技革命的主要驱动力，未来人工智能将贯穿各个领域。本书以"人工智能思维"为理念，以"学生"为中心，以"创新创业"为目标，文理兼顾，构建"教、学、用"为一体的教材结构。全书共7章，第1章介绍了人工智能的发展和流派；第2~4章向读者展示新一代人工智能的核心技术：机器学习、深度学习、大模型；第5章从"道""法""术""器""用""势"六个维度解析人工智能思维的基本原理，树立人工智能应用的意识；第6、7章介绍人工智能前沿技术和在交通、电商、建筑、制造、农业、医疗等行业的应用场景，激发读者创新创业的热情，了解未来技术发展的趋势，抓住机遇。

本书可以作为高等院校各专业人工智能导论、机器学习、大模型技术课程的教材或参考资料，也可作为人工智能爱好者的参考资料。

本书提供了书中所有的配套实验数据、拓展视频、PPT、习题答案等资源，需要的教师可登录 www.cmpedu.com 免费注册，审核通过后下载，或联系编辑索取（微信：18515977506，电话：010-88379753）。

## 图书在版编目（CIP）数据

人工智能技术及应用 / 程显毅等编著. -- 2版. --北京：机械工业出版社，2025.7. --（普通高等教育人工智能专业系列教材）. -- ISBN 978-7-111-77878-3

Ⅰ．TP18

中国国家版本馆CIP数据核字第20254MJ051号

机械工业出版社（北京市百万庄大街22号　邮政编码100037）
策划编辑：汤　枫　　　　责任编辑：汤　枫　赵晓峰
责任校对：曹若菲　张　征　责任印制：张　博
固安县铭成印刷有限公司印刷
2025年7月第2版第1次印刷
184mm×260mm·15.25印张·376千字
标准书号：ISBN 978-7-111-77878-3
定价：65.00元

电话服务　　　　　　　网络服务
客服电话：010-88361066　机　工　官　网：www.cmpbook.com
　　　　　010-88379833　机　工　官　博：weibo.com/cmp1952
　　　　　010-68326294　金　　书　　网：www.golden-book.com
封底无防伪标均为盗版　　机工教育服务网：www.cmpedu.com

# 第 2 版前言

《人工智能技术及应用》于 2020 年出版，近年来人工智能技术的飞速发展，尤其是自然语言处理领域的突破，已经带来了许多惊人的进展。因此有必要对第 1 版进行全面修订，融入最新研究成果和技术进展，以期为广大读者提供更为丰富、实用的学习资料。

通过本书的学习，读者可以培养人工智能思维意识，发现人工智能落地应用的思路，了解人工智能基本原理和前沿技术，培养学科交叉复合能力。本书主要特点如下：

1）思维意识先行。本书定位"人工智能思维"优先，培养能够用人工智能思维思考所熟悉的事和物的意识。思维的培养不能一蹴而就，需要循序渐进，本书从"道""法""术""器""用""势"六个维度解析人工智能思维的原理。与第 1 版不同的是将分散在各章的人工智能思维集中组织为独立的一章。

2）以学生为中心。本书面向学生"想学"和"会用"。"想学"就是树立了正确的人工智能思维观，"会用"要求能够对项目实施有自己的想法，并设计出一个可行的方案，而不是要求把产品开发出来。

3）文理兼顾。根据国家人工智能战略，在高等院校进行人工智能思维意识的培养迫在眉睫，任何专业背景的学生都需要有人工智能思维的意识。本书对如何让非计算机专业背景的学生也能了解人工智能技术对本专业的影响进行了一些探索。

4）内容先进。人工智能导论知识点多，而且既杂又难。本着"必学""够用""先进"的原则，第 2 版将大模型应用独立组织为一章。这是因为，在过去几年中，人工智能技术已经实现了从单纯的问答机器人到更加具有智能和灵活性的自然语言处理模型的跨越。而 ChatGPT、DeepSeek 是人工智能技术"量变"引发"质变"的代表，引领了人工智能领域的飞跃式发展。

5）注重应用。通过介绍人工智能在交通、电商、建筑、工业、农业、医疗、教育等行业的应用场景，发现人工智能落地应用的思路。

由于作者水平有限，书中难免存在不当之处，请读者多加指教，在此深表感谢！

编　者

# 第1版前言

人工智能作为新一轮产业变革的核心驱动力,不断释放科技革命和产业变革积蓄的巨大能量。可能你没有赶上互联网+的时期,但可以让你赶上AI+的变革时代。

通过本书的学习,你可以了解人工智能的过去、现在和未来;发现人工智能落地应用的思路;掌握人工智能产品开发的基本方法。本书主要特点如下。

### 1. 通俗的知识讲解

本书以朴素的语言和浅显的例子,用图文并茂的形式,向读者生动展示新一代人工智能的专业知识。注重:

1)趣味性。本书把抽象的概念形象化,让读者有体验感,有吸引力。

2)先进性。科技进步瞬息万变,本书通过辅助材料让读者实时了解行业、企业最新技术动态和人才需求动态,对于经典的人工智能技术没有过多介绍。

3)针对性。因为本书是面向多专业背景的读者,所以书中的知识点根据不同专业进行了针对性的解释。

4)系统性。本书内容按人工智能知识体系安排,即问题求解、知识与推理、学习与发现、感知与理解、系统与建造。

### 2. 面向非计算机专业,文理兼顾

本书主要面向对人工智能感兴趣的读者,让读者了解人工智能历史和未来发展方向,理解人工智能常用术语,熟悉人工智能市场需求,培养人工智能应用意识。

### 3. 内容编排层次化,分为四篇

(1)科普篇

科普篇的主要任务是让读者对人工智能有一个初步体验,通过身边的实例和作品欣赏介绍人工智能的概念、历史、生态、面临的机遇和挑战,培养人工智能思维意识。

(2)行业应用篇

通过对本篇的学习,读者可以感受到人工智能在所学专业中的作用,基本了解人工智能是如何落地的。根据专业的不同,读者可重点学习1~2个行业应用案例。

(3)理论篇

本篇可作为自学内容,其目的是让学有余力的读者,有一个系统的提升空间。

(4)创新创业篇

创新创业篇主要培养读者创造性思维、人工智能科技素养和人工智能认知能力。

科普篇和创新创业篇是通识内容,行业应用篇是根据专业需要的选学内容,理论篇是学生依据自己的需求自学内容。这样的设计,既能让读者了解人工智能的最新技术,又能把人工智能应用到所学专业中。

为了便于教学，本书还提供了 68 个体验视频、21 个实战项目，以帮助学生深入理解书本内容；每章提供了一个如下图所示的思维导图，便于学生了解需要掌握的能力，掌握该能力需要的知识点；每章安排了一定习题和实验，用于检查学生对知识点的掌握程度。

本书配套的体验视频可通过关注机械工业出版社计算机分社官方微信订阅号——IT 有得聊，回复本书书号"66083"即可获得。

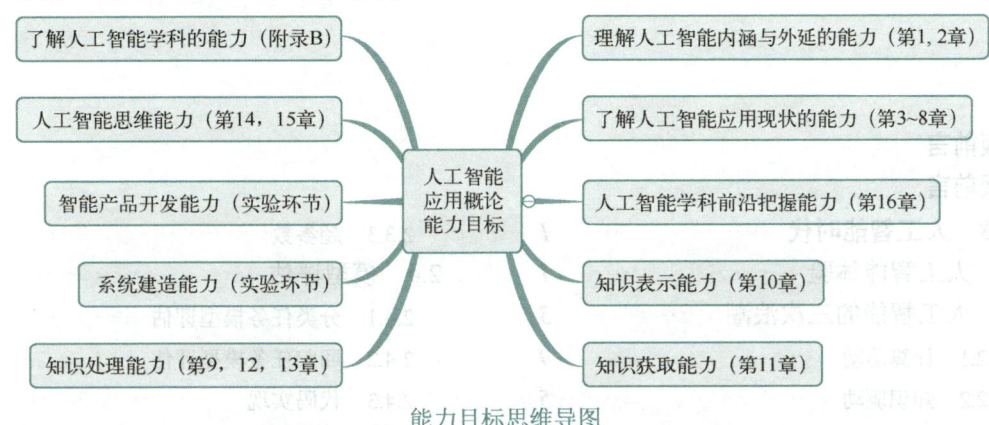

能力目标思维导图

本书第 2、4、13 章由任越美执笔，第 6、8、15 章由孙丽丽执笔，第 9 章由邱建林执笔，第 16 章由薛胜军、季国华执笔，第 3 章由葛如海、张旭执笔，第 5 章由张敏莉、秦伟执笔，第 7 章由张盛、姚阳执笔，第 10 章由陈凤妹、田亚崇执笔，第 12 章由杨云雪、黄涛执笔，第 14 章由董春龙、施怡然执笔，第 1、11 章由程显毅执笔，最后由程显毅统稿。

本书在编写过程中参考和引用了许多参考文献，在此对文献的作者表示真诚的感谢。由于编者水平有限，书中难免存在不足或疏漏之处，恳请广大读者批评指正。

编　者

# 目　　录

第 2 版前言
第 1 版前言

**第 1 章　人工智能时代** ……………………… 1
　1.1　人工智能体验 ……………………………… 1
　1.2　人工智能的三次浪潮 ……………………… 3
　　1.2.1　计算驱动 …………………………… 4
　　1.2.2　知识驱动 …………………………… 5
　　1.2.3　数据驱动 …………………………… 6
　1.3　人工智能的内涵和外延 …………………… 8
　　1.3.1　人工智能的内涵 …………………… 8
　　1.3.2　人工智能的外延 …………………… 9
　1.4　人工智能流派 ……………………………… 9
　　1.4.1　符号主义 …………………………… 9
　　1.4.2　联结主义 …………………………… 10
　　1.4.3　行为主义 …………………………… 10
　1.5　人工智能产业链 …………………………… 11
　习题 1 …………………………………………… 13

**第 2 章　机器学习** …………………………… 15
　2.1　机器学习概述 ……………………………… 15
　　2.1.1　机器学习背景 ……………………… 15
　　2.1.2　机器学习概念 ……………………… 16
　　2.1.3　机器学习过程 ……………………… 16
　　2.1.4　机器学习分类 ……………………… 17
　　2.1.5　Python 机器学习算法库 …………… 18
　2.2　数据准备 …………………………………… 20
　　2.2.1　数据集 ……………………………… 20
　　2.2.2　数据预处理 ………………………… 22
　　2.2.3　数据集划分 ………………………… 24
　2.3　模型训练 …………………………………… 24
　　2.3.1　算法选择 …………………………… 24
　　2.3.2　损失函数设计 ……………………… 30

　　2.3.3　超参数 ……………………………… 32
　2.4　模型评估 …………………………………… 33
　　2.4.1　分类任务模型评估 ………………… 33
　　2.4.2　回归任务模型评估 ………………… 34
　　2.4.3　代码实现 …………………………… 34
　2.5　模型预测 …………………………………… 35
　　2.5.1　泛化能力 …………………………… 35
　　2.5.2　交叉验证 …………………………… 36
　　2.5.3　代码实现 …………………………… 36
　2.6　机器学习实战 ……………………………… 36
　　2.6.1　乳腺癌分类 ………………………… 36
　　2.6.2　房价预测 …………………………… 38
　习题 2 …………………………………………… 39

**第 3 章　深度学习** …………………………… 41
　3.1　全连接神经网络 …………………………… 41
　　3.1.1　神经元模型 ………………………… 42
　　3.1.2　神经网络 …………………………… 43
　3.2　卷积神经网络 ……………………………… 45
　　3.2.1　深度学习产生的背景 ……………… 45
　　3.2.2　卷积神经网络的基本原理 ………… 48
　　3.2.3　深度学习的基本原理 ……………… 51
　3.3　深度学习实战 ……………………………… 52
　　3.3.1　AI Studio ………………………… 52
　　3.3.2　车牌识别 …………………………… 53
　　3.3.3　新闻分类 …………………………… 55
　习题 3 …………………………………………… 56

**第 4 章　大模型** ……………………………… 58
　4.1　DeepSeek …………………………………… 58
　　4.1.1　DeepSeek 概述 ……………………… 58

4.1.2　DeepSeek 超级大脑 ………… 59
　　4.1.3　DeepSeek 体验 ……………… 60
4.2　大模型概述 ………………………… 64
　　4.2.1　大模型的定义 ………………… 64
　　4.2.2　大模型的分类 ………………… 65
　　4.2.3　大模型的发展历程 …………… 65
4.3　AIGC ………………………………… 67
　　4.3.1　AIGC 的发展历程 …………… 67
　　4.3.2　AIGC 与大模型的关系 ……… 69
　　4.3.3　AIGC 给传统生产模式带来的
　　　　　革新 ……………………………… 70
4.4　Transformer ………………………… 71
　　4.4.1　Transformer 的发展历程 …… 71
　　4.4.2　Transformer 的模型架构 …… 72
　　4.4.3　Transformer 的优势 ………… 76
4.5　Prompt ……………………………… 77
　　4.5.1　Prompt 的概念 ……………… 77
　　4.5.2　Prompt 模式 ………………… 77
　　4.5.3　Prompt 的作用 ……………… 78
习题 4 ……………………………………… 79

## 第 5 章　人工智能思维 …………………… 82

5.1　人工智能思维之"道" ……………… 82
　　5.1.1　人工智能的普遍规律 ………… 82
　　5.1.2　AI 思维的案例 ………………… 83
　　5.1.3　AI 思维与人脑思维 …………… 85
　　5.1.4　AI 思维的要素 ………………… 86
　　5.1.5　AI 思维带来认知革命 ………… 87
5.2　人工智能思维之"法" ……………… 88
　　5.2.1　AI 的底层逻辑 ………………… 88
　　5.2.2　相关性和因果性 ……………… 89
　　5.2.3　数据的规律性 ………………… 90
5.3　人工智能思维之"术" ……………… 92
　　5.3.1　从数据到价值 ………………… 92
　　5.3.2　数据理解 ……………………… 93
　　5.3.3　AI 如何做出决策 ……………… 96
5.4　人工智能思维之"器" ……………… 98
　　5.4.1　机器学习算法 ………………… 98
　　5.4.2　深度学习网络结构 …………… 98
　　5.4.3　深度学习平台 ………………… 100

5.5　人工智能思维之"用" ……………… 100
　　5.5.1　行业数字化是大势所趋 ……… 100
　　5.5.2　通过企业的数据中台完成数据
　　　　　打通 …………………………… 101
　　5.5.3　生产制造数据打通 …………… 101
　　5.5.4　数字化和智能化相辅相成 …… 102
　　5.5.5　深度学习引领人工智能落地 … 103
5.6　人工智能思维之"势" ……………… 103
　　5.6.1　如何从无标注数据中学习 …… 103
　　5.6.2　如何把数据和知识结合起来 … 104
　　5.6.3　可解释的 AI 模型 …………… 105
　　5.6.4　伦理挑战和应对 ……………… 106
　　5.6.5　个人信息保护 ………………… 107
　　5.6.6　AI 落地的人为因素 …………… 108
习题 5 ……………………………………… 109

## 第 6 章　人工智能前沿 …………………… 111

6.1　元宇宙 ……………………………… 111
　　6.1.1　元宇宙发展 …………………… 111
　　6.1.2　元宇宙概述 …………………… 113
　　6.1.3　元宇宙核心技术 ……………… 115
　　6.1.4　元宇宙存在的价值 …………… 117
　　6.1.5　元宇宙产业生态 ……………… 117
　　6.1.6　元宇宙与大模型一体两面密
　　　　　不可分 ………………………… 118
6.2　数字机器人 ………………………… 119
　　6.2.1　数字机器人概述 ……………… 119
　　6.2.2　RPA 兴起的原因 ……………… 120
　　6.2.3　RPA 应用场景 ………………… 120
　　6.2.4　RPA 架构 …………………… 122
　　6.2.5　RPA 发展趋势 ………………… 122
　　6.2.6　RPA 实战 …………………… 123
　　6.2.7　大模型时代下的"手脑并用"：
　　　　　RPA+LLM ……………………… 128
6.3　强化学习 …………………………… 129
　　6.3.1　强化学习概述 ………………… 129
　　6.3.2　强化学习仿真环境 …………… 130
　　6.3.3　强化学习与传统学习、深度
　　　　　学习的对比 …………………… 131
　　6.3.4　大语言模型+强化学习 ……… 131

## 6.4 迁移学习 133
- 6.4.1 迁移学习概述 133
- 6.4.2 迁移学习与传统机器学习对比 133
- 6.4.3 迁移学习方法 134
- 6.4.4 大模型微调方法是一种有效的迁移学习技术 136

## 6.5 低代码编程 137
- 6.5.1 低代码核心理念 137
- 6.5.2 低代码开发特点 139
- 6.5.3 低代码开发流程 139
- 6.5.4 低代码应用场景 140
- 6.5.5 低代码市场 141
- 6.5.6 AI大模型与低代码的融合 141

## 6.6 量子计算 143
- 6.6.1 量子计算概述 143
- 6.6.2 量子计算与人工智能 145
- 6.6.3 大模型与量子计算的未来 145

## 6.7 多智能体 146
- 6.7.1 多智能体概述 146
- 6.7.2 多智能体应用 147
- 6.7.3 大模型时代的智能体 149

## 6.8 知识图谱 152
- 6.8.1 知识图谱诞生 152
- 6.8.2 知识图谱基本原理 153
- 6.8.3 知识图谱的分类 154
- 6.8.4 知识图谱应用场景 155
- 6.8.5 大模型与知识图谱 155

习题 6 156

# 第7章 人工智能应用 159

## 7.1 交通+AI 159
- 7.1.1 网联汽车 159
- 7.1.2 自动驾驶 161
- 7.1.3 智能交通概述 166
- 7.1.4 人工智能在交通中的其他应用 167

## 7.2 电商+AI 175
- 7.2.1 体验电商 175
- 7.2.2 垂直电商 177
- 7.2.3 高效电商 179
- 7.2.4 服务电商 180

## 7.3 建筑+AI 182
- 7.3.1 智慧楼宇 182
- 7.3.2 智能家居 186
- 7.3.3 智能家电 189
- 7.3.4 智能建筑工地 190

## 7.4 制造+AI 192
- 7.4.1 四次工业革命 192
- 7.4.2 智能制造 193
- 7.4.3 人工智能在制造业生产环节中的应用 196
- 7.4.4 人工智能在制造业中的其他应用场景 197
- 7.4.5 机器人 198
- 7.4.6 工业机器人 201

## 7.5 医疗+AI 202
- 7.5.1 疾病风险预测 203
- 7.5.2 智能医学影像 204
- 7.5.3 智能诊疗 205
- 7.5.4 新药研发 208

## 7.6 农业+AI 209
- 7.6.1 智慧农业 209
- 7.6.2 智慧种植 211
- 7.6.3 智慧大棚 214
- 7.6.4 智慧畜牧业 215
- 7.6.5 智慧水产养殖 217
- 7.6.6 人工智能在农业中应用的其他场景 218

## 7.7 教育+AI 220
- 7.7.1 教育AI的技术构成 220
- 7.7.2 AI时代的教师职责 222
- 7.7.3 人工智能在教育中的应用场景 223
- 7.7.4 AI对教育的挑战 224

习题 7 224

# 附录 227
- 附录A 人工智能知识体系 227
- 附录B 人工智能相关学科 228
- 附录C 人工智能大事记 234

**参考文献** 235

# 第 1 章  人工智能时代

人工智能（Artificial Intelligence，AI）是研究、开发用于模拟、延伸和扩展人的智能的理论、方法、技术及应用系统的一门技术科学。人工智能是新一轮科技革命和产业变革的重要驱动力量。

通过本章学习，了解人工智能发展历程，体验人工智能技术对我们生活、学习和工作所产生的影响。

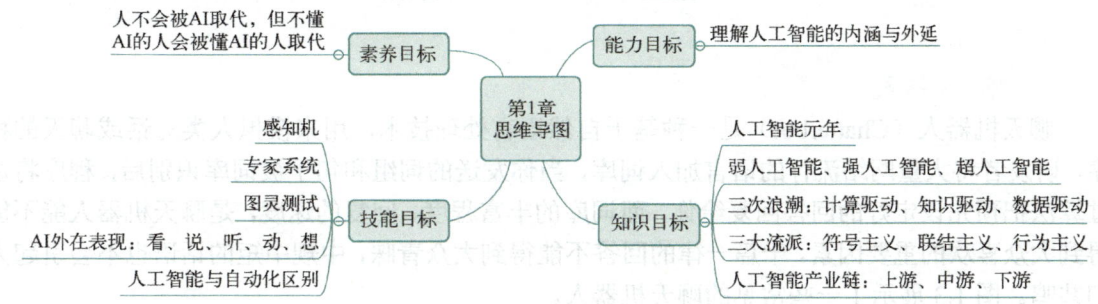

## 1.1 人工智能体验

我们先来看一看，已经变成每个人生活的智能手机里，到底藏着多少人工智能的应用（见图1.1）。

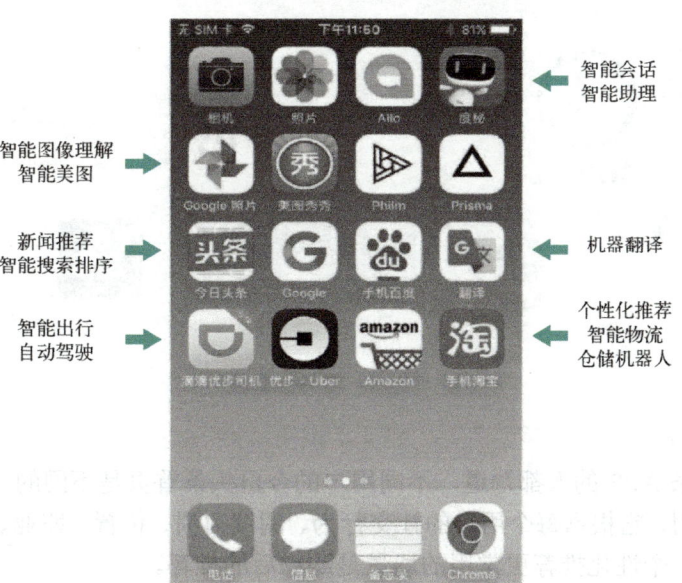

图 1.1  手机上的人工智能相关应用

## 1. 手机美颜

随着智能手机用户中女性用户占比的增长，带有美肤效果的手机美颜 APP 获得了女性用户的追捧。手机美颜 APP 内嵌图像处理算法，具备自动磨皮、美白、瘦脸、眼部增强、五官立体等功能（见图 1.2）。

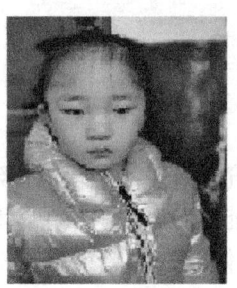

a）美颜前　　　　　　　b）美颜后

图 1.2　手机美颜

## 2. 聊天机器人

聊天机器人（Chatterbot）是一种基于自然语言处理技术，用来模拟人类对话或聊天的程序。研发者将大量网络流行的语言加入词库，当你发送的词组和句子被词库识别后，程序将通过算法把预先设定好的回答回复给你。而词库的丰富程度、回复的速度，是聊天机器人能不能得到大众喜欢的重要因素。千篇一律的回答不能得到大众青睐，中规中矩的话语也不会引起人们共鸣。图 1.3 展示了一些常见的聊天机器人。

图 1.3　聊天机器人

## 3. 个性化推荐

用过今日头条 APP 的人都知道，不同用户的今日头条首页是不同的。因为它是基于个性化推荐技术的应用，它根据每个用户的社交行为、阅读习惯、位置、职业、年龄等挖掘出兴趣进行个性化推荐。个性化推荐更常用的场景是购物后的推荐。

**4．在线翻译**

基于自然语言处理，机器学习的在线翻译工具功能较强、方便易用，比如谷歌翻译、必应翻译、脸谱翻译、有道翻译等，其中谷歌翻译最具特色，同时最具代表性。谷歌翻译可提供 63 种主要语言之间的即时翻译，包括字词、句子、文本和网页翻译。另外，它还可以帮助用户朗读搜索结果、网页、电子邮件、YouTube 视频字幕以及其他信息。

**5．语音助手**

语音助手是一款基于语音识别技术的应用，通过对话，即时帮助用户解决问题。目前国内市场知名的语音助手应用有：

（1）小米的小爱

随着近年来小爱智能应用的不断升级，给很多手机应用场景带来了智能新体验。像移动支付、生活购物、查询信息、打开应用等。用户还可以自己创建快捷方式，进行语音交互。

（2）苹果的 Siri

Siri 出现以来，以全新的智能交互应用带给人们更智能的体验，Siri 创新突破了传统的交互方式，让语音智能适配到各个手机应用中，用户通过手机语音功能还可以一键定制服务，一个指令就可以直接到达自己想要的应用界面，大大方便了用户的使用。

（3）OPPO Find X 的小欧

"小欧小欧"，OPPO 手机用户应该很熟悉这个语音指令，用户通过录入这个唤醒词，就可以成功激活手机的语音智能功能，用户只需要自定义指令，语音助手就会自动识别，从而执行相应的智慧操作。目前，小欧在用户日常的操作中已经有了广泛的应用，但在其他的场景中还需要多多完善其识别功能。

（4）华为的小艺

在手机语音助手方面，华为也开发出了自己的小艺语音助手，和其他语音助手的智慧功能差不多，但小艺除了手机智能场景应用外，还可以智能连接家电设备，让用户体验智能家居带来的全新体验。

（5）vivo 的 Jovi

vivo 在用户体验设计上一直位居行业前列，通过不断升级用户体验带来全新智能应用，受到了众多用户的欢迎。Jovi 在语音识别交互上更加人性化，可以和用户实现涉及多场景的交流，而且表现得更加灵活，不需要固定话术。Jovi 还可以进行智能识屏功能，只要用户单击屏幕相关词汇，Jovi 就能自动识别进行搜索推送相关信息。

**6．图像生成**

生成一幅逼真的图像对普通人来说已经非常困难了，需要一定时间的平面设计训练。但大语言模型的发展，让机器完成这项任务变得很容易，如豆包、文心一言等。

## 1.2 人工智能的三次浪潮

人工智能从 1956 年提出到今天，走过了 60 多年，一波三折，经历了计算驱动、知识驱动和数据驱动三次浪潮（见图 1.4）。

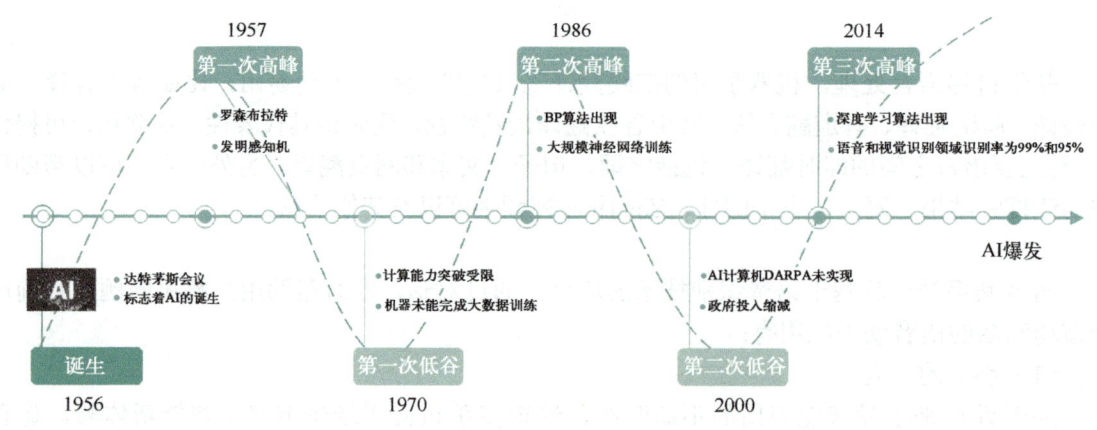

图 1.4 人工智能的三次浪潮

## 1.2.1 计算驱动

### 1. 达特茅斯会议

1956 年 8 月，在美国的达特茅斯会议（Dartmouth Conference）上讨论如何用机器来模仿人类学习以及其他方面的智能，主要参会者包括：约翰·麦卡锡（John McCarthy）、认知学专家马文·明斯基（Marvin Minsky）、信息论创始人克劳德·香农（Claude Shannon）、计算机科学家艾伦·纽厄尔（Allen Newell）、诺贝尔经济学奖得主赫伯特·西蒙（Herbert Simon）等科学家。

计算驱动

会议足足开了两个月的时间，虽然大家没有达成普遍的共识，但是为会议讨论的内容起了一个名字"人工智能"。因此，1956 年也就成为人工智能元年。

### 2. 搜索即计算

达特茅斯会议之后，人工智能迎来了它的一个春天，鉴于计算机一直被认为是只能进行数值计算的机器，所以，它稍微做一点看起来有智能的事情，人们都会惊讶不已。这个时期诞生了世界上第一个聊天程序 ELIZA，它能够根据设定的规则，根据用户的提问进行模式匹配，然后从预先编写好的答案库中选择合适的回答。这也是第一个尝试通过图灵测试的软件，ELIZA 曾模拟心理治疗医生和患者交谈，在首次使用的时候就"骗"过了很多人。

1959 年，塞缪尔的跳棋程序能对所有可能跳法进行搜索，并找到最佳方法。"搜索即计算"是这个时期的主要研究方向之一。

### 3. 第一代神经网络

1943 年，心理学家 Warren McCulloch 和数理逻辑学家 Walter Pitts 首次提出了人工神经网络的概念及人工神经元的数学模型，从而开创了人工神经网络研究的时代。

1957 年，弗兰克·罗森布拉特（Frank Rosenblatt）在一台 IBM-704 计算机上模拟实现了一种他发明的称为"感知机"（Perceptron）的神经网络模型（见图 1.5）。

感知机能够实现简单的二分类，人们逐渐认识到这种方法实现了类似于人类的感觉、学习、记忆、识别能力。

感知机中的参数需要人工调整，这违背了"智能"的要求。另一方面，单层结构限制了它的学习能力，很多函数都超出了它的学习范畴，制约了其发展。

1969年，马文·明斯基的著作《感知机》提出对XOR线性不可分的问题（见图1.6），指出：单层感知机无法划分XOR元数据，解决这类问题需要引入更高维非线性网络，但多层网络并无有效的训练算法。这些论点给神经网络研究以沉重的打击，计算驱动的人工智能就此走向长达10年的低谷期。

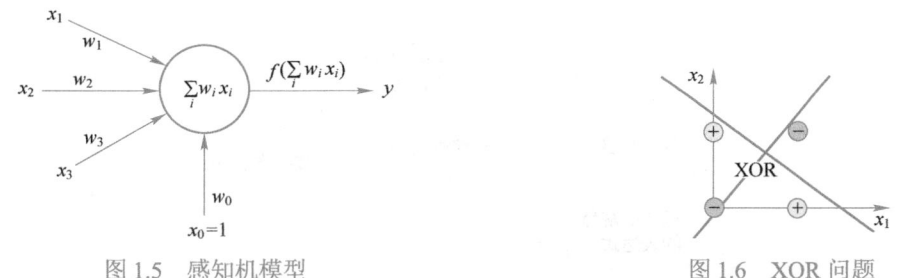

图1.5　感知机模型　　　　　　　　　图1.6　XOR问题

**4. 计算驱动导致人工智能的发展走入低谷，有哪些表现？**

在人工智能的第一个黄金时代，"感知机"虽然创造了各种软件程序或硬件机器人，但它们看起来都只是"玩具"，要迈进到实用的工业产品，科学家们确实遇到了一些不可战胜的挑战。让科学家们最头痛的是虽然很多难题理论上可以解决，看上去只是少量的几个规则，但带来的计算量却是惊人的，实际上根本无法解决。比如运行一个有 $2^{100}$ 个计算的程序，即使用如今运算速度很快的计算机也要计算数万亿年，这是不可想象的。所以，计算驱动导致人工智能的发展走入低谷的主要表现为：**计算能力有限**。

知识驱动

## 1.2.2　知识驱动

知识驱动的人工智能基本建立在专家系统、本体论、语义网、知识图谱等基础上。这些技术可以将人类的知识和经验转化为形式化的知识表示形式，然后通过推理、匹配等方法实现智能决策、问题解决、自动化推理等任务。

**1. 专家系统**

与第一次浪潮追求通用人工智能不同，20世纪70年代出现的专家系统（Expert System，ES）模拟人类专家的知识和经验解决特定领域的问题，实现了人工智能从理论研究走向实际应用的重大突破。专家系统在医疗、化学、地质等领域取得成功，掀起了人工智能应用发展的新高潮。

1965年，美国著名计算机学家费根鲍姆带领学生开发了第一个专家系统DENDRAL，这个系统可以根据化学仪器的读数自动鉴定化学成分。费根鲍姆开发的另外一个用于血液病诊断的专家系统MYCIN（霉素）是最早的医疗辅助系统软件。

专家系统就是聚焦于某个专业领域，模拟人类专家回答问题或提供知识，帮助用户做出决策。专家系统一方面需要人类专家知识库，另一方面需要编程，设定如何根据提问进行推理找到答案，也就是推理机（见图1.7）。

**2. 知识工程**

专家系统发展导致知识工程的兴起。知识工程可以看作人工智能在知识信息处理方面的发展，研究如何由计算机表示知识，进行问题的自动求解。知识工程的研究使人工智能的研究从理论转向应用，从基于推理的模型转向基于知识的模型。

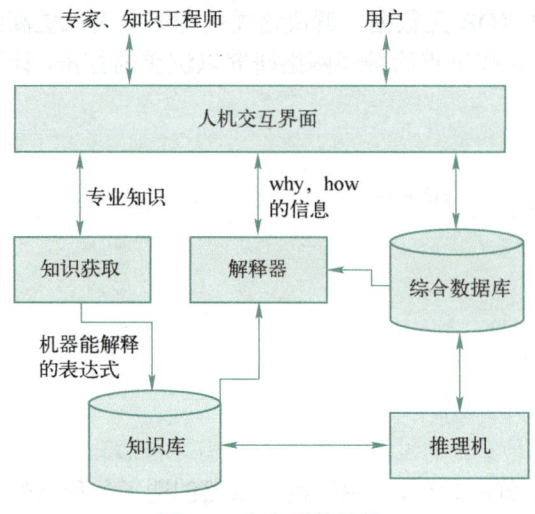

图 1.7　专家系统结构

1982 年，美国数十家大公司联合成立微电子与计算机技术公司（MCC），该公司于 1984 年发起了人工智能历史上最大也是最有争议性的知识工程项目 Cyc，这个项目至今仍然在运作。Cyc 项目最初的目标是要建立人类最大的常识知识库。Cyc 的主要特点是基于形式化的知识表示方法刻画知识。形式化的优势是可以支持复杂的推理，但过于形式化也导致知识库的扩展性和应用的灵活性不够。Cyc 被认为是 IBM Waston 的前身，后来又进化成 WordNet、知识图谱，直至今天的大语言模型，影响深远。

**3. 知识驱动导致人工智能的发展走入低谷，有哪些表现？**

随着人工智能的应用规模不断扩大，知识驱动的专家系统存在的应用领域狭窄的缺点越来越明显。像 Cyc 这种依赖人类专家手工整理知识和规则的技术，受到了知识获取技术的挑战。知识驱动需要特征工程，而特征工程依赖于知识和经验。所以，知识驱动导致人工智能的发展走入低谷的主要表现为：**缺乏常识性知识、知识获取困难、推理方法单一**等，计算能力有限的问题没有从根本上得到解决。

数据驱动

## 1.2.3　数据驱动

**1. 第二代神经网络**

沉寂 10 年的神经网络，到了 1982 年有了新的研究进展，英国科学家 Hopfield 发现了具有学习能力的神经网络，这使得神经网络一路发展，开始商业化，被用于文字图像识别和语音识别。

1985 年，Geoffrey Hinton 使用多个隐藏层来代替感知机中原先的单个特征层，并使用 BP 算法（back-propagation algorithm）来计算网络参数（见图 1.8）。尽管 BP 算法取得了巨大的成功，但是它在数据集上训练的时间需要数天。

BP 算法并不是总能很好地运行，很容易陷入局部最优解，并且随着网络层数的增加，训练的难度越来越大。主要原因是：对输入的特征质量和网络结构非常敏感，而获取好的特征和网络结构依赖人的经验，神经网络的发展再次陷入低谷。

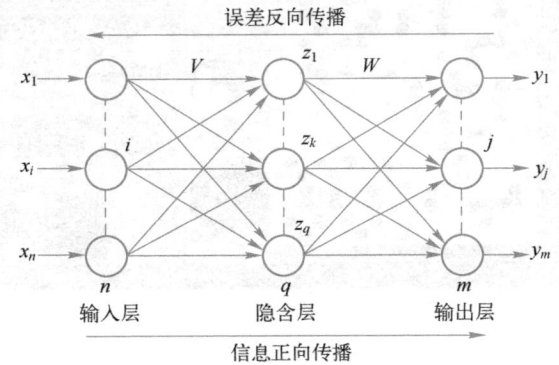

图 1.8　BP 算法结构

**2．自动特征工程**

数据驱动的人工智能是一种从数据中学习和决策的智能系统。它基于大量的数据和算法来产生智能行为。这种类型的人工智能依赖于大量的数据，并且可以从数据中提取模式和规律来做出决策。

在过去，要实现人脸识别，首先要清楚地认识到人脸是根据什么特征来识别的。在数据驱动模式下，不需要提前获知人脸的特征，只要有数据，机器就会自动学习获得。所以，深度学习完全变成了一个通用的工具，就是说你会用深度学习做人脸识别模型，你还可以做金融（交通、医疗、农业等）方面的模型，只要把原始数据输进去就可以了，不需要太多金融的知识，就可以做出一个很好的金融模型。

数据驱动的人工智能所依赖的数据通常包括输入数据以及标注数据。通过将数据输入到机器学习算法中，算法可以自动学习数据之间的关系和规律，并生成一个模型，该模型可以用于预测新的数据输入的结果。

所以，数据驱动的人工神经网络的性质发生了变化，从单纯的函数映射到表示学习。数据驱动的标志就是深度学习的兴起。

**3．数据驱动与 AlphaGo**

AlphaGo 由谷歌旗下 DeepMind 公司戴密斯·哈萨比斯领衔的团队开发，是一种能够通过机器学习技术学习和提高围棋技能的软件程序，其工作原理是"深度学习"。

AlphaGo 在 2016 年 3 月与围棋世界冠军、职业九段棋手李世石进行围棋人机大战，以 4∶1 的总比分获胜；2016 年末至 2017 年初，该程序在中国棋类网站上以"大师"为注册账号与中日韩数十位围棋高手进行快棋对决，连续 60 局无一败绩；2017 年 5 月，在中国乌镇围棋峰会上，它与排名世界第一的世界围棋冠军柯洁对战，以 3∶0 的总比分获胜。

AlphaGo 的围棋技能已经超越了人类职业围棋顶尖水平，引起了广泛的关注和讨论。2017 年 5 月 27 日，在柯洁与 AlphaGo 的人机大战之后（见图 1.9），AlphaGo 团队宣布 AlphaGo 将不再参加围棋比赛。

数据驱动虽然使人工智能应用得到了长足的发展，但模型不可解释性是数据驱动未来面临的挑战。所以，计算驱动、知识驱动和数据驱动相结合是人工智能发展的必然之路。

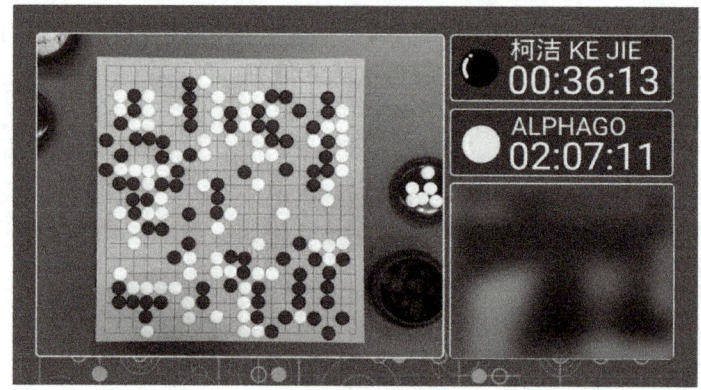

图 1.9 柯洁与 AlphaGo 的人机大战

## 1.3 人工智能的内涵和外延

### 1.3.1 人工智能的内涵

**1. 图灵测试**

对于图灵,大多数人可能知道他发明了"图灵机",破译了德国的密码,但你可能不知道,图灵还是最早发现"人工智能"的人。

1950 年,图灵发表了一篇划时代的论文,文中预言了创造出具有真正智能的机器的可能性。由于注意到"智能"这一概念难以确切定义,他提出了著名的图灵测试。在图灵测试中,要求一个人和一台拥有智能的机器设备在互不相知的情况下,进行随机的提问(见图 1.10),如果测试者无法区分是机器作答还是人作答,那就代表了这台设备拥有"人类智能",而目前还没有任何人工智能通过测试。

图 1.10 图灵测试

**2. 弱人工智能、强人工智能和超人工智能**

人工智能的概念很宽泛,根据人工智能实现的功能不同将它分成三大类:

1)弱人工智能。弱人工智能只专注于完成某个特别设定的任务,例如语音识别、图像识别和翻译,也包括近年来出现的 IBM 的 Watson 和谷歌的 AlphaGo。弱人工智能的目标是让计算机看起来会像人脑一样思考。

弱人工智能与
强人工智能

2）强人工智能。强人工智能系统包括学习、语言、认知、推理、创造和计划，使人工智能在非监督学习情况下处理前所未见的细节，并同时与人类开展交互式学习，如 2022 年发布的 ChatGPT、2025 年发布的 DeepSeek。强人工智能的目标是计算机会自己思考。

3）超人工智能。超人工智能是指通过模拟人类的智慧，人工智能开始具备自主思维意识，形成新的智能群体，能够像人类一样独自进行思考。

一些我们觉得困难的事情，如微积分、金融市场策略、翻译等，对于计算机来说都太简单了。而我们觉得容易的事情，如感觉、直觉，对计算机来说太难了。

引用计算机科学家 Donald Knuth 的观点，"人工智能已经在几乎所有需要思考的领域超过了人类，但是在那些人类和其他动物不需要思考就能完成的事情上，还差得很远。"

### 1.3.2 人工智能的外延

由于图灵测试标准过于严格，以至于几乎所有系统都无法通过"图灵测试"。现在降低标准，从工程角度看，如果一个系统能实现"看、听、说、动、想"的一个或几个方面，就认为该系统具有了"智能"（见图 1.11）。

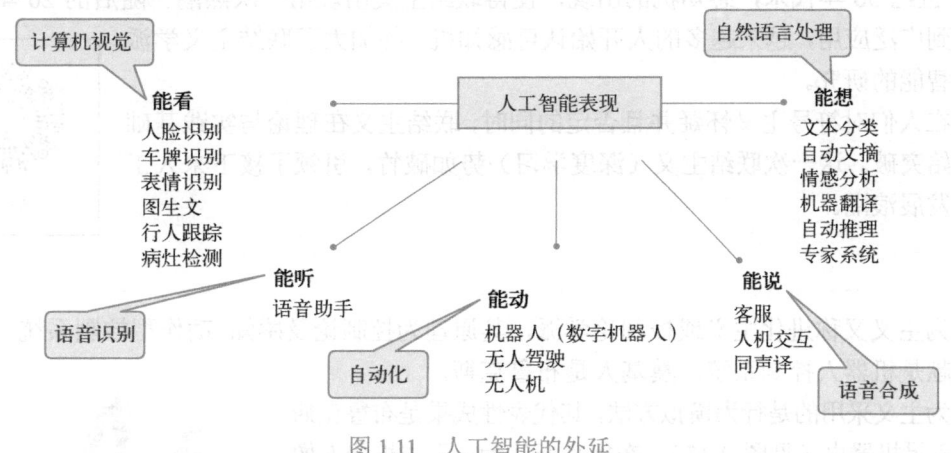

图 1.11 人工智能的外延

## 1.4 人工智能流派

由于对人工智能的理解不同，实现途径不同，形成了三大流派。

### 1.4.1 符号主义

符号主义的主要代表是 20 世纪的专家系统。在符号主义看来，机器遵从基本的物理学定律，人也是物理符号系统，自然可以用机器来模拟人的智能。主要还是因为人的认知就是一类符号事物，比如一系列有形或者无形的事物都可以用特定的语言去表达，人工智能问题本质上来说就是如何表示的问题。

举个例子，人看到一辆自行车，人的大脑自然地将所看到的一些事物定义成某些符号，如车座、车架、车把、车胎、脚踏等（见图 1.12）。因此可以将这些符号输入到计算机里面，计算机自然可以得到"自行车"这样的结论。

图 1.12　符号主义对自行车的认知

联结主义

## 1.4.2　联结主义

联结主义是对脑结构与脑功能的研究具象化,主要成就是人工神经网络。

20 世纪 50 年代末,感知机的出现,使得联结主义出现第一次热潮。随后的 20 年内,感知机得到广泛应用,越来越多的人开始认可感知机,并加大了联结主义学派下人工智能的研究。

就在人们对符号主义怀疑并且否定的同时,联结主义在理论与实践基础上均开始突破。这一次联结主义(深度学习)势如破竹,引领了接下来人工智能的发展浪潮。

行为主义

## 1.4.3　行为主义

行为主义又称进化主义或控制论学派,其原理为控制论及感知-动作型控制系统。行为主义的贡献是机器人控制系统,奠基人是布鲁克斯。

行为主义采用的是行为模拟方法,其代表性成果是布鲁克斯研制的六足机器虫(见图 1.13)。布鲁克斯认为,要求机器人像人一样去思维太困难了,但可以先做一个机器虫,由机器虫慢慢进化,或许可以做出机器人。布鲁克斯成功研制了一个六足行走的机器虫实验系统。这个机器虫虽然不具有像人那样的推理、规划能力,但其应对复杂环境的能力却大大超过了原有的机器人,能够实现在自然环境下的灵活漫游。1991 年 8 月,布鲁克斯发表了论文《没有推理的智能》,对传统人工智能进行了批评和否定,

图 1.13　一种六足机器虫原型

提出了基于行为(进化)的人工智能新途径,从而在国际人工智能界形成了行为主义这个新的学派。

在理论上,行为主义认为智能取决于感知和行动,提出了智能行为的"感知-动作"模型;智能不需要知识、不需要表示、不需要推理;人工智能可以像人类智能那样逐步进化,智能只有在现实世界中通过与周围环境的交互作用才能表现出来;指责传统人工智能(主要指符号主义,也涉及联结主义)对现实世界中客观事物的描述和复杂智能行为的工作模式做了虚假的、过于简单的抽象,不能真实反映现实世界。

在研究方法上，行为主义主张人工智能研究应采用行为模拟的方法。行为主义认为，功能、结构和智能行为是不可分开的，不同的行为表现出不同的功能和不同的控制结构。行为主义的基本思想是一个智能主体的智能来自其与环境的交互，与其他智能主体之间的交互，提升了它们的智能。格斗游戏是典型的基于行为主义的人工智能。

图 1.14 给出了三大流派的演化。

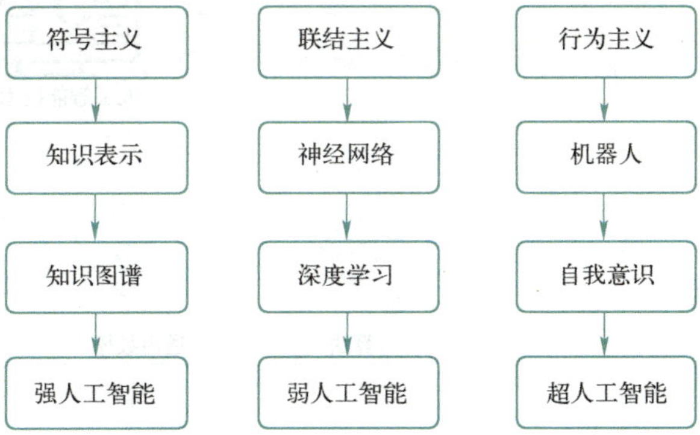

## 1.5 人工智能产业链

图 1.14 三大流派的演化

人工智能作为计算机科学的一个分支，旨在探寻智能的实质，在此基础上生产出与人类智能相似的方式做出反应的智能机器，该领域的研究包括语言识别、图像识别、自然语言处理等。

人工智能产业链包括三层：基础层（见图 1.15）、技术层（见图 1.16）和应用层（见图 1.17）。其中，基础层是人工智能产业的基础，为人工智能提供数据及算力支撑；技术层是人工智能产业的核心；应用层是人工智能产业的延伸，面向特定应用场景需求而形成软硬件产品或解决方案。

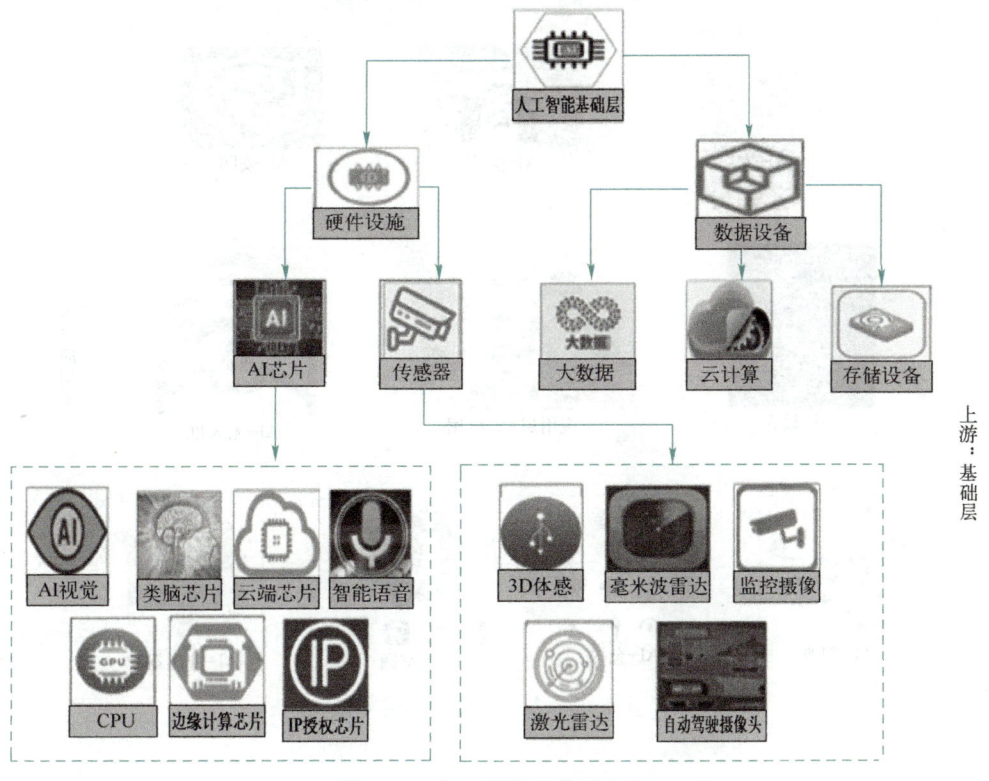

图 1.15 人工智能产业链上游

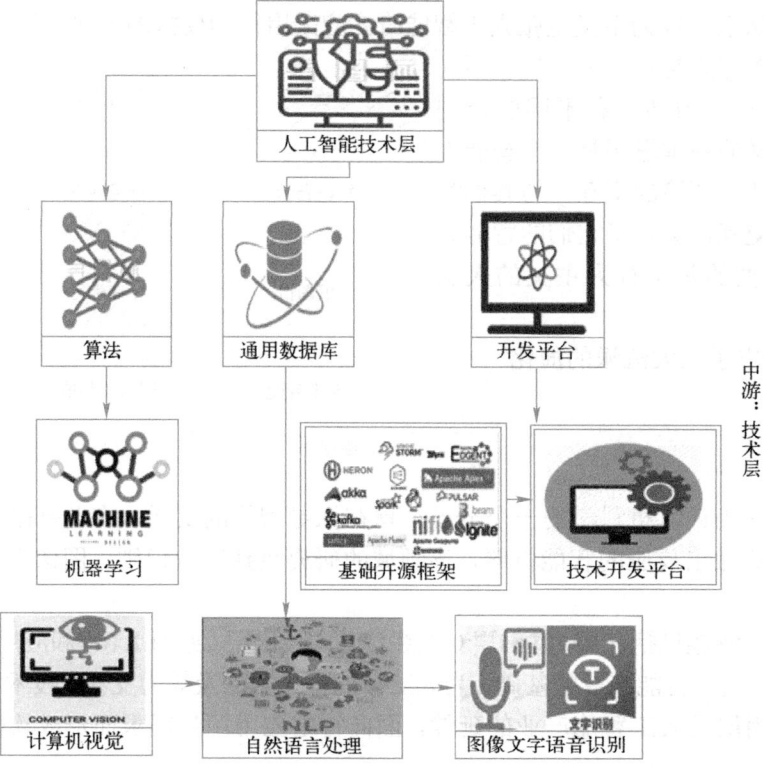

图 1.16 人工智能产业链中游

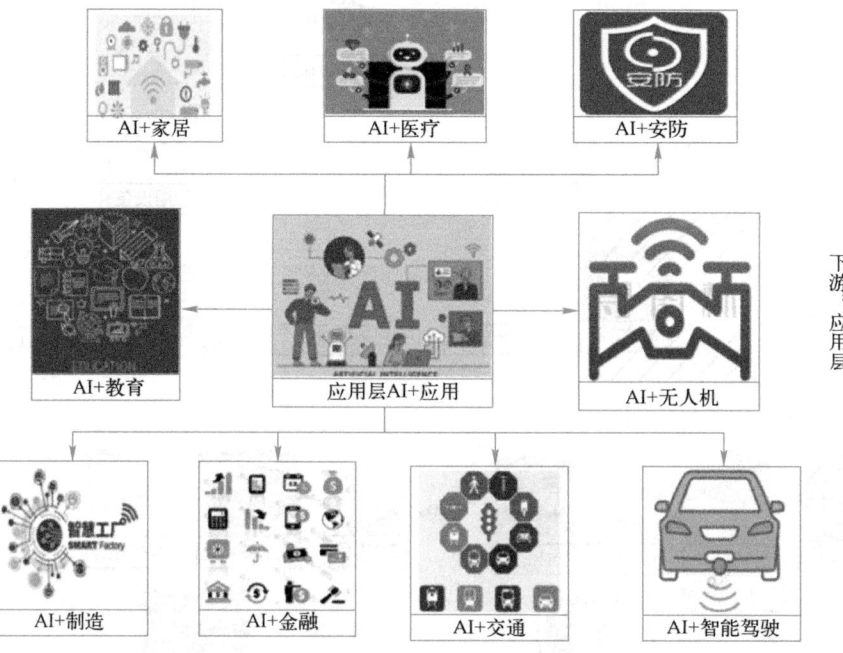

图 1.17 人工智能产业链下游

# 习题 1

一、名词解释

1．感知机模型　2．专家系统　　3．图灵测试

二、单选题

1．人工智能元年，一般公认为（　　）年。
   A．1946　　　　B．1950　　　　C．1956　　　　D．2006
2．人工神经网络由（　　）首先提出。
   A．Pitts　　　　B．Turing　　　C．McCarthy　　D．Shannon
3．人工智能经历了（　　）次浪潮。
   A．1　　　　　B．2　　　　　C．3　　　　　D．4
4．掀起人工智能发展的第一次浪潮是由（　　）的。
   A．计算驱动　　B．数据驱动　　C．知识驱动　　D．提示驱动
5．掀起人工智能发展的第二次浪潮是由（　　）的。
   A．计算驱动　　B．数据驱动　　C．知识驱动　　D．提示驱动
6．掀起人工智能发展的第三次浪潮是由（　　）的。
   A．计算驱动　　B．数据驱动　　C．知识驱动　　D．提示驱动
7．以下（　　）不是专家系统的构成模块。
   A．知识库　　　B．推理机　　　C．数据库　　　D．解释器
8．以下（　　）不是知识驱动导致人工智能走入低谷的因素。
   A．缺乏常识性知识　　　　　　B．知识获取困难
   C．推理方法单一　　　　　　　D．缺乏数据
9．让计算机看起来会像人脑一样思考是（　　）的目标。
   A．强人工智能　　　　　　　　B．弱人工智能
   C．超人工智能　　　　　　　　D．以上都是
10．根据实现人工智能途径不同，形成了（　　）大流派。
    A．3　　　　　B．4　　　　　C．5　　　　　D．6
11．联结主义演化分支包括（　　）。
    A．知识表示　　B．机器人　　　C．神经网络　　D．强人工智能
12．强人工智能演化分支包括（　　）。
    A．知识表示　　B．机器人　　　C．神经网络　　D．深度学习
13．弱人工智能演化分支包括（　　）。
    A．知识表示　　B．机器人　　　C．神经网络　　D．知识图谱

三、判断题

1．数据驱动根本性的改变在于输入不需要人工选择特征，而是原始数据。（　　）
2．深度学习是数据驱动的。（　　）
3．目前已有人工智能通过了图灵测试。（　　）
4．微积分对于计算机来说太简单了。（　　）
5．真正人工智能的突破口是认知智能。（　　）

6. 从工程角度看，如果一个系统能实现"看、听、说、动、想"的一个或几个方面，就认为该系统具有了"智能"。（    ）

7. 特征工程不依赖于知识和经验。（    ）

8. AlphaGo的围棋技能已经超越了人类职业围棋顶尖水平。（    ）

9. 模型不可解释性是数据驱动未来面临的挑战。（    ）

10. 造一个能够读懂六岁小朋友的图片书中的文字，并且了解那些词汇意思的计算机是很容易的事。（    ）

11. 一般动物都具备感知能力，而认知智能则是人独有的能力。（    ）

12. 在符号主义看来，比如一系列有形或者无形的事物都可以用特定的语言去表达。（    ）

## 四、填空题

1. 计算驱动导致人工智能的发展走入低谷主要表现为（    ）有限。

2. 人工智能概念是在（    ）会议上首次提出的。

3. （    ）其实就是一套计算机软件，它往往聚焦于单个专业领域，模拟人类专家回答问题或提供知识，帮助工作人员做出决策。

4. "搜索即计算"是人工智能第（    ）次浪潮的主要特点。

5. BP算法并不总能很好地运行，很容易陷入（    ）最优解。

6. 数据驱动的标志就是（    ）的兴起。

7. 计算驱动导致人工智能的发展走入低谷主要表现为（    ）。

8. 在符号主义看来，机器遵从基本的（    ）定律。

## 五、简答题

1. 简述AI知识驱动的基本思想。

2. 简述AI数据驱动的基本思想。

3. 简述人工智能的外在表现。

4. 简述人工智能产业链。

# 第 2 章 机器学习

学习是人类具有的一种重要智能行为,学习就是系统在不断重复的工作中对本身能力的增强或者改进,使得系统在下一次执行同样任务或类似任务时,会比现在做得更好或效率更高。

通过本章的学习,让读者了解机器学习(Machine Learning,ML)是使计算机具有智能的根本途径,熟练使用 scikit-learn 调用机器学习算法,解决简单的实际应用问题。

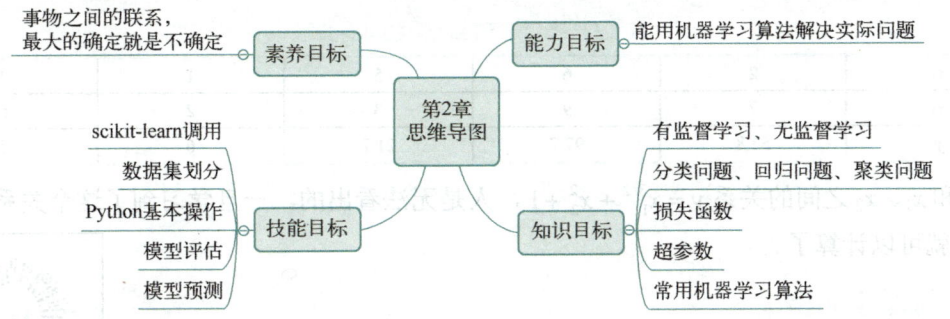

## 2.1 机器学习概述

### 2.1.1 机器学习背景

机器学习的本质就是建立输入数据 $x$ 和输出数据 $y$ 之间的近似映射,无限逼近真实映射。如果 $x$ 和 $y$ 之间存在映射,见图 2.1,有两种情况:一对一映射和多对一映射。例如,"$y=x+1$" 是一对一映射,"if $x>0$ then $y$=正数,if $x<0$ then $y$=负数" 是多对一映射。

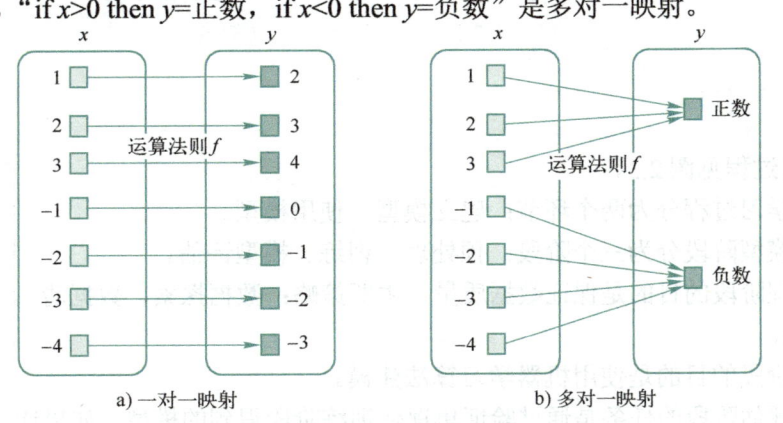

图 2.1 输入数据 $x$ 和输出数据 $y$ 之间的映射

但现实问题是,绝大多数情况下,无法找到输入数据 $x$ 和输出数据 $y$ 之间的映射,或者寻找这个映射的成本太高,在这种情况下,机器学习就派上用场了。

**例 2.1** 请预测表 2.1~表 2.3 中"?"的值。

表 2.1 确定 $y_1$ 和 $x_1$ 之间的关系

| $x_1$ | 3 | 1 | 7 | 2 | 4 |
|---|---|---|---|---|---|
| $y_1$ | 4.5 | 2.5 | 8.5 | 3.5 | ? |

很容易看出 $y_1$ 和 $x_1$ 之间的关系为 $y_1=x_1+1.5$,有了这个关系,可以得到"?"处的值为 5.5。

表 2.2 确定 $y_2$ 和 $x_2$ 之间的关系

| $x_2$ | 3 | 6 | 8 | 1 | 2 |
|---|---|---|---|---|---|
| $y_2$ | 10.5 | 37.5 | 65.5 | 2.5 | ? |

$y_2$ 和 $x_2$ 之间的关系是 $y_2 = x_2^2 + 1.5$,不容易看出,但有了这个关系,可以得到"?"处的值为 5.5。

表 2.3 确定 $y$ 和 $x_1, x_2$ 之间的关系

| $x_1$ | 2 | 6 | 5 | 1 | 4 |
|---|---|---|---|---|---|
| $x_2$ | 7 | 9 | 3 | 2 | 5 |
| $y$ | 52.8 | 97.7 | 21.2 | 6 | ? |

$y$ 和 $x_1$、$x_2$ 之间的关系 $y = x_1^{3/2} + x_2^2 + 1$,人是无法看出的,一旦学习到了这个关系,"?"处的值就可以计算了。

### 2.1.2 机器学习概念

机器学习是研究如何使用机器来模拟人类学习活动的一门学科。稍严格的提法是:机器学习是通过计算的手段,利用经验来改善系统自身性能。

机器学习和程序设计之间的区别见图 2.2。

图 2.2 机器学习和程序设计之间的区别

### 2.1.3 机器学习过程

机器学习过程见图 2.3。

1)机器学习过程分为两个环节:建立模型、使用模型。
2)建立模型阶段分为三个阶段:预处理、训练、模型评估。
3)预处理阶段的目的是保证数据质量,主要策略:数据探索、数据清洗和数据变换。
4)训练阶段的目的是使用机器学习算法建模。
5)模型评估阶段的任务是通过验证集评估训练阶段得到的模型,如果通过,则进入使用环节,否则要对模型进行优化。
6)模型优化的策略有增加数据量、提高数据质量、微调算法参数、提升数据标注的精度等。

机器学习过程

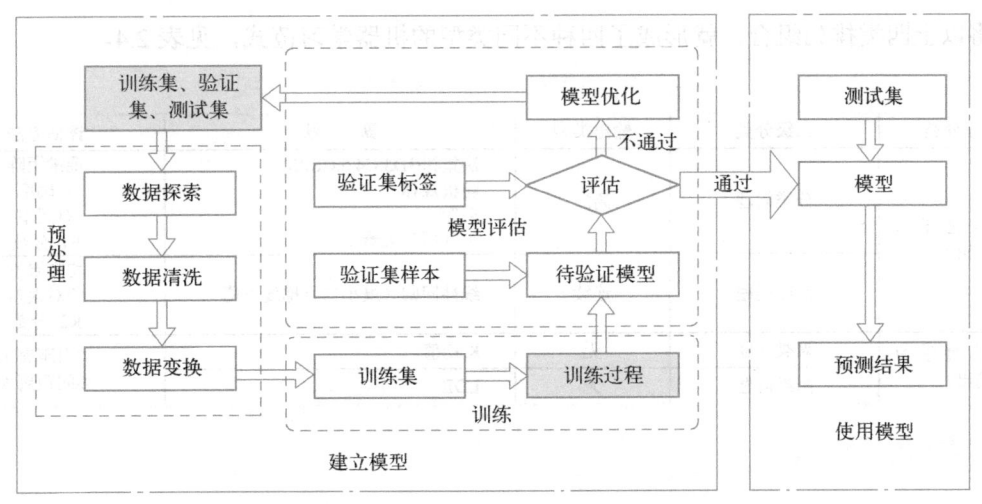

图 2.3 机器学习过程

### 2.1.4 机器学习分类

根据数据集是否有标记，把机器学习分为两类：有监督学习和无监督学习。

**有监督学习**是从标记的数据来学习模型的任务。

**无监督学习**处理的则是没有标记的数据。

有监督学习根据输出的类型分为两类。一类是离散输出，即**分类问题**。通常用来表示个体的类别，比如把人分为两类，男人和女人；把客户分两类，高价值客户、低价值客户。另一类就是连续输出，即**回归问题**。比如要预测公司的收入、生产流程的能耗等，这些都需要用连续数字来表示。

机器学习分类

**聚类问题**是通过机器学习将一些没有标记过的数据归为一类。聚类的目标是找到这些数据中具有某些相似特征的簇，找到每个样本的输入数据和簇之间的归属关系。也就是说，聚类中，需要按照一定的模型，把所关心的样本归并到一些簇里。

在商业实践中，聚类对于发现一些特定的人群结构非常有用。面对全球范围内的几亿用户，可以通过聚类从成百上千的维度进行详细的分析，从中得到百余个簇。每个簇对应属性和行为比较接近的一类用户，不同簇之间的差异化程度比较大。例如，一个簇对应了年轻的母亲，一个簇对应了中年艺术家，一个簇对应了软件专业人士，等等。理解了人群的不同特点和诉求后，公司才可以针对性地定位、开发、推广产品。另外，聚类中有时会发现一些未曾关注却占比显著的簇，那么整个品牌的定位都会被聚类的结果和发现影响。由此可见，聚类分析是可以为商业带来价值的。

**降维问题**看上去很像压缩。这是为了在尽可能保存相关的结构同时降低数据的复杂度。如果你有一张简单的 128×128×3 像素的图像，那么数据就有 49152 个。如果你可以给这个图像空间降维，同时又不毁掉图像中太多有意义的内容，那么你就很好地执行了降维。通过降维，可以简化数据表示、减少存储空间、降低计算复杂度，并帮助可视化和数据理解。降维方法的选择取决于数据的性质、任务需求和算法的适用性。以下是一些常见的降维方法：主成分分析（PCA），独立成分分析（ICA），t 分布-随机邻近嵌入（t-SNE），线性判别分析（LDA），奇异值分解（SVD），局部线性嵌入（LLE），多维缩放（MDS），等度量映射（Isomap）。

将以上四类排列组合，就形成了四种不同类型的机器学习范式，见表 2.4。

表 2.4　四种不同类型的机器学习范式

| 一级分类 | 二级分类 | 输出类型 | 算　　法 | 评估方法 |
|---|---|---|---|---|
| 有监督学习（有输出） | 分类问题 | 离散 | 决策树(ID3,C4.5,CRAT)<br>随机森林<br>SVM<br>贝叶斯分类器 | 混淆矩阵<br>正确率<br>召回率<br>F1-分数 |
| | 回归问题 | 连续 | 线性回归（最小二乘梯度下降） | 均方误差<br>绝对误差<br>R2-分数 |
| 无监督学习（无输出） | 聚类问题 | 无 | K均值 | 类内距离小<br>类间距离大 |
| | 降维问题 | 无 | LDE | |

## 2.1.5　Python 机器学习算法库

**1. scikit-learn**

scikit-learn 是一个开源的 Python 机器学习库（https://scikit-learn.org.cn），广泛用于机器学习、数据挖掘和数据分析。该库包含许多用于分类、回归、聚类和降维的机器学习算法。此外，scikit-learn 还包含预处理、模型选择和评估等工具，以帮助我们将算法应用于实际问题。

scikit-learn 将所有任务分为六大类（见图 2.4）。

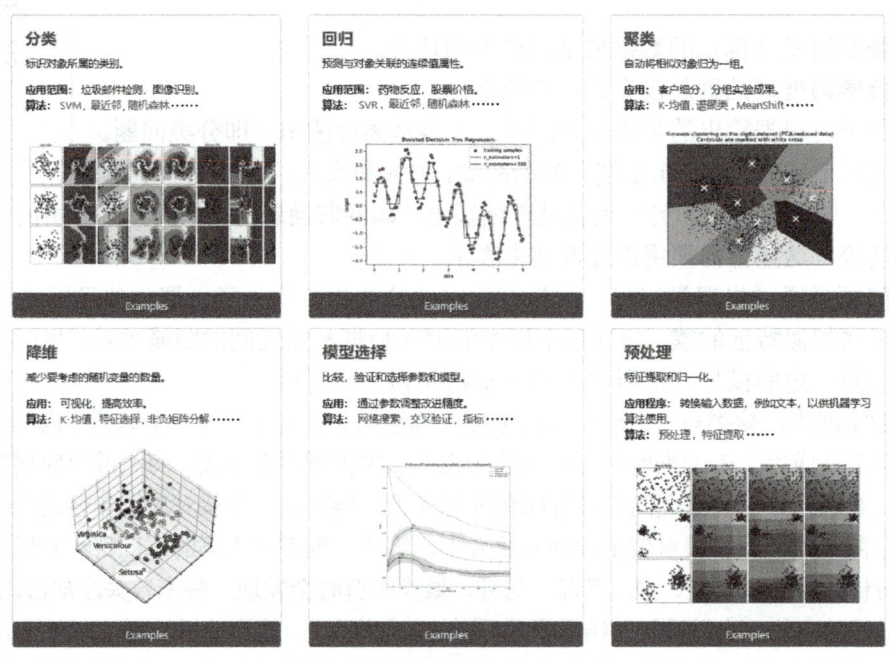

图 2.4　scikit-learn 任务分类

**2. 加载数据集**

自带的小数据集：sklearn.datasets.load_

可在线下载的数据集：sklearn.datasets.fetch_

计算机生成的数据集：sklearn.datasets.make_

svmlight/libsvm 格式的数据集：sklearn.datasets.load_svmlight_file(…)

**3. 模型操作文档**

在官网中找到相关评估器（模型）说明，这对于理解模型的原理及使用方法等是非常重要的。以 LinearRegression（线性回归）任务为例：

实现线性回归参数计算的方法有很多种，可以通过最小二乘法进行参数求解，同时也能够通过梯度下降进行迭代求解，如果要详细了解训练过程的参数求解方法，就需要回到官网中查阅评估器算法模型的相关说明（见图 2.5）。首先我们已经知道 LinearRegression 是一个回归类模型，所以首先找到 Regression 模块。

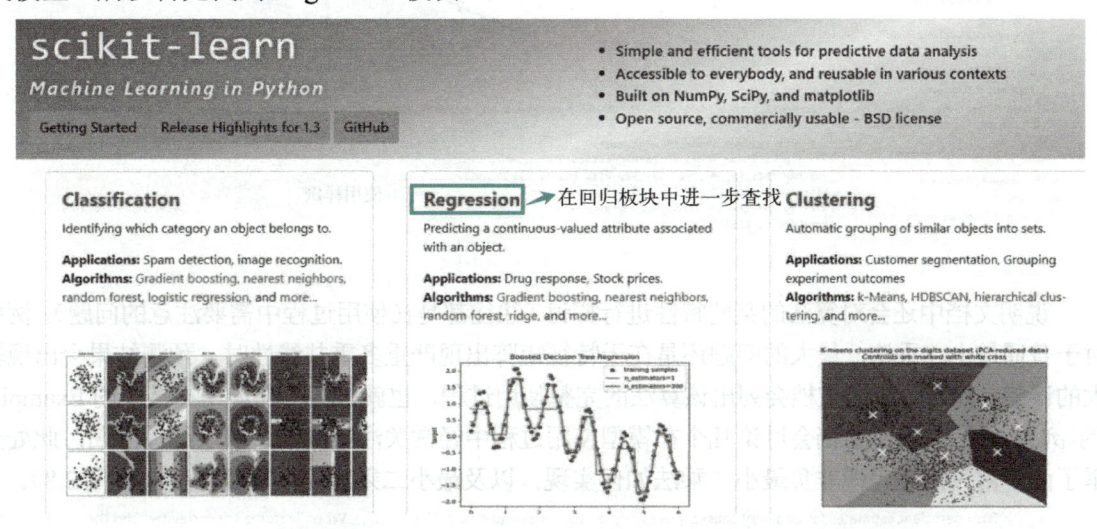

图 2.5　LinearRegression 模型操作文档

进入 Regression 模块就可以看到，在该模块的 1.1.1. Ordinary Least Squares 中（见图 2.6），就是关于 LinearRegression 算法模型的相关说明。对于任何一个算法模型，说明文档会先介绍算法的基础原理、算法公式（往往就是损失函数计算表达式）以及一个简单的例子，必要时还会补充算法提出的相关论文链接，带领用户快速入门（见图 2.7）。

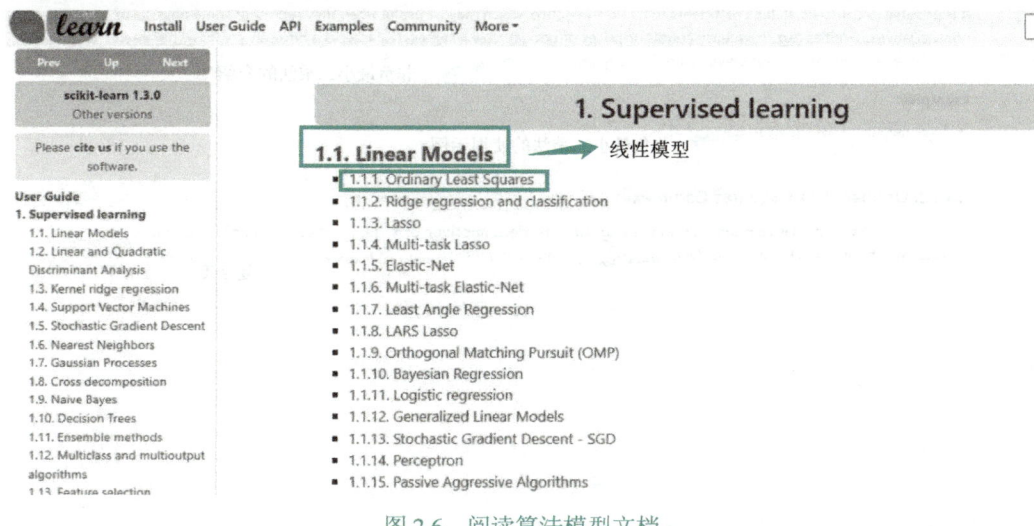

图 2.6　阅读算法模型文档

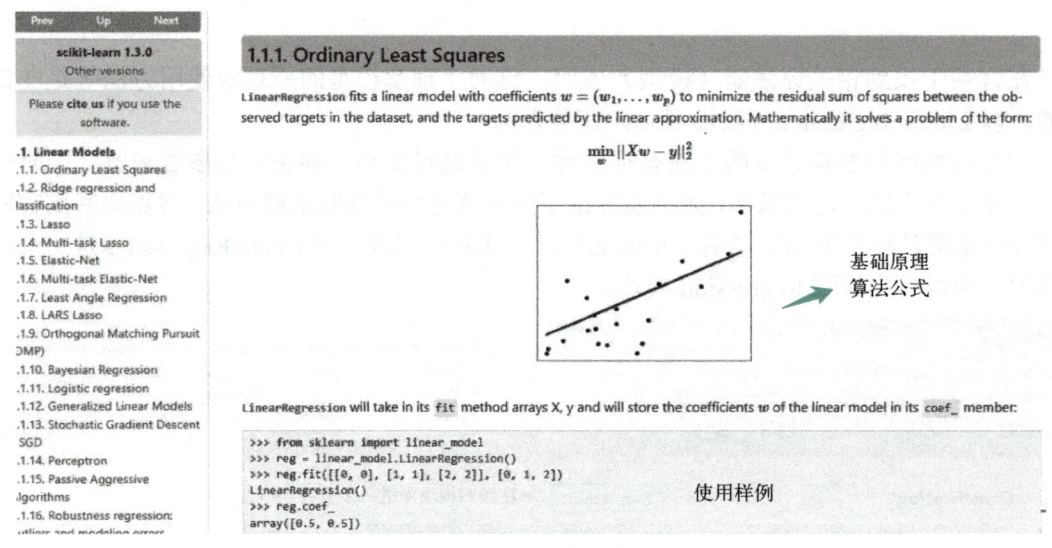

图 2.7　快速入门

说明文档中还会对算法的某些特性进行探讨（往往都是在使用过程中需要注意的问题），例如对于普通最小二乘法，最大的问题还是在于特征矩阵出现严重多重共线性时，预测结果会出现较大的误差。然后，说明文档会列出该算法的完整使用过程，也就是穿插在说明文档中的 Examples（示例）。最后，说明文档会讨论几个在模型使用过程中经常关注的问题，对于线性回归，此处列举了两个常见问题，即非负最小二乘法如何实现，以及最小二乘法的计算复杂度（见图 2.8）。

图 2.8　算法特性探讨

## 2.2　数据准备

### 2.2.1　数据集

**1. Kaggle 数据集**（http://www.kaggle.com/datasets）

每个数据集都有对应的一个小型社区，你可以在其中讨论数据、查找公共代码或创建自己的项目。该网站包含大量形状、大小、格式各异的真实数据集。你还可以看到与每个数据集相关的“内核”，其中许多不同的数据科学家提供了笔记来分析数据集。

## 2. 亚马逊数据集（https://registry.opendata.aws）

该数据源包含多个不同领域的数据集，如：公共交通、生态资源、卫星图像等。它也有一个搜索框来帮助你找到你正在寻找的数据集，另外它还有数据集描述和使用示例，非常简单、实用。

## 3. UCI 机器学习库

图 2.9 是加州大学欧文分校信息与计算机科学学院的一个数据库（UCI 机器学习库），包含了 100 多个数据集。它根据机器学习问题的类型对数据集进行分类。你可以找到单变量、多变量、分类、回归或推荐系统的数据集。

463 Data Sets　Table View　List View

| Name | Data Types | Default Task | Attribute Types | # Instances | # Attributes | Year |
|---|---|---|---|---|---|---|
| 2.4 GHZ Indoor Channel Measurements | Multivariate | Classification | Real | 7840 | 5 | 2018 |
| 3D Road Network (North Jutland, Denmark) | Sequential, Text | Regression, Clustering | Real | 434874 | 4 | 2013 |
| AAAI 2013 Accepted Papers | Multivariate | Clustering | | 150 | 5 | 2014 |
| AAAI 2014 Accepted Papers | Multivariate | Clustering | | 399 | 6 | 2014 |
| Abalone | Multivariate | Classification | Categorical, Integer, Real | 4177 | 8 | 1995 |

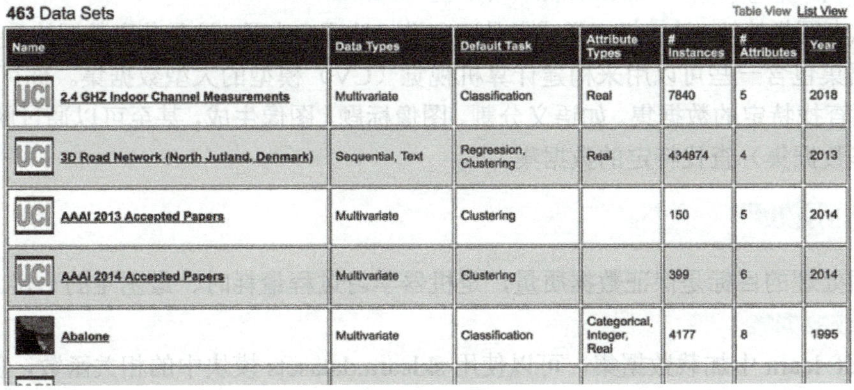

图 2.9　UCI 机器学习库

## 4. 谷歌的数据集搜索引擎

图 2.10 是一个可以按名称搜索数据集的工具箱。谷歌的目标是统一成千上万个不同的数据集。

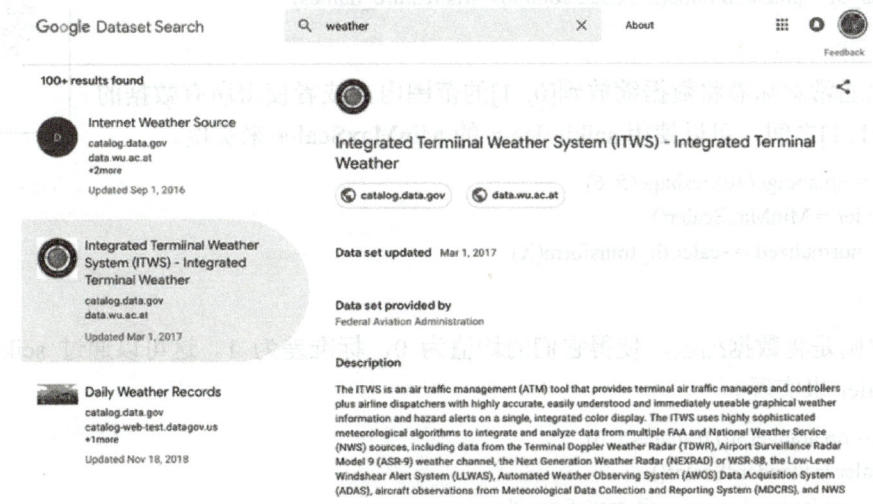

图 2.10　谷歌数据集的工具箱

## 5. 微软数据集（https://msropendata.com）

2018 年 7 月，微软与外部研究社区共同宣布推出“微软研究开放数据”。

它在公共云中包含一个数据存储库，用于促进全球研究社区之间的协作。另外它还提供了一组在已发表的研究中使用的、经过整理的数据集。

**6．Awesome 公共数据集**

这是一个按照主题分类的，由社区公开维护的一系列数据集清单，比如生物学、经济学、教育学等。这里列出的大多数数据集都是免费的，但是在使用之前，你应该检查相应的许可要求。

**7．政府数据集**

政府的相关数据集也很容易找到，例如，欧洲政府数据集（http://data.europa.eu/euod）、新西兰政府数据集（https://www.data.govt.nz）、印度政府数据集（https://www.data.gov.in/）。

**8．计算机视觉数据集（https://www.visualdata.io）**

对于从事图像处理、计算机视觉或者是深度学习的研究人员，这是获取数据的重要来源之一。该数据集包含一些可以用来构建计算机视觉（CV）模型的大型数据集。你可以通过特定的 CV 主题查找特定的数据集，如语义分割、图像标题、图像生成，甚至可以通过解决方案（自动驾驶汽车数据集）查找特定的数据集。

## 2.2.2 数据预处理

数据预处理的目标是保证数据质量，是机器学习过程最耗时、最困难的一步。

**1．加载数据集**

在 scikit-learn 中加载数据集，可以使用 sklearn.datasets 模块中的相关函数，例如：

```
from sklearn.datasets import load_iris
iris = load_iris()
```

这个函数会返回一个 Bunch 对象，将数据转换为 DataFrame 以便查看。

```
iris_df = pd.DataFrame(iris.data, columns=iris.feature_names)
```

**2．数据归一化**

归一化通常意味着将数据缩放到[0, 1]的范围内，或者使得所有数据的范围都在[-1, 1]之间，可以使用 scikit-learn 的 MinMaxScaler 来实现。

数据归一化

```
X = np.arange(30).reshape(5, 6)
scaler = MinMaxScaler()
X_normalized = scaler.fit_transform(X)
```

**3．数据标准化**

标准化则是将数据缩放，使得它们的均值为 0，标准差为 1。这可以通过 scikit-learn 的 StandardScaler 来实现。

```
X = np.arange(30).reshape(5, 6)
scaler = StandardScaler()
X_standardized = scaler.fit_transform(X)
```

**4．缺失值处理**

1）sklearn 库中处理缺失值的类是 SimpleImputer，这个类的相关参数见表 2.5。

表 2.5　SimpleImputer 类参数

| 参　　数 | 含义与输入 |
| --- | --- |
| missing_values | 告诉 SimpleImputer，数据中的缺失值长什么样，默认空值 np.nan |
| strategy | 我们填补缺失值的策略，默认均值<br>输入 "mean" 使用均值填补（仅对数值型特征可用）<br>输入 "median" 用中值填补（仅对数值型特征可用）<br>输入 "most_frequent" 用众数填补（对数值型和字符型特征都可用）<br>输入 "constant" 表示参考参数 "fill_value" 中的值（对数值型和字符型特征都可用） |
| fill_value | 当参数 strategy 为 "constant" 的时候可用，可输入字符串或数字表示要填充的值 |
| copy | 默认为 True，将创建特征矩阵的副本，反之则会将缺失值填补到原本的特征矩阵中去 |

2）统计数据缺失值总数。

X.isnull().sum()

**5．特征工程**

特征工程

特征工程的主要有三个任务（见图 2.11）。

| 特征提取 | 特征构建 | 特征选择 |
| --- | --- | --- |
| 从文字，图像，声音等其他非结构化数据中提取新信息作为特征。比如说，从淘宝宝贝的名称中提取出产品类别，产品颜色，是否是网红产品，等等 | 把现有特征进行组合，或互相计算，得到新的特征。比如说，有一列特征是速度，一列特征是距离，就可以通过让两列相除，创造新的特征：通过距离所花的时间 | 从所有的特征中，选择出有意义、对模型有帮助的特征，以避免必须将所有特征都导入模型去训练的情况 |

图 2.11　特征工程主要任务

应用机器学习的前提是构建结构化训练数据，如果机器学习的对象是图像（见图 2.12）等非结构化数据，需要把图像转换为表 2.6 所示的结构化形式，这个转换过程称为特征工程。

图 2.12　鸢尾花数据

表 2.6　鸢尾花结构化训练数据

| Sepal.Length | Sepal.Width | Petal.Length | Petal.Width | class |
| --- | --- | --- | --- | --- |
| 5.1 | 3.5 | 1.4 | 0.2 | setosa |
| 4.9 | 3 | 1.4 | 0.2 | setosa |
| 7 | 3.2 | 4.7 | 1.4 | versicolor |
| 6.4 | 3.2 | 4.5 | 1.5 | versicolor |
| 6.3 | 3.3 | 6 | 2.5 | virginica |
| 5.8 | 2.7 | 5.1 | 1.9 | virginica |
| 6.5 | 3 | 5.8 | 2.2 | ? |
| 6.2 | 2.9 | 4.3 | 1.3 | ? |

表 2.6 中，每列的表头名 Sepal.Length 等是特征，最后一列 class 是输出的类别信息，每一行是一个样本。特征工程就是通过特征提取、特征选择、特征构建获取有利于学习的特征的过程，它是机器学习的基础，好的特征允许你选择不复杂的模型，同时运行速度也更快，也更容易理解和维护。特征工程说起来容易，做起来真的不易，机器学习大部分时间都花在了特征工程上。

### 2.2.3 数据集划分

**1. 划分策略**

表 2.6 的第 1～6 行称为训练数据，最后两行为测试数据。机器学习通过训练数据建立模型，通过模型预测测试数据的输出。

数据集划分有两种策略（见图 2.13）。

1）训练集。**训练集**每个样本是有标签的（正确答案）。通常情况下，在训练集上模型执行得很好，并不能真的说明模型好，我们更希望模型对没有参与训练的数据有好的表现。如果把机器学习过程比作高考过程，训练就相当于平时的练习。

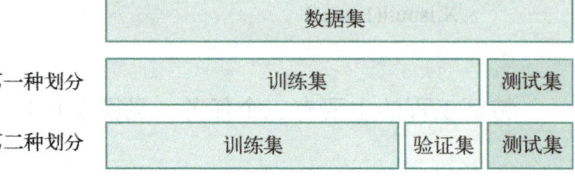

图 2.13 数据集划分策略

2）验证集。**验证集**样本也是有标签的，只不过没有参与训练，通过对验证集应用训练模型得到一个预测标签和已有的标签比较来评估模型，如果评估结果不理想，可改变一些用于构建学习模型的参数，最终得到一个满意的训练模型。如果把机器学习过程比作高考过程，验证相当于月考或周考。

数据集划分

3）测试集。**测试集**是没有标签的样本，如表 2.6 的最后两行。机器学习的目标是希望模型在测试集上有好的表现。测试集用于模型应用阶段。

一般来说，采用 70%、15%、15%的比例来划分数据集，但这不是必需的，要根据具体任务确定划分比例。

需要注意的是，用于训练的样本一定要代表实际的业务场景，这样机器学习产生的模型才能在实际业务中产出良好的预测效果。如果在实际业务中遇到的预测样本和训练样本的特性相差甚远，那么模型是很难产出良好的预测效果的。

**2. scikit-learn 数据集划分**

scikit-learn 提供了 train_test_split 函数来帮助完成这一任务。

```
from sklearn.model_selection import train_test_split
# 假设 X 是特征，y 是目标
X_train, X_test, y_train, y_test = train_test_split(X, y, test_size=0.2, random_state=42)
```

## 2.3 模型训练

### 2.3.1 算法选择

机器学习算法种类繁多，图 2.14 给出了算法选择策略。

# 第 2 章 机器学习

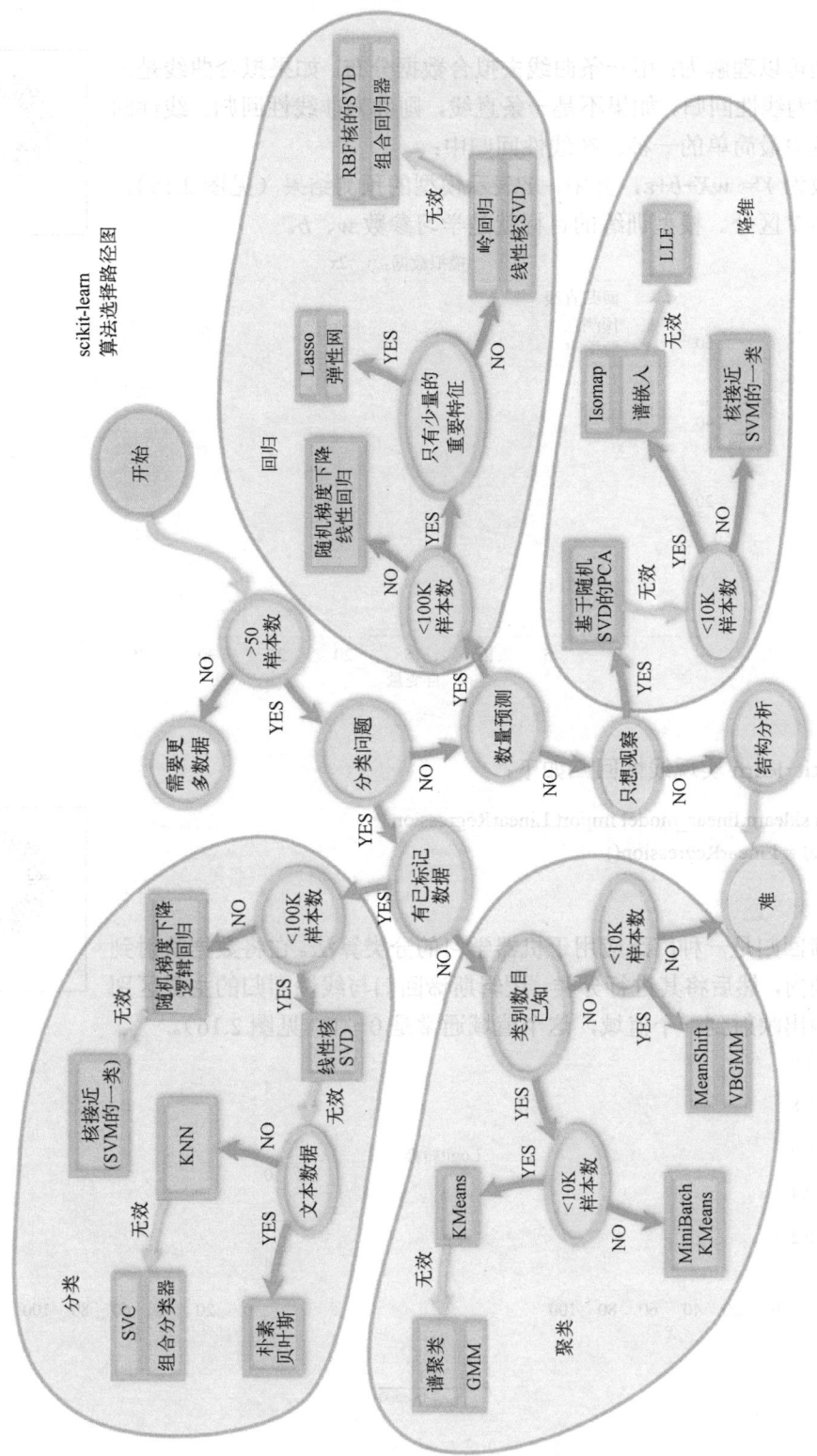

图 2.14 算法选择策略

**1. 线性回归**

回归模型可以理解为：用一条曲线去拟合数据分布。如果拟合曲线是一条直线，则称为线性回归。如果不是一条直线，则称为非线性回归。线性回归是回归模型中最简单的一种。在线性回归中：

假设函数为 $Y' = wX+b+\varepsilon$，其中，$Y'$ 表示模型的预测结果（见图 2.15），用来和真实的 $Y$ 区分。模型训练的目标就是学习参数 $w$、$b$。

线性回归

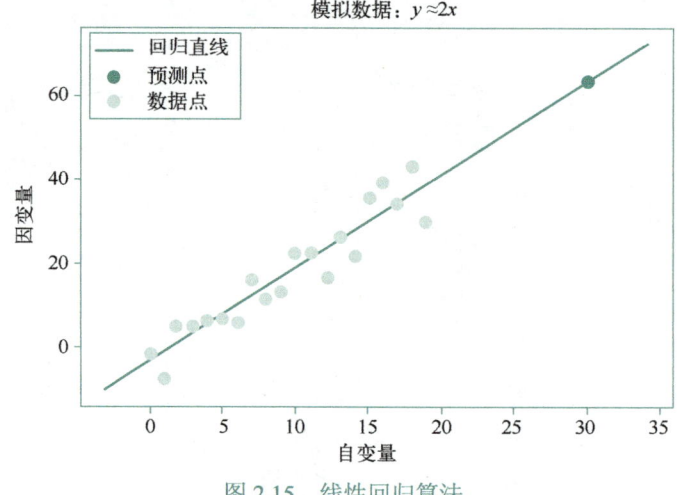

图 2.15  线性回归算法

使用 scikit-learn 实现线性回归如下：

```
from sklearn.linear_model import LinearRegression
model = LinearRegression()
```

**2. 逻辑斯谛回归**

逻辑斯谛回归是一种广泛应用于机器学习的分类算法。它将数据映射到一个数值范围内，然后将其进行分类。逻辑斯谛回归与线性回归的主要区别在于，它将输出映射到一个值域，这个值域通常是 0～1（见图 2.16）。

逻辑斯谛回归

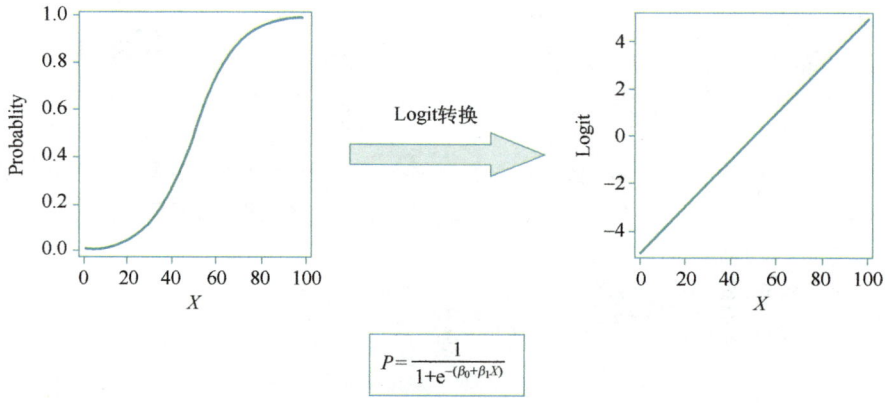

图 2.16  逻辑斯谛回归算法

使用 scikit-learn 实现逻辑斯谛回归代码如下：

```
from sklearn.linear_model import LogisticRegression
model = LogisticRegression()
```

### 3. 贝叶斯分类器

贝叶斯分类器是各种分类器中分类错误概率最小,或者在预先给定代价的情况下平均风险最小的分类器。它的设计方法是一种最基本的统计分类方法,其分类原理是通过某对象的先验概率,利用贝叶斯公式计算出其后验概率,即该对象属于某一类的概率,选择具有最大后验概率的类作为该对象所属的类。

贝叶斯分类器

设类别 $\omega$ 的取值来自类集合($\omega_1, \omega_2, \cdots, \omega_m$),样本 $X = (X_1, X_2, \cdots, X_n)$ 表示用于分类的特征。对于贝叶斯分类器,若某一待分类的样本 $D$,其分类特征值为 $x = (x_1, x_2, \cdots, x_n)$,则样本 $D$ 属于类别 $\omega_i$ 的概率 $P(\omega = \omega_i | X_1 = x_1, X_2 = x_2, \cdots, X_n = x_n)$,$(i = 1, 2, \cdots, m)$ 应满足下式:

$$P(\omega = \omega_i | X = x) = \text{Max}\{P(\omega = \omega_1 | X = x), P(\omega = \omega_2 | X = x), \cdots, P(\omega = \omega_m | X = x)\}$$

而由贝叶斯公式可得

$$P(\omega = \omega_i | X = x) = P(X = x | \omega = \omega_i) \times P(\omega = \omega_i) / P(X = x)$$

式中,$P(\omega = \omega_i)$ 可由领域专家的经验得到,而 $P(X = x | \omega = \omega_i)$ 和 $P(X = x)$ 的计算则比较困难。

贝叶斯分类算法原理见图 2.17。

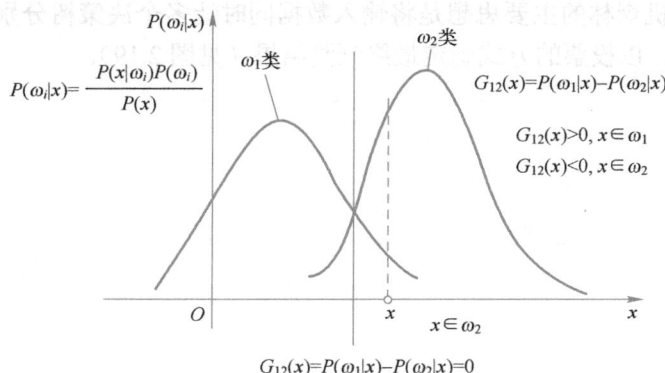

图 2.17 贝叶斯分类算法原理

使用 scikit-learn 实现贝叶斯分类代码如下:

```
from sklearn.naive_bayes import GaussianNB
clf = GaussianNB()
model = clf.fit(x_train, y_train)
```

### 4. 决策树

决策树是一种使用树结构进行决策分析的算法。它通过对属性取值划分数据集,直到划分后数据集有确定的标签,并将它们组合起来形成一棵树。决策树每个分支形成一条规则,对新的数据使用规则进行预测。例如,使用决策树算法挑西瓜见图 2.18。

决策树

使用 scikit-learn 实现决策树代码如下:

```
from sklearn import tree
model = tree.DecisionTreeClassifier()
```

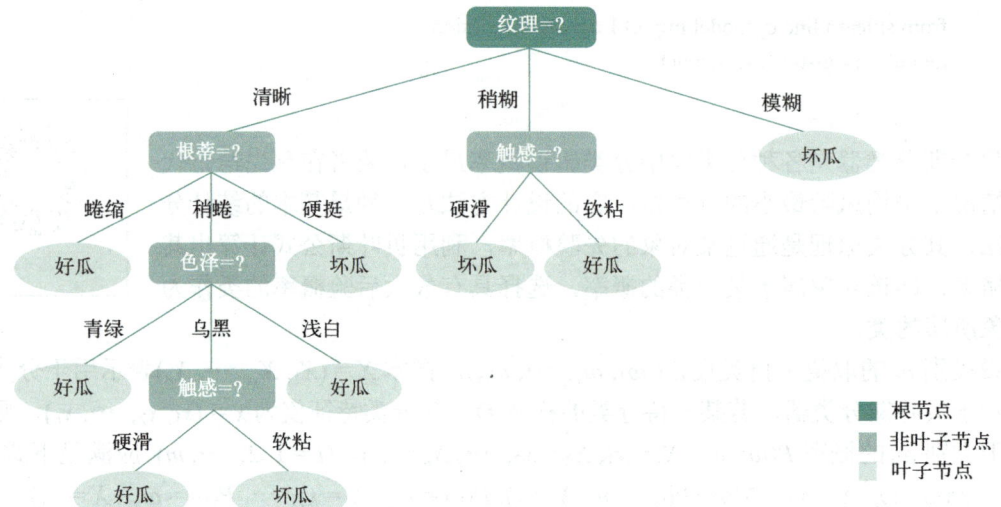

图 2.18　使用决策树算法挑西瓜

### 5．随机森林

随机森林是一种集成学习算法，它可以通过同时训练多个决策树来提高预测准确性。随机森林的主要思想是将输入数据同时让多个决策树分别得到一个预测结果，以投票的方式确定最终预测结果（见图 2.19）。

随机森林

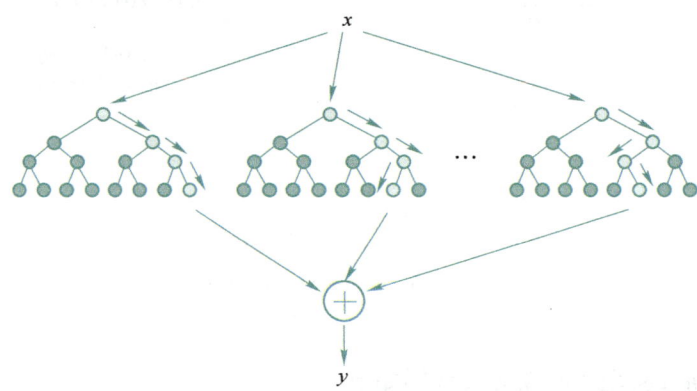

图 2.19　随机森林算法

### 6．K 近邻算法

K 近邻算法（KNN）是一种基于实例的学习算法，它可用于对未知样本进行分类，并将其与其最近邻居相关联（见图 2.20）。

使用 scikit-learn 实现 KNN 的代码如下：

```
from sklearn import neighbors
model = neighbors.KNeighborsClassifier(n_neighbors=5)
```

其中，n_neighbors 为邻居的数目。

### 7．K 均值聚类算法

K 均值（Kmeans）算法是机器学习中一种常用的聚类方法，其基本思

K 近邻算法

K 均值

想和核心内容就是在算法开始时随机给定若干（$K$）个中心，按照最近距离原则将样本点分配到各个簇，之后按平均法计算簇的中心点位置，从而重新确定新的中心点位置。这样不断地迭代下去直至聚类集内的样本满足阈值为止。图 2.21 展示了 Kmeans 聚类算法过程。

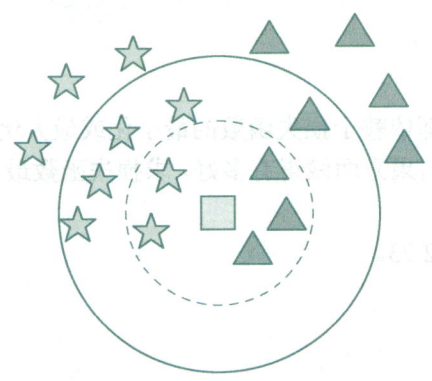

图 2.20　KNN 算法

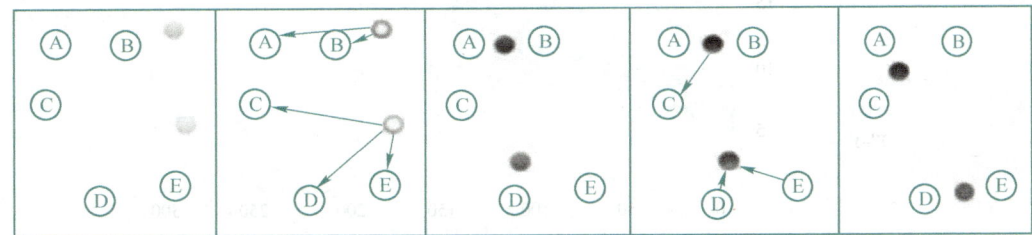

图 2.21　Kmeans 聚类算法过程

使用 scikit-learn 实现 Kmeans 的代码如下：

```
from sklearn.cluster import KMeans
cluster = KMeans(n_clusters= 4 )
```

### 8. 支持向量机

支持向量机（Support Vector Machine，SVM）的基本思想可用图 2.22 来说明，目标是求最优分类面。图 2.22 中实心点和空心点代表两类样本，H 为它们之间的分类超平面，H1、H2 分别为各类离 H 最近的样本的分类面且平行于 H 的超平面，它们之间的距离叫作分类间隔（margin）。

支持向量机

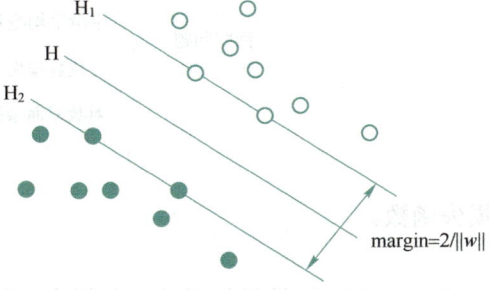

图 2.22　最优分类面示意图

最优分类面要求分类面不但能将两类正确分开，而且使分类间隔最大。

使用 scikit-learn 实现 SVM 的代码如下：

```
from sklearn.svm import SVC
model = SVC()
```

### 2.3.2 损失函数设计

机器学习中的所有算法都依赖于损失函数的最小化或最大化，称之为"目标函数"，作用是衡量预测模型在预测预期结果方面做得有多好。求损失函数最小值的一种常用方法是"梯度下降法"。

线性回归损失函数见图 2.23。

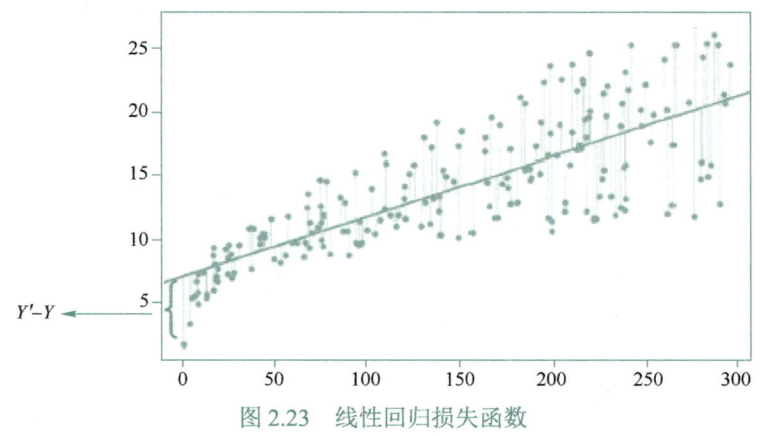

图 2.23 线性回归损失函数

损失函数分为两类（见图 2.24）。

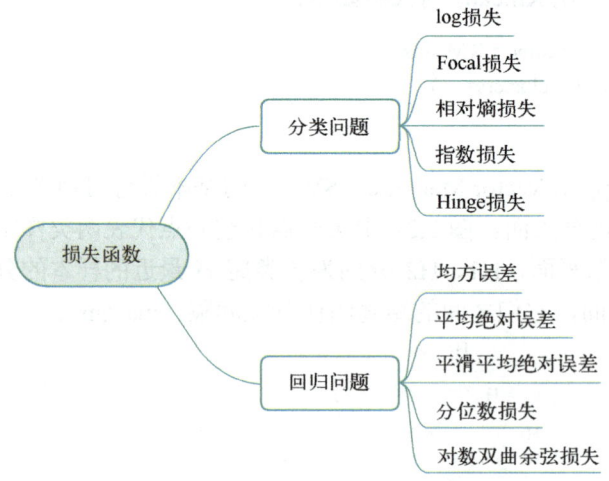

图 2.24 损失函数分类

下面介绍三种常用的损失函数。

**1. 均方误差**

均方误差（Mean Square Error, MSE）是最常用的回归损失函数。MSE 是目标变量值与预测值之间距离的平方和：

$$\mathrm{MSE} = \frac{\sum_{i=1}^{n}(y_i - y_i^p)^2}{n}$$

图 2.25 是一个 MSE 函数，其中真实目标值为 100，预测值为-10,000～10,000。MSE 损失（y 轴）在预测(x 轴)= 100 时达到最小值，范围是 0 到∞。

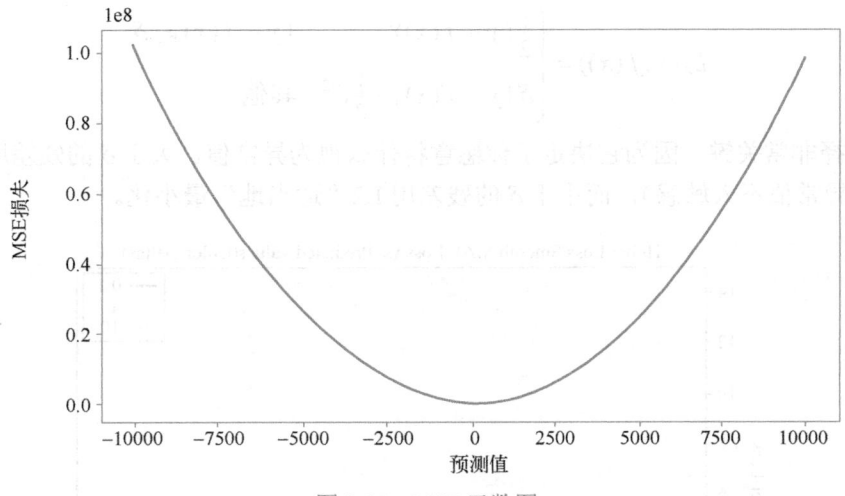

图 2.25　MSE 函数图

**2．平均绝对误差**

平均绝对误差（MAE）是回归模型中使用的另一个损失函数，见图 2.26。MAE 是目标变量和预测变量之间的绝对差值之和。所以它测量的是一组预测的平均误差大小，而不考虑它们的方向。如果也考虑方向，那就叫作平均偏差误差（Mean Bias Error, MBE），它是残差/误差的和。MAE 的范围也是 0 到∞。

$$\mathrm{MAE} = \frac{\sum_{i=1}^{n}|y_i - y_i^p|}{n}$$

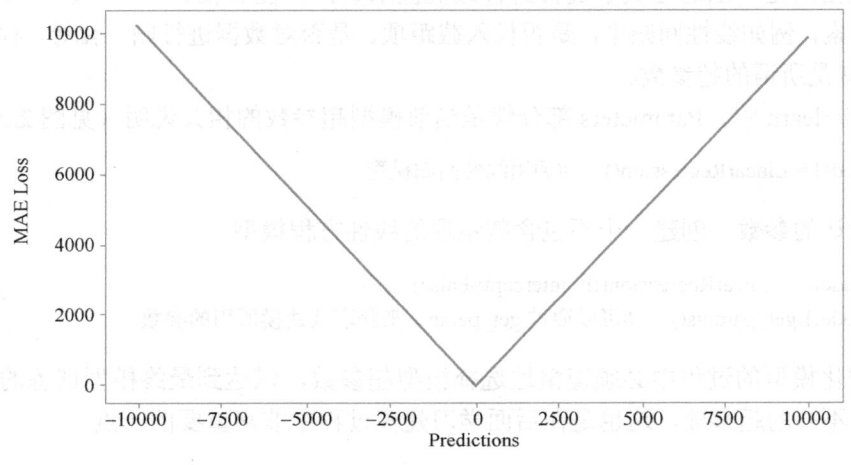

图 2.26　MAE 函数图

### 3. Huber Loss

Huber Loss 对数据中异常值的敏感性小于均方误差。它在 0 处也是可微的，见图 2.27。它基本上是绝对误差，当误差很小的时候，它变成了二次函数。多小的时候变成二次误差取决于超参数，这是可调整的。Huber Loss 方法当损失趋于 0 时为 MAE，当损失趋于 ∞ 时为 MSE。

$$L_\delta(y, f(x)) = \begin{cases} \frac{1}{2}(y - f(x))^2 & |y - f(x)| \leqslant \delta \\ \delta |y - f(x)| - \frac{1}{2}\delta^2 & \text{其他} \end{cases}$$

$\delta$ 的选择非常关键，因为它决定了你愿意将什么视为异常值。大于 $\delta$ 的残差用 L1 最小化（L1 对大的异常值不太敏感），而小于 $\delta$ 的残差用 L2"适当地"最小化。

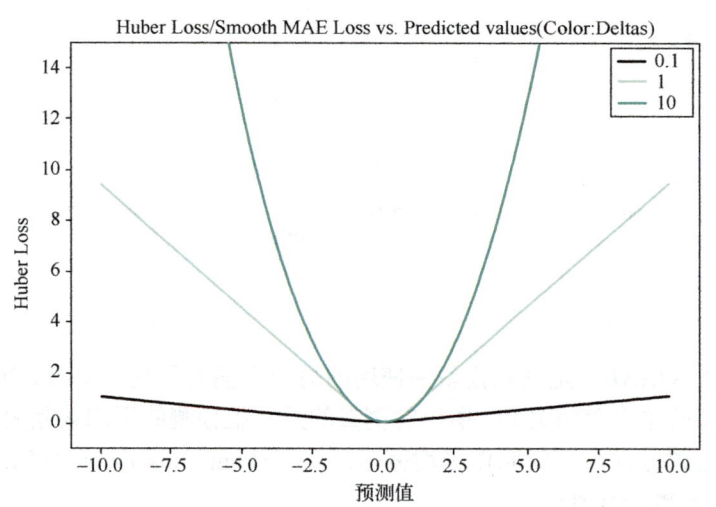

图 2.27　Huber Loss 函数图

超参数

### 2.3.3　超参数

超参数指的是无法通过数学过程进行最优值求解，但能够很大程度上影响模型形式和建模结果的因素，例如线性回归中，是否代入截距项、是否对数据进行归一化等，往往是"人工判断"，这就是所谓的超参数。

在 scikit-learn 中，Parameters 部分就是当前模型超参数的相关说明（见图 2.28）。

```
model = LinearRegression()    #调用线性回归模型
```

使用默认的参数，创建一个不包含截距项的线性方程模型：

```
model1 = LinearRegression(fit_intercept=False)
model1.get_params()    #可以通过 get_params 来获取其建模所用的参数
```

在实例化模型的过程中必须谨慎地选择模型超参数，以达到最终模型训练的预期。不同的模型，有不同的超参数，这也是在后面学习建模过程中非常重要的一点。

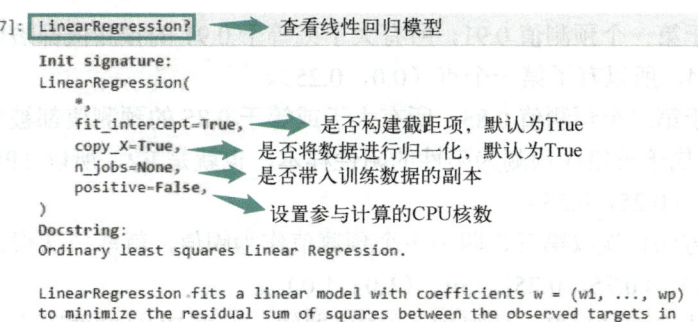

图 2.28　超参数

## 2.4　模型评估

在机器学习中,模型评估用于确定模型是否能够有效地预测输入的数据。

### 2.4.1　分类任务模型评估

分类评估指标:准确率、召回率、精确率、F1 分数、ROC 曲线和 AUC。

**1. 准确率、召回率、精确率**

图 2.29 给出了分类任务评估方法。

混淆矩阵

| 混淆矩阵 | | 真实值 | |
|---|---|---|---|
| | | Positive | Negative |
| 预测值 | Positive | TP | FP |
| | Negative | FN | TN |

| 分类评估指标 | 公式 | 意义 |
|---|---|---|
| 准确率<br>(Accuracy, ACC) | $Accuracy = \dfrac{TP+TN}{TP+TN+FP+FN}$ | 模型正确分类样本数占总样本数比例(所有类别) |
| 精确率<br>(Positive Predictive Value, PPV) | $Precision = \dfrac{TP}{TP+FP}$ | 模型预测的所有Positive中,预测正确的比例 |
| 灵敏度/召回率<br>(True Positive Rate, TPR) | $Reall = \dfrac{TP}{TP+FN}$ | 所有真实Positive中,模板预测正确Positive比例 |
| 特异度<br>(True Negative Rate, TNR) | $Specificity = \dfrac{TN}{TN+FP}$ | 所有真实Negative中,模板预测正确Negative比例 |

图 2.29　分类任务评估方法

**2. F1 分数**

$$F1分数 = \frac{2 \times 精确率 \times 召回率}{精确率 + 召回率}$$

ROC 曲线

**3. ROC 曲线**

假设有 8 个测试样本,模型的预测值(按大小排序)和样本的真实标签见图 2.30b,绘制 ROC 曲线(见图 2.30a)的整个过程如下:

1）令阈值等于第一个预测值 0.91，所有大于或等于 0.91 的预测值都被判定为阳性，此时 TPR=1/4，FPR=0/4，所以有了第一个点（0.0，0.25）。

2）令阈值等于第二个预测值 0.85，所有大于或等于 0.85 的预测值都被判定为阳性，这种情况下第二个样本属于被错误预测为阳性的阴性样本，也就是 FP，所以 TPR=1/4，FPR=1/4，所以有了第二个点（0.25，0.25）。

3）按照这种方法依次取第三、四……个预测值作为阈值，就能依次得到 ROC 曲线上的坐标点（0.5，0.25）、（0.75，0.25）、…、（1.0，1.0）。

4）将各个点依次连接起来，就得到了 ROC 曲线。计算 ROC 曲线下方的面积为 0.75，即 AUC=0.75。

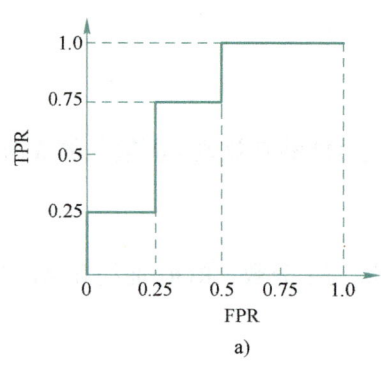

| 预测值 | 真实标签 |
|---|---|
| 0.91 | 1 |
| 0.85 | 0 |
| 0.77 | 1 |
| 0.72 | 1 |
| 0.61 | 0 |
| 0.48 | 1 |
| 0.42 | 0 |
| 0.33 | 0 |

图 2.30　ROC 曲线

**4．AUC**

AUC（Area Under Curve）被定义为 ROC 曲线下与坐标轴围成的面积，显然这个面积的数值不会大于 1。又由于 ROC 曲线一般都处于 $y=x$ 这条直线的上方，所以 AUC 的取值范围在 0.5 和 1 之间。AUC 越接近 1.0，检测方法真实性越高；等于 0.5 时，则真实性最低，无应用价值。

## 2.4.2　回归任务模型评估

决定系数（$R^2$）：$R^2$ 用于衡量模型对数据的拟合程度，其值越接近 1 表示模型的拟合程度越好。

平均绝对误差（MAE）：MAE 是预测值与真实值之间差的绝对值的平均数，较小的 MAE 表示模型预测的准确性较高。

均方误差（MSE）：MSE 是预测值与真实值之间差的平方的平均数，较小的 MSE 同样表明模型具有较高的预测精度。

## 2.4.3　代码实现

```
from sklearn.metrics import accuracy_score,precision_score,recall_score,f1_score, roc_curve, auc
# 定义真实标签和预测标签
y_true = [0, 1, 1, 0, 1, 0]
y_pred = [0, 1, 0, 0, 1, 1]
```

```
# 计算准确率
acc = accuracy_score(y_true, y_pred)
print("Accuracy: {:.4f}".format(acc))
# 计算精确率
precision = precision_score(y_true, y_pred)
print("Precision: {:.4f}".format(precision))
# 计算召回率
recall = recall_score(y_true, y_pred)
print("Recall: {:.4f}".format(recall))
# 计算 F1 分数
f1 = f1_score(y_true, y_pred)
print("F1-score: {:.4f}".format(f1))
# 绘制 ROC 曲线，计算 AUC
fpr, tpr, thresholds = roc_curve(y_true, y_pred)
roc_auc = auc(fpr, tpr)
print("ROC curve: fpr = {}, tpr = {}, AUC = {:.4f}".format(fpr, tpr, roc_auc))
```

上述代码计算了一个二分类问题的准确率、精确率、召回率、F1 分数、ROC 曲线和 AUC。其他分类指标和回归指标的使用方法类似，只需调用相应的函数即可。

## 2.5 模型预测

预测模型能否达到预期值。

泛化能力

### 2.5.1 泛化能力

**泛化能力**是用来描述模型对新样本的预测能力的，在日常生活中也称之为举一反三或学以致用的能力。机器学习的目的是学到隐藏在数据背后的规律，对具有同一规律、训练集以外的数据，模型也能给出合适的预测。这就是泛化能力的表现。

如果一个模型只在训练数据上能准确地分类，作用是很小的，因为这充其量是模型"记住"了输入和对应的输出，在新的场景中没有办法做出准确预测。我们总是希望机器学习模型能在新样本上有很好的表现。

强泛化能力需要回避过拟合和欠拟合（见图 2.31）。

**欠拟合**是指模型在训练集、验证集和测试集上均表现不佳的情况（见图 2.31a）。

**过拟合**是指模型在训练集上表现很好，到了验证和测试阶段就很差（见图 2.31b 和图 2.31c）。

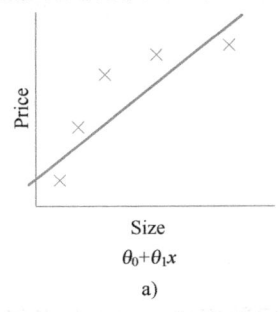
a)
$\theta_0+\theta_1 x$

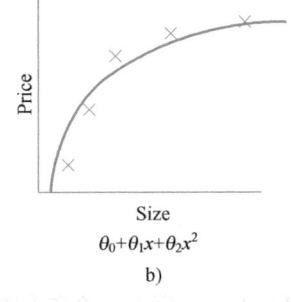
b)
$\theta_0+\theta_1 x+\theta_2 x^2$

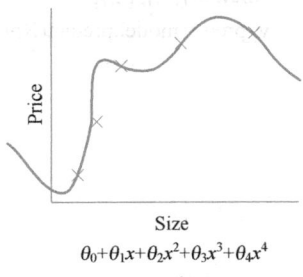
c)
$\theta_0+\theta_1 x+\theta_2 x^2+\theta_3 x^3+\theta_4 x^4$

图 2.31 过拟合和欠拟合

一个好的模型必须真正把握数据的底层规律，即在泛化误差和训练误差进行折中（见图2.32）。

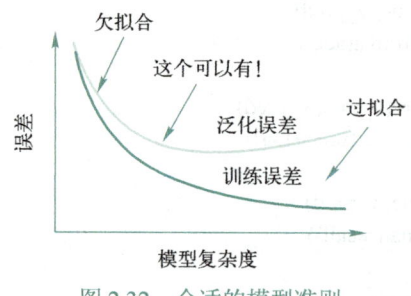

图 2.32　合适的模型准则

### 2.5.2　交叉验证

原本的训练集训练出来的结果，直接拿测试集去测试未免太浪费资源，而且可能精度不高，所以就有了交叉验证，这种方法是将原本的训练集划分为训练集与测试集，比如：原本的训练集划分为5份，前4份作为训练集，最后1份作为测试集，验证第一次；然后用1,2,3,5份作为训练集，4作为测试集，再验证一次；重复交叉验证，最后求得一个均值作为训练结果，此时再用测试集进行测试，效果会好很多（见图2.33）。

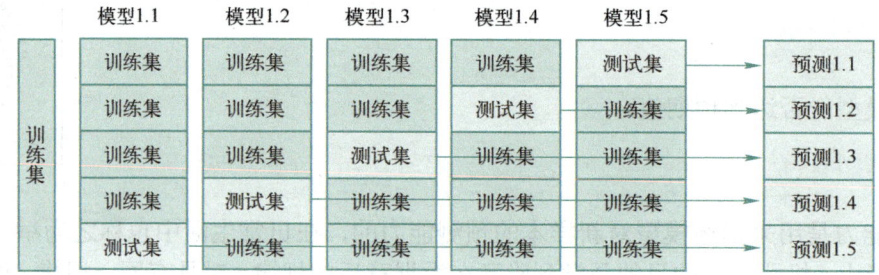

图 2.33　交叉验证

### 2.5.3　代码实现

在 scikit-learn 中可以使用 predict() 函数使用最终的分类模型来预测新数据实例的类。

例如，在名为 Xnew 的数组中有一个或多个数据实例，可以传递给模型上的 predict() 函数，以预测数组中每个实例的类值。

```
Xnew = [[...], [...]]
y_pred = model.predict(Xnew)
```

## 2.6　机器学习实战

### 2.6.1　乳腺癌分类

**1．数据说明**

威斯康星州乳腺癌数据集是 scikit-learn 库中一个常用的内置数据集，用于分类任务。该数据集包含了从乳腺癌患者收集的肿瘤特征的测量值，以及相应的良性（benign）或恶性（malignant）标签。以下是对该数据集的简单介绍。

数据集名称：威斯康星州乳腺癌数据集（Breast Cancer Wisconsin Dataset）。

数据集来源：数据集最初由威斯康星州医院的 Dr. William H. Wolberg 收集。

数据集特征：数据集包含 30 个数值型特征，这些特征描述了乳腺肿瘤的不同测量值，如肿瘤的半径、纹理、对称性等，部分特征说明如下。

radius：半径，即病灶中心点离边界的平均距离。

texture：纹理，灰度值的标准偏差。

perimeter：周长，即病灶的大小。

area：面积，反映病灶大小的一个指标。

smoothness：平滑度，即半径的变化幅度。

compactness：密实度，周长的平方除以面积，再减 1。

concavity：凹度，凹陷部分轮廓的严重程度。

concave points：凹点，凹陷轮廓的数量。

symmetry：对称性。

fractal dimension：分形维度。

目标变量：数据集的目标变量是二分类的，代表肿瘤的良性（benign）或恶性（malignant）状态。良性表示肿瘤是非恶性的，恶性表示肿瘤是恶性的。

样本数量：数据集包含 569 个样本，其中良性样本 357 个，恶性样本 212 个。

数据集用途：该数据集被广泛用于分类任务、特征选择、模型评估等机器学习任务和实验中。

**2. 代码实现**

```
#导入必要包
from sklearn.datasets import load_breast_cancerfrom sklearn.svm import SVC
from sklearn.model_selection import train_test_split
import matplotlib.pyplot as pltimport numpy as np
from time import timeimport datetimeimport pandas as pd
#step1：准备数据
    cancers = load_breast_cancer()
    X = cancers.data                    #获取特征值
    Y = cancers.target                  #获取标签
    df = pd.DataFrame(cancer.data,columns=cancer.feature_names)
    df['target'] = cancer.target
    df.head()

# x_train 为训练集的特征值，y_train 为训练集的目标值，x_test 为测试集的特征值，y_test 为测试集的目标值
    # 注意，接收参数的顺序固定
    # 训练集占80%，测试集占20%
    x_train,    x_test, y_train, y_test = train_test_split(X, Y, test_size=0.2)
#step2：模型的配置
    model_linear = SVC(C=1.0, kernel='linear')    # 线性核
```

```
#step3：模型训练——调用 sklearn 中的 fit 函数实现
    model_linear.fit(x_train, y_train)
    SVC(C=1.0, break_ties=False, cache_size=200, class_weight=None, coef0=0.0,
        decision_function_shape='ovr', degree=3, gamma='scale', kernel='linear',
        max_iter=-1, probability=False, random_state=None, shrinking=True,
        tol=0.001, verbose=False)
#step4：验证模型的好坏——交叉验证法
    train_score = model_linear.score(x_train, y_train)
    test_score = model_linear.score(x_test, y_test)
    print('train_score:{0}; test_score:{1}'.format(train_score, test_score))
    train_score:0.9736263736263736; test_score:0.9210526315789473
#step5：预测模型
    preresult=model_linear.predict(x_test)          #查看第一个样本的预测值
    preresult[0]
```

## 2.6.2 房价预测

**1. 数据说明**

波士顿房价数据集各个特征的含义见表 2.7。

表 2.7 波士顿房价数据集各个特征的含义

| 特 征 | 特征含义 |
|---|---|
| CRIM | 城镇人均犯罪率 |
| ZN | 住宅用地所占比例 |
| INDUS | 城镇中非住宅用地所占比例 |
| CHAS | 虚拟变量，用于回归分析 |
| NOX | 环保指数 |
| RM | 每栋住宅的房间数 |
| AGE | 1940 年以前建成的自住单位的比例 |
| DIS | 与 5 个波士顿就业中心的加权距离 |
| RAD | 距离高速公路的便利指数 |
| TAX | 每一万美元的不动产税率 |
| PTRATIO | 城镇中的教师学生比例 |
| B | 城镇中的黑人比例 |
| LSTAT | 地区中有多少房东属于低收入人群 |
| MEDV | 自住房屋房价中位数（也就是均价） |

波士顿房价数据集包括 506 个样本，每个样本包括 12 个特征变量和该地区的平均房价，显然房价和多个特征变量相关。

**2. 代码实现**

```
# 导入 scikit-learn 库和相关模块
from sklearn.linear_model import LinearRegression
import numpy as np
import pandas as pd
```

```
from sklearn import datasets

# 加载数据
boston = datasets.load_boston()
boston_df = pd.DataFrame(boston.data, columns=boston.feature_names)
boston_df['MEDV'] = boston.target

# 特征值
boston_df = boston_df[['LSTAT', 'CRIM', 'RM']]
X = np.array(boston_df)
# 目标值
y = np.array(boston_df['MEDV'])

#数据集划分
from sklearn.model_selection import train_test_split
X_train, X_test, y_train, y_test = train_test_split(X, y, test_size=0.3, random_state=10)

# 创建线性回归模型
model = LinearRegression()

# 将模型拟合到样本数据上
model.fit(X, y)

# 使用模型进行预测
y_pred = model.predict(x_test)

# 输出预测结果
print("预测房价为: ", y_pred)
```

可以使用 scikit-learn 库中的均方误差计算函数,计算预测值和真实标签之间的均方误差。

```
from sklearn.metrics import mean_squared_error
mean_squared_error(y_pred, y_test)
```

# 习题 2

一、名词解释

1. 机器学习　　2. 有监督学习　　3. 无监督学习　　4. 聚类问题
5. 损失函数　　6. AUC

二、选择题

1. 以下（　　）不是机器学习范式。
　　A. 分类问题　　　B. 回归问题　　　C. 监督问题　　　D. 降维问题
2. 决策树属于（　　）机器学习范式。
　　A. 分类问题　　　B. 回归问题　　　C. 监督问题　　　D. 降维问题
3. （　　）是机器学习过程最耗时、最困难的一步。
　　A. 数据准备　　　B. 模型训练　　　C. 模型评估　　　D. 模型预测

4．数据准备不包括（　　　）。
　　A．读数据　　　　B．数据可视化　　　C．数据预处理　　　D．数据集划分
5．以下（　　　）不是特征工程任务。
　　A．特征提取　　　B．特征选择　　　　C．特征变换　　　　D．特征创造
6．数据集划分不包括（　　　）。
　　A．验证集　　　　B．训练集　　　　　C．测试集　　　　　D．样本集
7．用于模型评估的数据集是（　　　）。
　　A．验证集　　　　B．训练集　　　　　C．测试集　　　　　D．样本集
8、在训练集、验证集和测试集上均表现不佳的模型是（　　　）。
　　A．欠拟合　　　　B．过拟合　　　　　C．泛化能力强　　　D．恰当拟合

### 三、判断题

1．只要时间允许，就能够找到输入数据 $x$ 和输出数据 $y$ 之间的映射。（　　）
2．通常情况下，在训练集上模型执行得很好，说明是个好模型。（　　）
3．验证集样本没有标签。（　　）
4．分类问题和回归问题实验的评估方法相同。（　　）
5．归一化通常意味着将数据缩放到[0, 1]的范围内。（　　）
6．标准化则是将数据缩放，使得它们的均值为 0，标准差为 1。（　　）
7．机器学习的目标是希望模型在训练集上有好的表现。（　　）
8．采用 70%、15%、15%的比例来划分数据集。（　　）
9．用来训练的样本一定要代表实际的业务场景。（　　）
10．没有一个单一的损失函数适用于所有类型的数据。（　　）
11．AUC 越接近 1.0，检测方法真实性越高；等于 0 时，则真实性最低。（　　）
12．$R^2$ 用于衡量模型对数据的拟合程度，其值越接近 1 表示模型的拟合程度越好。（　　）

### 四、填空题

1．（　　　）是使计算机具有智能的根本途径。
2．有监督学习一般要把数据集划分为：训练集、（　　　）和测试集。
3．有监督学习根据输出的类型分为两类，离散输出称为（　　　）。
4．Python 机器学习算法库是（　　　）。
5．数据集划分有（　　　）种策略。
6．损失函数可以大致分为两类：分类损失和（　　　）。
7．（　　　）指的是无法通过数学过程进行最优值求解，但能够很大程度上影响模型形式和建模结果的因素。
8．ROC 曲线下与坐标轴围成的面积为（　　　）。
9．最优分类面要求分类面不但能将两类正确分开，而且使分类间隔最（　　　）。

### 五、简答题

1．简述机器学习和程序设计之间的区别。
2．简述机器学习过程。
3．简述选择算法路径。
4．简述交叉验证。

# 第 3 章 深度学习

深度学习推动"大数据+深度模型"时代的来临。如果我们能在理论、建模和工程方面突破深度学习面临的一系列难题,人工智能的梦想不再遥远。

通过本章学习,读者能熟悉深度学习平台 PaddlePaddle,在该平台上解决计算机视觉、自然语言处理的实际应用问题。

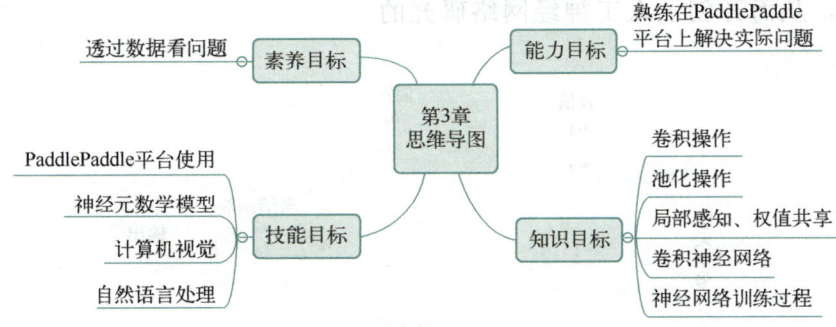

## 3.1 全连接神经网络

从图 3.1 看出,深度学习是一种特殊的神经网络,神经网络是机器学习的一种方式,机器学习是实现人工智能的一种途径。

神经网络是由若干神经元构成的层次结构。神经网络模拟人脑学习过程,理论上已经证明,当神经元足够多,层次足够深,神经网络可以逼近任何复杂函数。

最基本的深度学习网络结构是卷积神经网络(CNN)。VGG16 是一种 16 层的 CNN 结构。

全连接神经网络

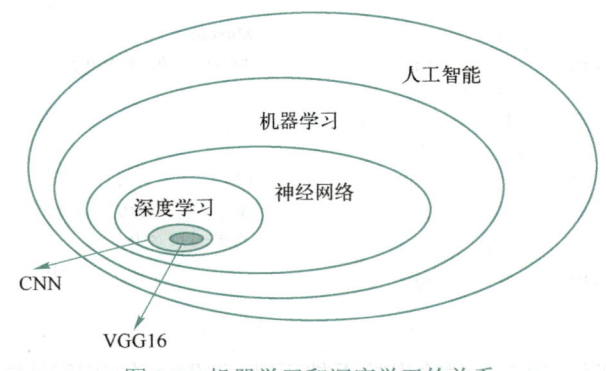

图 3.1 机器学习和深度学习的关系

### 3.1.1 神经元模型

神经元模型

**1. 神经元生物模型**

神经元是能够传递电信号的细胞。一个神经元由三个主要部分组成：树突、细胞体和轴突（见图 3.2）。

树突是从其他神经元或组织中接收信号的部分；细胞体是神经元的核心，在这里进行电信号的处理和整合；轴突是链式传递信号的"输送管道"。

**2. 神经元数学模型**

1943 年，心理学家 Warren McCulloch 和数理逻辑学家 Walter Pitts 首次提出了神经元数学模型（见图 3.3），从而开创了人工神经网络研究的时代。

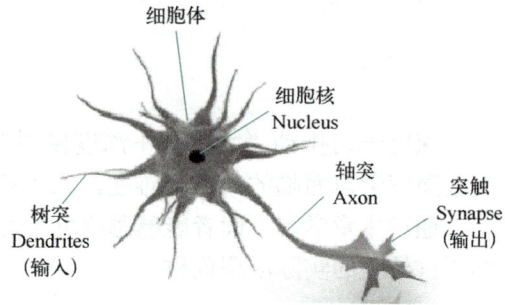

图 3.2 神经元生物模型

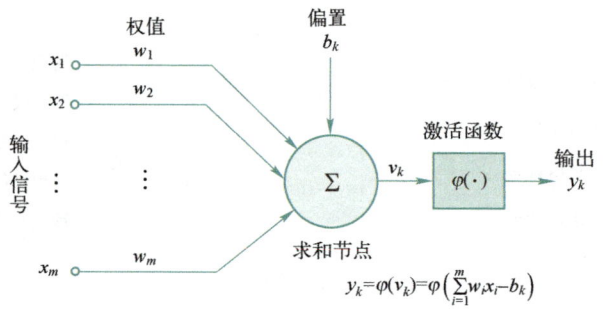

图 3.3 神经元数学模型

神经元数学模型中的 $\varphi$ 为激活函数，是用来加入非线性因素的，解决线性模型所不能解决的问题。常用激活函数见图 3.4。

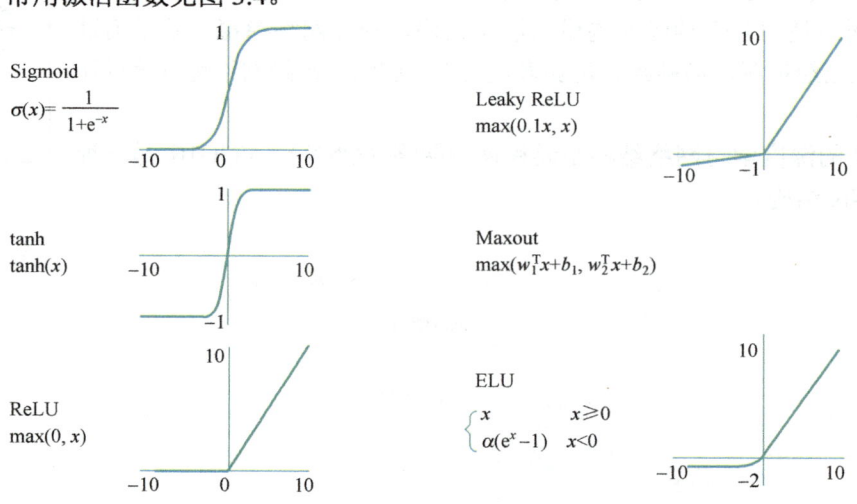

图 3.4 常用激活函数

权重 $w_i$ 的大小表明了输入 $x$ 对输出的贡献程度；偏置 $b_k$ 的作用则是调整激活函数的输入。

一个神经网络的训练算法就是调整权值到最佳，以使得整个网络的预测效果最好。

## 3.1.2 神经网络

**1. 神经网络概念**

一个神经网络是由若干神经元构成的层次结构，分为输入层、输出层和隐藏层。一般把隐藏层多于 5 层称为深层神经网络。图 3.5 是一个神经网络示意图。

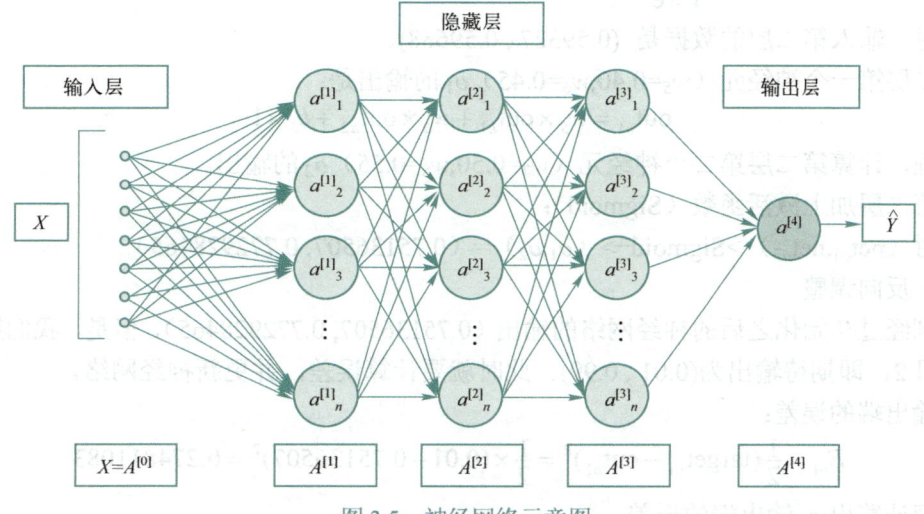

图 3.5　神经网络示意图

一般来说，全连接神经网络中，同层神经元不连接，不同层神经元全连接，即后一层每个神经元都与前一层每个神经元相连，每个连接就是网络的一个参数，所以传统神经网络的参数个数是不同层神经元数相乘，当网络层次很深时，参数量剧增。

**2. 神经网络学习过程**

神经网络学习过程就是权重调整过程。以图 3.6 为例，演示神经网络学习过程。

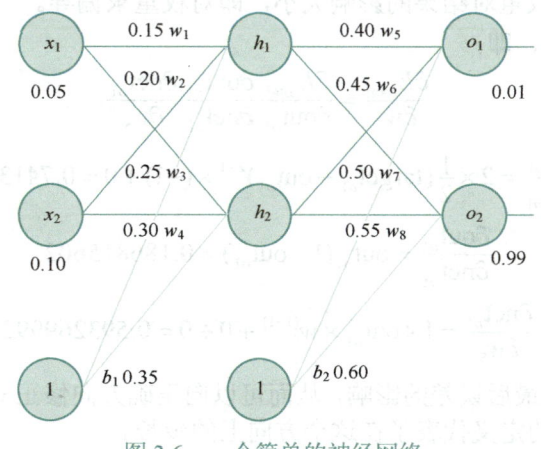

图 3.6　一个简单的神经网络

（1）前向计算

第一个层的输入数据是（0.05，0.10）。

第一个层第一个神经元（$w_1=0.15, w_2=0.20$）$h_1$ 的输出是：
$$\text{net}_{h1} = w_1 \times x_1 + w_2 \times x_2 + b_1 \times 1 = 0.15 \times 0.05 + 0.2 \times 0.1 + 0.35 \times 1 = 0.3775$$

同理，计算 $h_2$ 的输出：
$$\text{net}_{h2} = 0.3925$$

给第一层加上一个激活函数（Sigmoid），$h_1$ 和 $h_2$ 的输出就变成：
$$\text{out}_{h1} = \frac{1}{1+e^{-0.3775}} = 0.593269992, \quad \text{out}_{h2} = 0.596884378$$

此时，输入第二层的数据是 $(0.59327, 0.59688)$。

第二层第一个神经元（$w_5=0.40, w_6=0.45$）$o_1$ 的输出是：
$$\text{out}_{o1} = w_5 \times \text{out}_{h1} + w_6 \times \text{out}_{h2} + b_2 \times 1$$

同理，计算第二层第二个神经元（$w_7=0.50, w_8=0.55$）$o_2$ 的输出。

给第二层加上激活函数（Sigmoid）：

此时 $(\text{net}_{o1}, \text{net}_{o2})\text{->Sigmoid->}(o_1, o_2) = (0.75136507, 0.772928465)$

（2）反向调整

得到经过初始化之后的神经网络的输出（0.75136507, 0.772928465），但是，我们期待的输出是类目2，即期待输出为(0.01, 0.99)。此时就要计算误差，并更新神经网络。

$o_1$ 输出端的误差：
$$E_{o1} = \frac{1}{2}(\text{target}_{o1} - \text{out}_{o1})^2 = \frac{1}{2} \times (0.01 - 0.75136507)^2 = 0.274811083$$

同理计算出 $o_2$ 输出端的误差：
$$E_{o2} = 0.023560026$$

从而，得出总误差：
$$E_{\text{total}} = E_{o1} + E_{o2} = 0.274811083 + 0.023560026 = 0.2983711$$

有了总误差之后，对前面的权重数据改变多少，可以相应纠正这个误差，得到正确输出呢？

在这里就可以求得权重对结果的影响大小，即对权重求偏导。

以对 $w_5$ 求偏导为例，即：
$$\frac{\partial E_{\text{total}}}{\partial w_5} = \frac{\partial E_{\text{total}}}{\partial \text{out}_{o1}} \frac{\partial \text{out}_{o1}}{\partial \text{net}_{o1}} \frac{\partial \text{net}_{o1}}{\partial w_5}$$

$$\frac{\partial E_{\text{total}}}{\partial \text{out}_{o1}} = 2 \times \frac{1}{2}(\text{target}_{o1} - \text{out}_{o1})^{2-1} \times (-1) + 0 = 0.74136507$$

$$\frac{\partial \text{out}_{o1}}{\partial \text{net}_{o1}} = \text{out}_{o1}(1 - \text{out}_{o1}) = 0.186815602$$

$$\frac{\partial \text{net}_{o1}}{\partial w_5} = 1 \times \text{out}_{h1} \times w_5^{(1-1)} + 0 + 0 = 0.593269992$$

我们已经知道 $w_5$ 对最后误差的影响，从而可以向正确方向修正 $w_5$ 得到正确输出；此时会用到学习率，学习率 $\eta$ 的定义代表了在这个方向上的步长。

此时，能得到修正后的 $w_5$：
$$w_5^+ = w_5 - \eta \times \frac{\partial E_{\text{total}}}{\partial w_5} = 0.4 - 0.5 \times 0.082167041 = 0.35891648$$

至此，$w_5$ 得到更新。

至于 $w_1, w_2, w_3, w_4, w_6, w_7, w_8$ 的更新，可以用同样的方法求得。

（3）迭代

所有权重更新完毕，把新误差再次对权重求导，更新神经网络，直至神经网络得到希望的输出，至此整个神经网络训练完成。

### 3. 基于神经网络的机器学习过程

基于神经网络的机器学习一般要经过四步（见图 3.7）。

1）预处理：根据问题目标对训练数据进行适当的变换、清洗，得到高质量的数据。

2）特征工程：全连接神经网络，要求输入的数据是结构化的，即输入的数据是对象的特征（颜色、形状、纹理等）。获取对象的特征称为特征工程，特征工程基本上是人工完成，是机器学习最困难的一步。

3）模型训练与评估：确定全连接神经网络权重，得到模型。

4）模型部署：将模型应用到测试数据，得到预测结果，也称为模型部署。

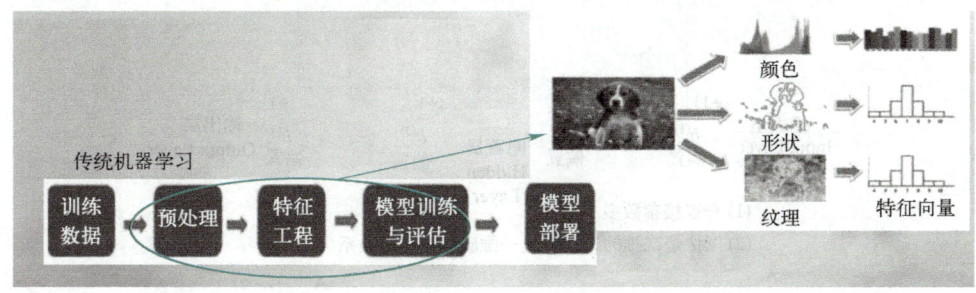

图 3.7 基于神经网络的机器学习过程

### 4. 隐藏层数对网络性能的影响

理论上已经证明深度神经网络可以逼近任何复杂函数。图 3.8 中分别显示了隐藏层数为 0 层、3 层、20 层的分类模型，隐藏层数越多，模型越复杂，越接近真实分类边界。

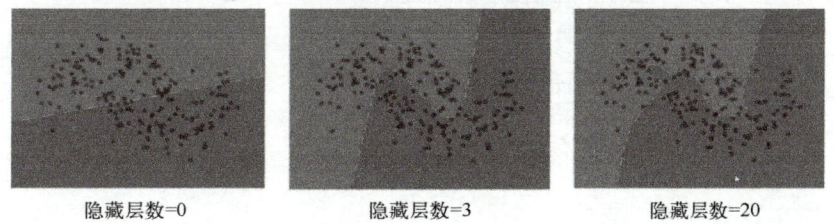

图 3.8 隐藏层数对网络性能的影响

## 3.2 卷积神经网络

### 3.2.1 深度学习产生的背景

#### 1. 全连接神经网络处理图像的弊端

1）全连接神经网络学习参数太多。考虑一个输入 1000×1000 像素的图片（100 万像素，现在已经不能算大图),输入层有 1000×1000=100 万节点。假设第一个隐藏层有 100 个节点(这个数量并不多),那么仅这一层就有(1000×1000+1)×100=1 亿参数,这实在是太多了!我们看到图像只扩大一点,参数数量就会指数型增长。

2)全连接神经网络没有利用像素之间的位置信息。对于图像识别任务来说,每个像素和其周围像素的联系是比较紧密的。由于计算机把图像映射为灰度矩阵,矩阵的存储是行优先的向量,这样图 3.9 中 28×28 矩阵中相邻的两个像素 A,B 被存储为相隔 28 个像素的向量,破坏了像素之间的位置信息。

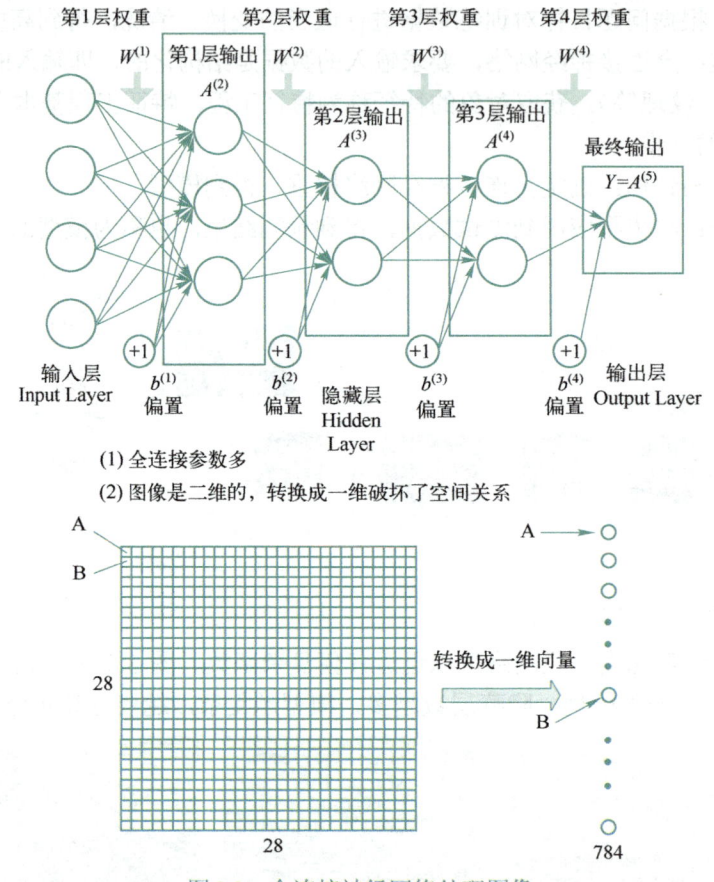

图 3.9 全连接神经网络处理图像

**2. 受大脑信息处理模式启发**

研究发现,人脑有 1000 亿个神经元相互构成复杂的连接,并形成各种功能区域。人类大脑在接收到外部信号时,不是直接对数据进行处理,信息处理是分级的,从低级的 V1 区提取边缘特征,到 V2 区的形状,再到更高层。这种层次结构使视觉系统需要处理的数据量大大减少,并保留了物体有用的结构信息,见图 3.10。

**3. 划时代的三篇论文**

2006 年,Hinton、LeCun、Bengio(见图 3.11)先后发表了三篇划时代的论文,在这三篇论文中以下主要原理被发现:

1)多层人工神经网络模型有很强的特征学习能力,深度学习模型学习得到的特征数据对原数据有更本质的代表性，这将大大便于分类和可视化问题。

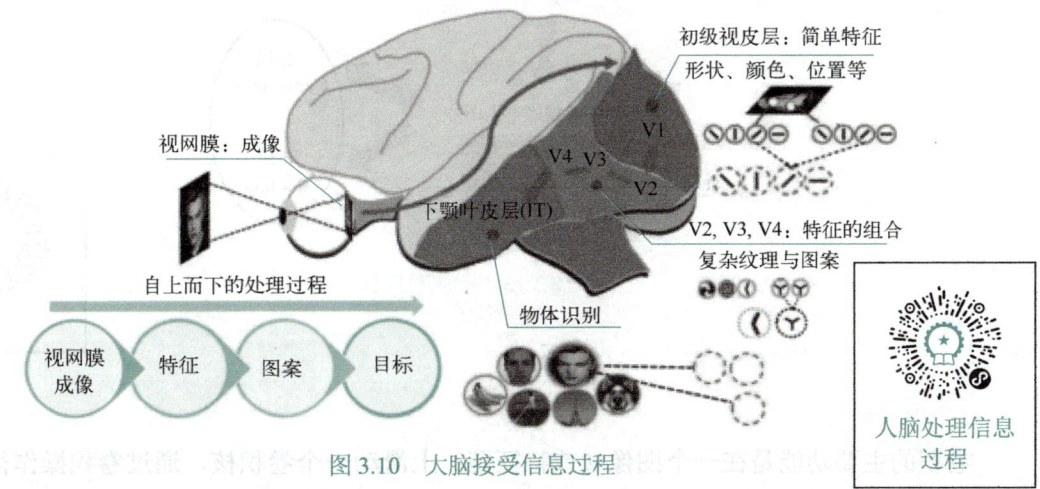

图 3.10　大脑接受信息过程

2）对于深度神经网络很难训练达到最优的问题，可以采用逐层训练方法解决。将上层训练好的结果作为下层训练过程中的初始化参数。

3）深度模型的训练过程中逐层初始化采用无监督学习方式。

Hinton 的人生

图 3.11　深度学习领域的重要人物

**4. 卷积神经网络适合图像处理**

比如，我们要识别一幅图中是否有狗，因为图像被存储为灰度矩阵，问题变成如何从灰度矩阵中找到狗，CNN 的做法是过滤掉与狗无关的像素（见图 3.12）。

图 3.12　过滤无关背景信息

那如何有效过滤非主体信息？就是不断模糊化一张照片，最后识别出图像中的主体。过滤掉与主体无关的像素，从人类的角度看就是不断模糊化（见图 3.13），从计算机角度看就是不断地进行卷积和池化操作。所以，卷积神经网络适合图像处理。

图 3.13 图像模糊化

卷积

## 3.2.2 卷积神经网络的基本原理

**1. 卷积操作**

卷积的主要功能是在一个图像（或特征图）上滑动一个卷积核，通过卷积操作得到一组新的特征图（见图 3.14）。

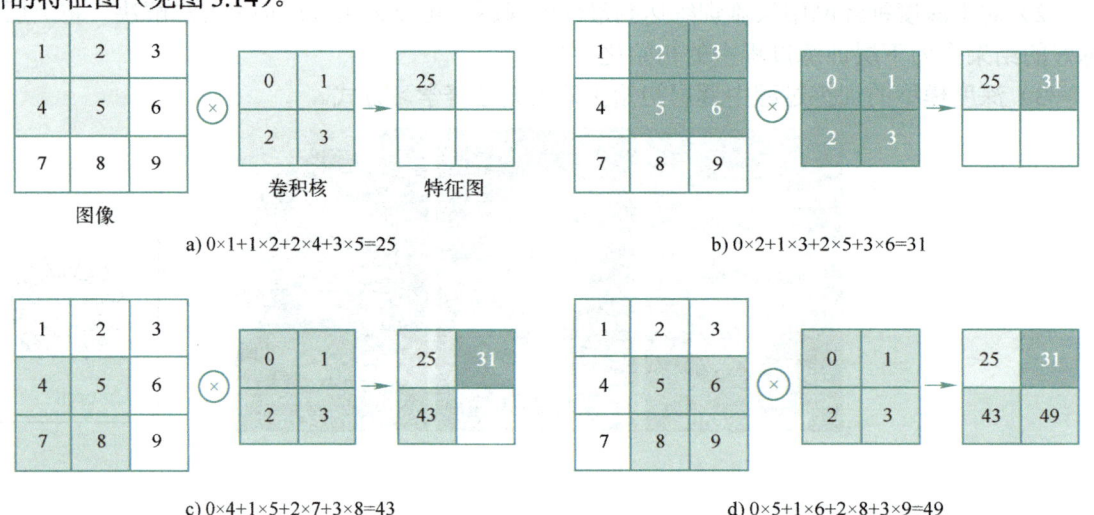

a) 0×1+1×2+2×4+3×5=25

b) 0×2+1×3+2×5+3×6=31

c) 0×4+1×5+2×7+3×8=43

d) 0×5+1×6+2×8+3×9=49

图 3.14 卷积操作

图 3.14 中，图像大小为 3×3，卷积核大小为 2×2，当卷积核滑动到左上角时，图像核卷积核对应元素相乘再相加，即 0×1+1×2+2×4+3×5=25，得到特征图的左上角的值为 25。特征图的其他值，同理获得。

可以发现，使用卷积操作有以下三个特性：

1）在卷积层（假设是第 l 层）中的每一个神经元都只和前一层（第 l-1 层）中某个局部窗口内的神经元相连，构成一个局部连接网络，这也就是卷积神经网络的局部感知特性。

2）由于卷积的主要功能是在一个图像（或特征图）上滑动一个卷积核，这一特性称为卷积神经网络的权重共享特性。

3）卷积运算的主要作用是抽取特征，不同的卷积核能够提取不同的特征，同一幅图像作用不同的卷积核能够提取不同的特征，见图 3.15。

案例：黑白边界检测。

假设 1 为白色，0 为黑色，使用卷积核为（1，0，-1），当卷积核完全落入白色区域，卷积结果为0,当卷积核完全落入黑色区域,卷积结果也为0,只有当卷积核一部分落入白色区域,一部分落入黑色区域,卷积结果为1(见图3.16)。

图3.15 多卷积核操作

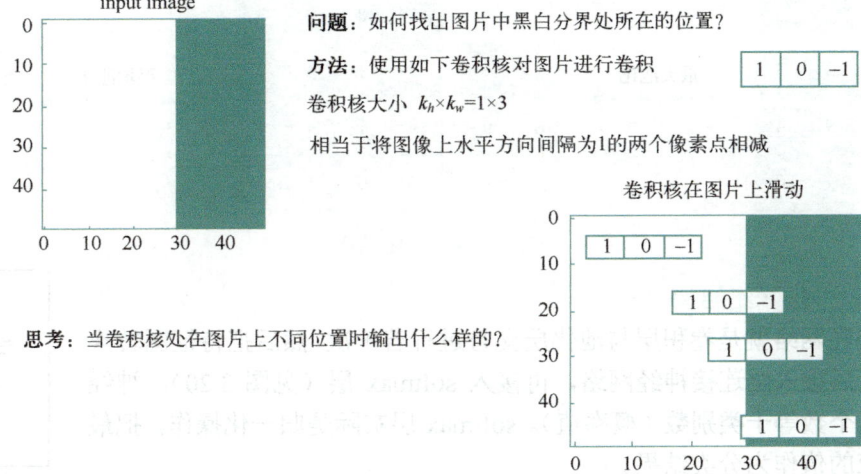

图3.16 边缘检测卷积操作1

最终特征图为两个像素的白色竖线,即检测到的边界。

把这种方法用于扫描图3.17a,可以检测横线或竖线,见图3.17b。

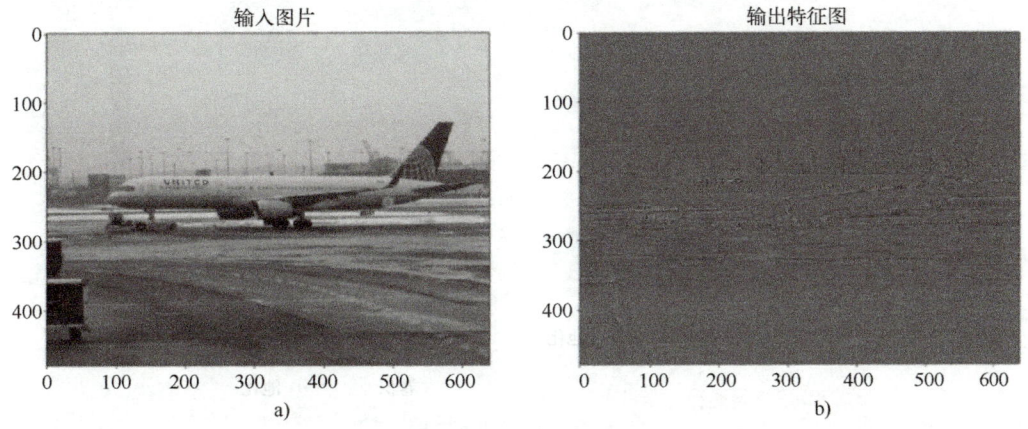

图3.17 边缘检测卷积操作2

## 2. 池化操作

池化的原理，就是放缩不变性（见图 3.18）。池化操作也称为下采样（Subsampling），其作用是过滤冗余特征，减少训练参数。

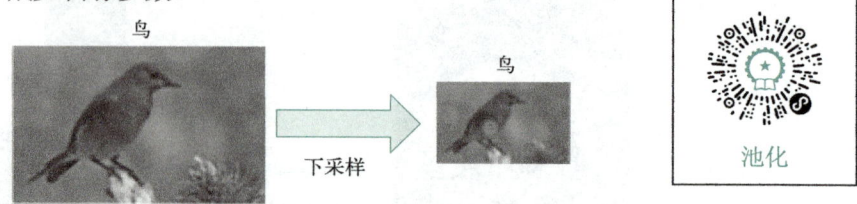

图 3.18　放缩不变性

池化操作比较简单，进一步缩小特征图。池化就是区域移动划分过程，区域不可以相交，运算比较简单，就是取匹配区域最大值或平均值等，相应的池化称为最大池化或平均池化，见图 3.19。

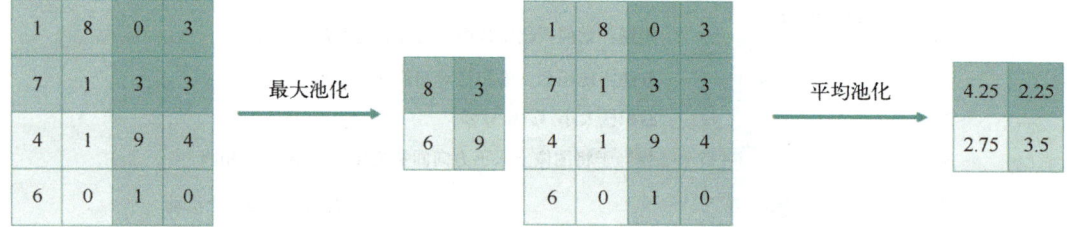

图 3.19　池化操作

## 3. 卷积神经网络结构

卷积神经网络就是卷积层与池化层交替进行若干次，然后把特征图转换成向量，最后接入全连接神经网络，再接入 softmax 层（见图 3.20），神经网络的输出个数等于类别数（概率值）。softmax 层实际是归一化操作，把最大概率对应的值作为分类结果。

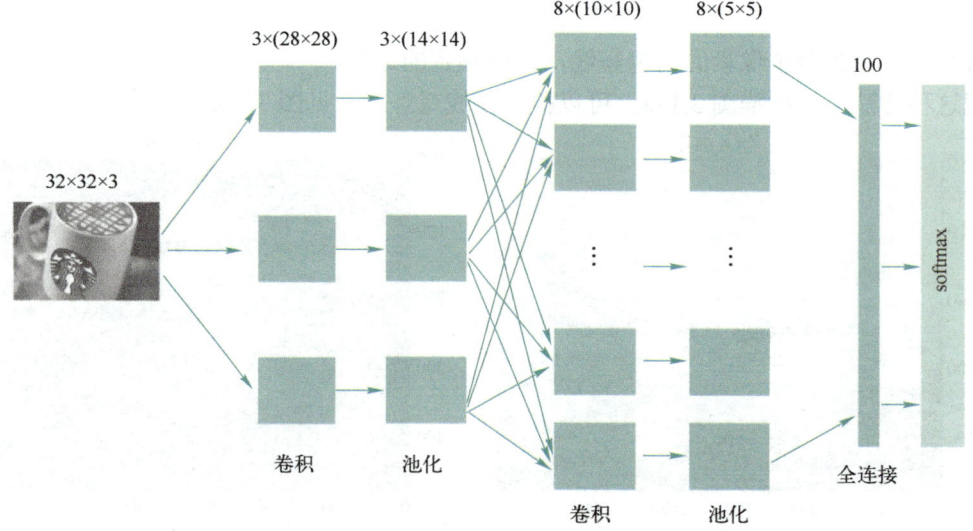

图 3.20　卷积神经网络结构

### 3.2.3 深度学习的基本原理

卷积神经网络具有两个特性：局部感知、权值共享。这些特性使得卷积神经网络具有一定程度上的平移、缩放和旋转不变性。和前馈神经网络相比，卷积神经网络的参数更少。卷积神经网络主要应用在图像和视频分析的任务上，其准确率一般也远远超出了其他的神经网络模型。所以，卷积神经网络是深度学习基本模型。

深度学习的基本原理

深度学习通过组合低层特征形成更加抽象的高层表示属性类别或特征，以发现数据的分布式特征表示。如第一层学习低级特征，例如颜色和边缘。第二层学习高级特征，如角点。第三层学习小块或纹理特征，见图3.21。

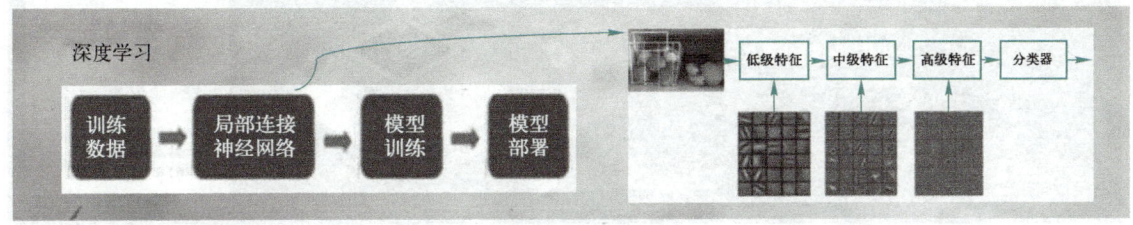

图 3.21 深度学习过程

图 3.22a 是传统全连接神经网络。图 3.22b 是局部连接神经网络，即后一层每个神经元都与前一层部分神经元相连，大大降低了网络参数量，所以，深度学习是一个局部连接的深度神经网络。不仅如此，后一层不同神经元的局部连接权值是共享的，这样网络参数等于卷积核神经元数乘以卷积核的个数。

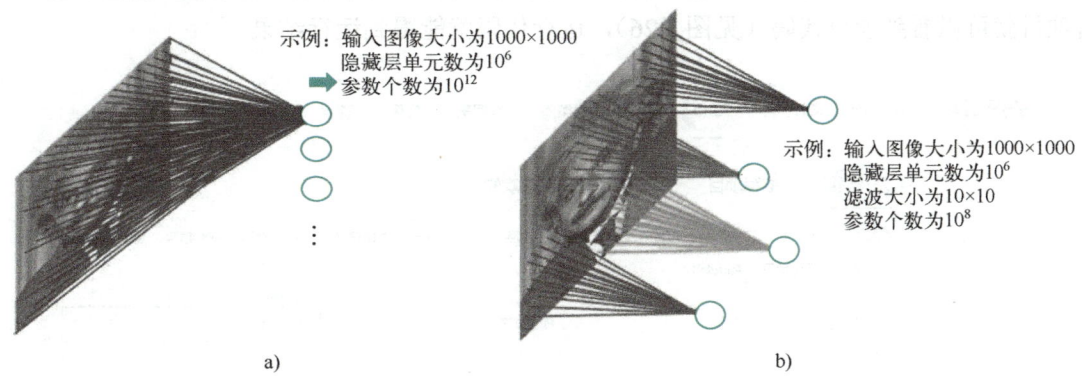

图 3.22 全连接神经网络与局部连接神经网络对比

深度学习与传统机器学习过程对比见图3.23。

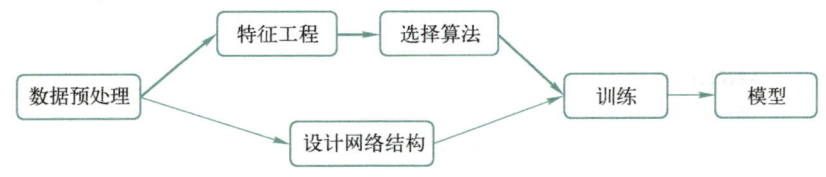

图 3.23 深度学习与传统机器学习过程对比

图 3.23 中，粗线是传统的机器学习过程，细线是深度学习过程。

## 3.3 深度学习实战

### 3.3.1 AI Studio

AI Studio

AI Studio 是国内首个深度学习开源平台，由百度研发团队推出。输入 https://aistudio.baidu.com/ 进入 AI Studio 首页（见图 3.24）。

图 3.24　AI Studio 首页

AI Studio 强化了工程项目的概念，项目版块包括大量真实场景的工程项目。

在"项目"→"公开项目"输入你关心的项目，就可以找到相应的项目（见图 3.25）。单击项目就可以看到项目代码（见图 3.26），运行代码就能得到运行结果。

图 3.25　找到项目

# 第3章 深度学习

图 3.26  运行项目

## 3.3.2 车牌识别

**1. 计算机视觉**

计算机视觉是一门关于如何运用照相机和计算机来获取我们所需的、被拍摄对象的数据与信息的学科。形象地说，就是给计算机安装上眼睛（照相机）和大脑（算法），让计算机能够感知环境，是一门研究如何让机器"看"的学科。计算机视觉在各行各业应用广泛，如工业中的产品瑕疵监测、包装计数，农业中的产量评估、果实采摘等。

计算机视觉

计算机视觉的主要任务就是通过对采集的图像或视频进行处理以获得相应场景的信息。计算机视觉的主要任务如下。

图像分类：图像分类问题就是给输入图像分配标签的任务，解决"有""无"的问题，见图 3.27a。

a) 图像分类

b) 物体检测

c) 语义分割

d) 实例分割

图 3.27  计算机视觉任务

物体检测：物体检测的目标，就是标出物体的位置，并给出物体的类别。物体检测和图像分类不一样，检测侧重于物体的搜索，而且物体检测的目标必须要有固定的形状和轮廓。解决"在哪"的问题，见图 3.27b。

图像分割：在图像处理过程中，有时会需要对图像进行分割来提取有价值的、用于后继处理的部分，图像分割是像素级操作，解决"有几类"（语义分割，见图 3.27c）、"每类有几个"（实例分割，见图 3.27d）的问题。

**2. 车牌识别流程**

车牌识别即识别车牌上的文字信息，属于光学字符识别（OCR）的一项子任务。

车牌识别技术目前已广泛应用于停车场、收费站等交通设施中，提供高效便捷的车辆认证的服务。OCR 一般分为两个步骤：

1）检测图片中的文本位置。
2）识别其中的文本信息。

车牌识别的一般流程见图 3.28。

图 3.28　车牌识别的一般流程

**3. 车牌识别实现**

（1）数据集

数据集文件名为 characterData.zip，其中有 65 个文件夹（在项目代码处下载），包含 0~9，A~Z，以及各省份简称。数据集包括 12020 个灰度图像。

本次实验中，取数据集的 10%作为测试集，90%作为训练集。

数据集片段见图 3.29。

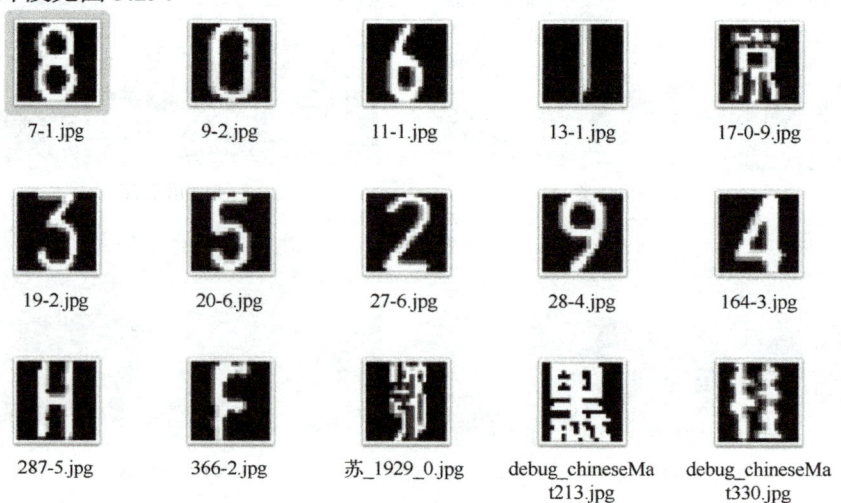

图 3.29　数据集片段

(2) 实训平台

本次实验使用百度 AI 实训平台 AI Studio、Python 3.7、PaddlePaddle 2.1.2。

(3) 实验代码

实验完整代码见 https://aistudio.baidu.com/projectdetail/3403377。

(4) 检测结果

检测结果如图 3.30 所示。

图 3.30　车牌检测结果

### 3.3.3　新闻分类

**1. 自然语言处理**

语言是人类区别于其他动物的本质特性。在所有生物中，只有人类才具有语言能力。人类的多种智能都与语言有着密切的关系。人类的逻辑思维以语言为形式，人类的绝大部分知识也是以语言文字的形式记载和流传下来的。因而，自然语言处理（Natural Language Processing，NLP）也是人工智能的一个重要甚至核心的部分。让计算机能"思维"，最终目标是弥补人类交流（自然语言）和计算机理解（机器语言）之间的差距。下文列出了 NLP 的典型任务。

自然语言处理

(1) 基本任务

中文自动分词：词组、成语。

词性标注：名、动、形、副、介。

语义角色标注：主、谓、宾、定、状、补……

指代消解：他、它、她、这、那……

(2) 应用任务

文本分类：新闻、体育、军事……

信息抽取：命名实体识别、关系抽取、事件抽取。

问答系统：填空题。

情感分析：判断一句话隐含的积极或消极意义。

图片题注：为输入的图片生成一个标题。

机器翻译：将一段文本翻译成另一种语言。

文字校对：联想输入。

自动摘要：极大地加快信息过滤速度，帮助人们了解概况或确定是否应详读原文。

主观题阅卷：简答题。

**2. 数据说明**

文本数据是机器学习和自然语言处理领域的重要研究对象之一。在实际应用中，我们经常需要使用大规模的文本数据集进行文本分类、情感分析、主题建模等任务。而 fetch_20newsgroups 数据集就是一个很好的入门级别的数据集，适用于学习和实践。

fetch_20newsgroups 数据集包含来自 20 个不同新闻组的文本数据。每个新闻组都包含多篇新闻文档，总共约有 18000 篇文档。该数据集的文本数据涵盖了多个主题，包括科技、政治、体育、娱乐等。每个文档都被分配了一个特定的标签，表示其所属的新闻组类别。fetch_20newsgroups 数据集是一个常用的用于文本分类任务和主题建模任务的基准数据集。

**3. 算法流程**

（1）新闻数据读取

读取原始新闻数据，共 2000 条数据。

（2）文本预处理

对原始数据进行去重、脱敏、分词、去停用词等操作。

（3）词频统计

分别统计教育、体育、健康、旅游的词频，随后绘制相应的词云图。由于数据不均，对每个类别的数据各取 400 条数据，共抽取 1600 条数据进行训练模型及分类。

（4）贝叶斯分类

基于贝叶斯算法来完成最终的分类任务。调用 Python 内置函数实现分类，训练模型，得到模型的分类情况和准确率。

（5）模型评价

使用处理好的测试集进行预测，对比真实值与预测值，获取准确率并进行结果分析。

**4. 代码实现**

项目代码参见 https://aistudio.baidu.com/projectdetail/6015571?channelType=0&channel=0。

# 习题 3

**一、名词解释**

1. 深度学习　　　2. 计算机视觉　　　3. 自然语言处理
4. 激活函数　　　5. 卷积　　　　　　6. 卷积神经网络

**二、选择题**

1. 以下（　　）不是常用激活函数。
   A. ReLU　　　B. Sigmoid　　　C. softmax　　　D. tanh

2. 由于卷积的主要功能是在一个图像（或特征图）上滑动一个卷积核，这一特性称为卷积神经网络的（　　）特性。
   A. 权重共享　　B. 局部感知　　C. 特征图　　　D. 池化

3. 池化的原理是（　　）。
   A. 平移不变性　B. 放缩不变性　C. 旋转不变性　D. 镜像不变性

4. 计算机视觉任务不包括（　　）。
   A. 图像分类　　B. 物体检测　　C. 语义分割　　D. 人脸识别

5. 给输入图像分配标签，解决"有""无"的问题的计算机视觉任务是（　　）。
   A. 图像分类　　B. 物体检测　　C. 语义分割　　D. 实例分割

6. 自然语言处理的英文缩写是（　　）。
   A．LLM　　　B．NLP　　　C．ML　　　D．CV
7. 一个神经元生物模型主要由（　　）部分组成。
   A．树突　　　B．细胞体　　　C．激活函数　　　D．轴突

### 三、判断题

1. 激活函数是用来加入非线性因素的，解决线性模型所不能解决的问题。（　　）
2. 神经网络学习过程就是权重调整过程。（　　）
3. 不同的卷积核能够提取不同的特征。（　　）
4. 全连接神经网络，同层神经元不连接，不同层神经元全连接，即后一层每个神经元都与前一层每个神经元相连。（　　）
5. 神经网络可以逼近任何复杂函数。（　　）
6. 卷积的作用是过滤冗余特征，减少训练参数。（　　）
7. 卷积神经网络是深度学习基本模型。（　　）

### 四、填空题

1. 构成神经网络的最基本单位是（　　）。
2. 深度模型的训练过程中逐层初始化采用（　　）方式。
3. 卷积核的作用是提取（　　）。
4. 神经网络是由若干（　　）构成的层次结构。
5. 传统神经网络的参数个数是不同层神经元数相（　　）。
6. 神经网络学习过程就是（　　）调整过程。
7. 卷积的主要功能是在一个图像（或特征图）上滑动一个（　　），通过卷积操作得到一组新的特征图。
8. 卷积运算的主要作用是（　　）。
9. 不同的卷积核能够提取（　　）的特征。
10. 由百度研发的深度学习开源平台是（　　）。

### 五、简答题

1. 简述神经元数学模型。
2. 为什么全连接神经网络没有利用像素之间的位置信息？
3. 简述深度学习的产生背景。

# 第4章 大 模 型

大模型是"大数据+大算力+强算法"结合的产物,凝聚了大数据内在精华的"隐式知识库"。大模型包含了"预训练"和"微调"两层含义,即模型在大规模数据集上完成了预训练后无须微调,或仅需要少量数据的微调,就能直接支撑各类应用。

通过本章的学习,读者可以正确认识和使用 DeepSeek。大模型是人工智能迈向通用智能的里程碑技术。基于大数据的互联网时代和基于算力的云计算时代之后,我们将进入基于大模型的 AI 时代,了解大模型应用场景刻不容缓。

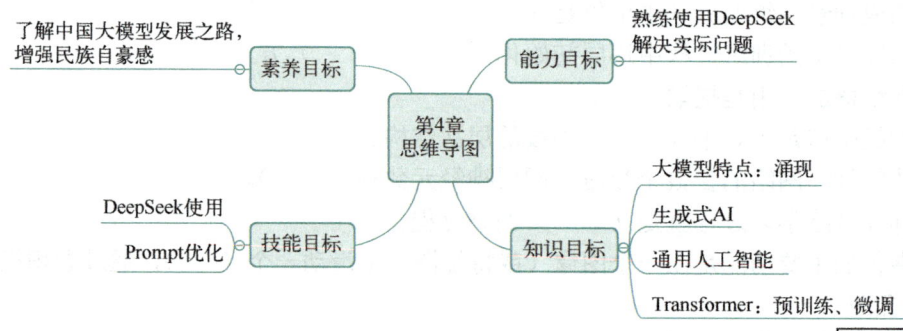

## 4.1 DeepSeek

### 4.1.1 DeepSeek 概述

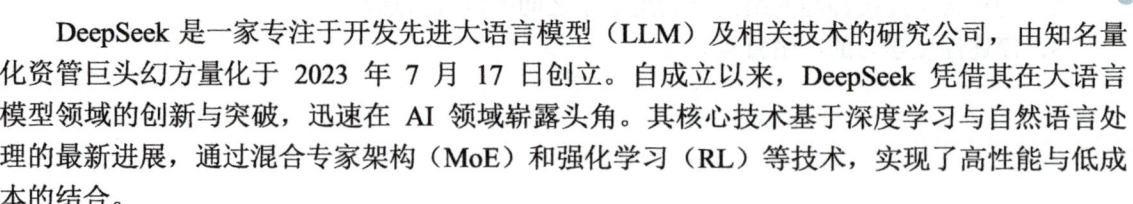

DeepSeek 是一家专注于开发先进大语言模型(LLM)及相关技术的研究公司,由知名量化资管巨头幻方量化于 2023 年 7 月 17 日创立。自成立以来,DeepSeek 凭借其在大语言模型领域的创新与突破,迅速在 AI 领域崭露头角。其核心技术基于深度学习与自然语言处理的最新进展,通过混合专家架构(MoE)和强化学习(RL)等技术,实现了高性能与低成本的结合。

**1. 技术突破**

1)模型发布:2025 年 1 月 20 日,DeepSeek 发布了 DeepSeek-R1 模型,该模型在数学、代码、自然语言推理等任务上,性能比肩 OpenAI 的 GPT-o1 正式版。此外,DeepSeek-R1 模型通过大规模强化学习(RL)后训练,推理过程完全透明。

2)架构优化:DeepSeek-V3 采用 Sparse Transformer with Dynamic Routing,稀疏激活参数占比从 35% 提升至 72%,上下文窗口扩展至 128k tokens,长文档处理能力提升 4 倍。

3）训练范式：训练数据量从 5T tokens 增至 8T，涵盖 40+ 专业领域，采用课程学习策略，概念掌握度提升 37%。

**2. 市场表现**

1）用户增长：2025 年初的三个月内，DeepSeek 的用户量激增 200%。

2）市场份额：DeepSeek 的系列产品已占据近 30% 的市场份额，成为多行业企业的首选解决方案。

**3. 应用拓展**

1）行业应用：DeepSeek 的技术在多个领域取得了显著成果，如教育、金融、制造业等。在教育领域，DeepSeek-R1 被多所高校广泛采用，显著提高了学习效率。在金融风控基准测试中，V3 的异常交易识别 F1-score 达 0.947，较 R1 的 0.912 有显著提升。

2）本地化部署：DeepSeek 推出的本地化部署方案，充分满足了企业用户对安全和定制化的需求。

**4. 开源与生态**

1）开源策略：DeepSeek 选择将大模型技术开源，允许全球开发者自由使用和改进。这种模式不仅降低了 AI 应用门槛，还通过社区协作机制加速了创新。

2）生态构建：DeepSeek 的开源模式激活了全球开发者社区的力量，推动了技术创新，促进了 AI 技术的普及。

**5. 未来展望**

1）技术演进：DeepSeek 的 MoE-2048 架构已实现万亿参数突破，2025 年将推出可在边缘设备运行的 100B 级模型。

2）行业影响：DeepSeek 的崛起标志着全球 AI 技术格局的多极化趋势加速，其开源模式和技术创新对美国的技术垄断构成了挑战。

3）应用拓展：DeepSeek 团队正与顶尖科研机构合作，探索大模型在蛋白质设计、材料发现等前沿领域的应用，持续推动通用人工智能的发展边界。

### 4.1.2 DeepSeek 超级大脑

**1. 知识库**

人们日常在生活中运用的人脸识别、智能家居，都是属于 ANI 的范畴（弱人工智能）。大语言模型是一种生成式人工智能（AGI）。AGI 具备自我学习能力、自我修正能力、自我判断能力，具有更大的潜力、更广泛的应用前景。

ANI 与 AGI 相比区别在于是否有一个超级大脑，AI 大模型就是超级大脑的初级阶段。比如，让 DeepSeek 画一幅画，描述一颗苹果从树上掉下来，砸到牛顿头上，牛顿发现了重力。这个时候，DeepSeek 就需要知道，什么是苹果？什么是树？牛顿是谁？牛顿的形象是什么样的？牛顿的表情是什么样的？什么叫重力？等等。只有了解这些，DeepSeek 才知道苹果是要向下掉，而不是向上掉，牛顿是坐在地上，而不是坐在半空中。经过对各种纷繁复杂的数据处理之后，最终 DeepSeek 才能画出一幅苹果与牛顿的图画。这个过程就叫作预训练。我们不知道 AI 大模型最终能不能成为真正的超级大脑，但我们知道 DeepSeek 的参数量是目前 AI 大模型最多的，也就是说，DeepSeek 的知识储备是非常丰富的。

**2. 思维链**

DeepSeek 之前的大模型只给我们输出答案，没有思考过程或思考过程过于简化，知其然，不知所以然，体验感不好。我们发现，大模型的知识越多，给你的回答看起来很有用，其实没用。你问同样一个问题两遍，它的答案都不一样。选择你想要的答案才是使用大模型最难的事。

思考能力的培养对人类很难，所以，过程比答案更重要，不要在乎大模型的答案，要在乎大模型的思考过程，要学习大模型推出答案的过程。有了这个过程，我们就可以跟他讨论了，就可以优化提示词。当你不断地培养基于过程来看结果的时候，你就获得了人工智能最大的价值。

举个例子，你问它"怎么才能成功创业？"它不会直接说"去借钱、开店、赚钱"这么简单。它会先分析市场环境、资金需求、团队建设、产品定位等，这就是它的深度思考过程。有了思考过程，人们通过阅读它的思考内容去学习大模型是怎样思考的？培养用思辨意识选择大模型答案的能力很重要。

如果不断在"因"上下功夫，大模型会让有思想的人变得更有思想，卓越的人更卓越。反过来，大模型也会让那些平庸的人变得更平庸，让那些模仿、抄袭、享受捷径的人掉进深渊。

### 4.1.3 DeepSeek 体验

（1）数学能力

**任务描述**：有一元、二元、五元的人民币共 50 张，总面值 116 元，已知一元的比二元的多两张，问三种面值的人民币各多少张？运行结果见图 4.1。

（2）搜索能力

传统 IE 是水平搜索，大模型是垂直搜索，能够避免信息过载。

**任务描述**：姚明身高多少？运行结果见图 4.2。

语言建模

预训练

微调

生成式建模

有一元、二元、五元的人民币共50张，总面值116元，已知一元的比二元的多两张，问三种面值的人民币各多少张？不要过程

- 一元人民币：20张
- 二元人民币：18张
- 五元人民币：12张

图 4.1　数学能力体验

姚明身高多少？只要结果

2.26米

图 4.2　搜索能力体验

（3）编程能力

任务描述：编程实现图 4.3 所示计算器功能。

图 4.3　计算器

提示词：用 html 实现如图所示计算器，要能够操作，界面风格和色彩尽量与图片保持一致。

 导入图4.3照片

用html实现如图所示计算器，要能够操作，界面风格和色彩尽量与图片保持一致

我将为您创建一个与图片中计算器风格相似的HTML计算器，功能完整且可以操作。以下是实现代码(见图4.4)：

```html
<!DOCTYPE html>
<html lang="zh">
<head>
    <meta charset="UTF-8">
    <meta name="viewport" content="width=device-width, initial-scale=1.0">
    <title>计算器</title>
    <style>
        body {
            display: flex;
            justify-content: center;
            align-items: center;
            height: 100vh;
            background-color: #f0f0f0;
            font-family: Arial, sans-serif;
        }
```

图 4.4　DeepSeek 编程能力体验

单击运行"html"，运行结果见图 4.5。

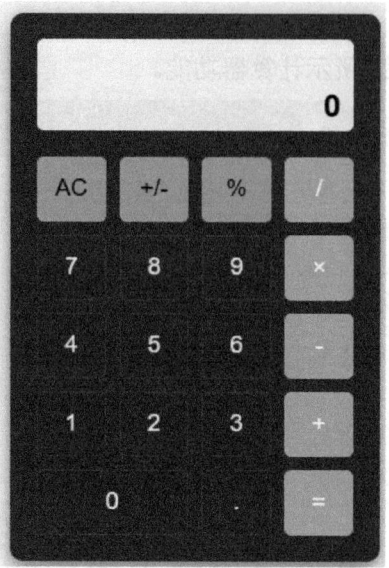

图 4.5　程序运行结果

(4) 文生图能力

**任务描述**：画一幅画：风景，日落时，天边有巨大云朵，海面波涛汹涌。

提示词（见图 4.6）：

INPUT = {focus}
OUTPUT = {description} \n ![IMG](https://image.pollinations.ai/prompt/{description})
{description} = {提示词}

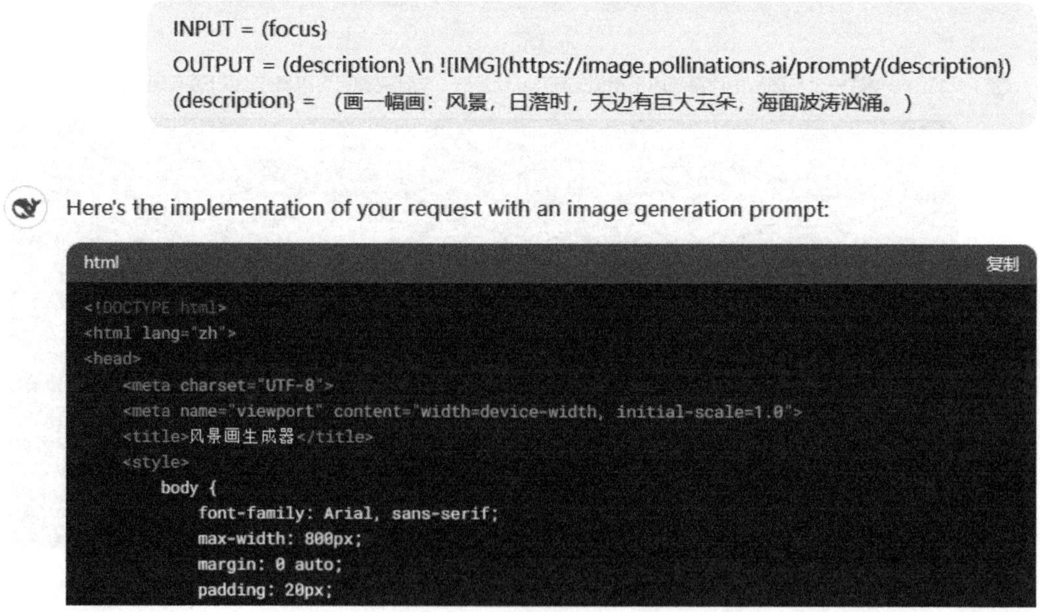

INPUT = {focus}
OUTPUT = {description} \n ![IMG](https://image.pollinations.ai/prompt/{description})
{description} = （画一幅画：风景，日落时，天边有巨大云朵，海面波涛汹涌。）

Here's the implementation of your request with an image generation prompt:

```html
<!DOCTYPE html>
<html lang="zh">
<head>
    <meta charset="UTF-8">
    <meta name="viewport" content="width=device-width, initial-scale=1.0">
    <title>风景画生成器</title>
    <style>
        body {
            font-family: Arial, sans-serif;
            max-width: 800px;
            margin: 0 auto;
            padding: 20px;
```

图 4.6　文生图提示词

单击运行"html"，运行结果见图 4.7。

图 4.7 文生图能力体验

（5）信息提取能力

任务描述：从现在开始你是 NLP 专家，请从"13899999900 张三北京市朝阳区奥林匹克森林公园"中抽取"姓名""电话""地址"三项信息。运行结果见图 4.8。

> 从现在开始你是NLP专家，请从"13899999900张三北京市朝阳区奥林匹克森林公园"中抽取"姓名""电话""地址"三项信息。

信息抽取结果：

姓名：张三
电话：13899999900
地址：北京市朝阳区奥林匹克森林公园

图 4.8 信息提取能力体验

## 4.2 大模型概述

大模型

在 DeepSeek 之前，被公众关注的 AI 模型是用于单一任务的，比如众所周知的"阿尔法狗"（AlphaGo）可以基于全球围棋棋谱的计算，打赢所有的人类围棋大师。这种专注于某个具体任务建立的 AI 数据模型叫"小模型"。

DeepSeek 与"小模型"不同，DeepSeek 更像人类的大脑，可以在海量通用数据上进行预先训练，能大幅提升 AI 的泛化性、通用性、实用性。

大模型让机器有常识，大模型最本质的特征不在于"大"（大参数、大计算、大数据），这只是一个表象，大模型本质是"涌现""出乎意料""创造"。

### 4.2.1 大模型的定义

大模型本质上是一个使用海量数据训练而成的深度神经网络模型，其巨大的数据和参数规模，实现了智能的涌现，展现出类似人类的智能。

那么，大模型和小模型有什么区别？

小模型通常指参数较少、层数较浅的模型，它们具有轻量级、高效率、易于部署等优点，适用于数据量较小、计算资源有限的场景，例如移动端应用、嵌入式设备、物联网等。而当模型的训练数据和参数不断扩大，直到达到一定的临界规模后，其表现出一些不可预测的、更复杂的能力和特性，模型能够从原始训练数据中自动学习并发现新的、更高层次的特征和模式，这种能力被称为"涌现能力"。

大模型的设计目的是提高模型的表达能力和预测性能，能够处理更加复杂的任务和数据。大模型在各种领域都有广泛的应用，包括自然语言处理、计算机视觉、语音识别和推荐系统等。大模型通过训练海量数据来学习复杂的模式和特征，具有更强大的泛化能力，可以对未见过的数据做出准确的预测。

大模型、机器学习、深度学习、人工智能、神经网络、自然语言处理之间的关系见图 4.9。

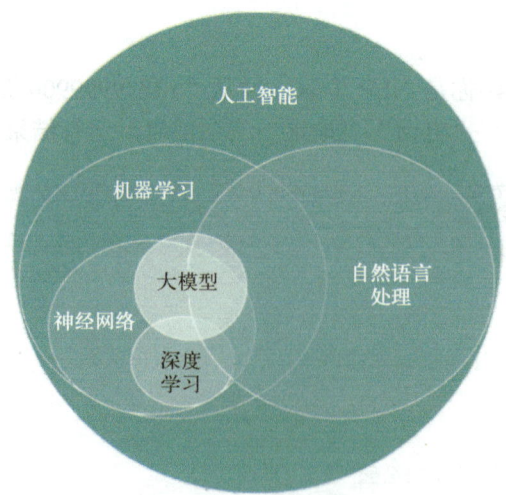

图 4.9  大模型、机器学习、深度学习、人工智能、神经网络、自然语言处理之间的关系

大模型具有以下特点：

1）巨大的规模。大模型包含数十亿个参数，模型大小可以达到数百 GB 甚至更大。巨大的模型规模使大模型具有强大的表达能力和学习能力。

2）涌现能力。涌现能力指的是当模型的训练数据突破一定规模，模型突然涌现出之前小模型所没有的、意料之外的、能够综合分析和解决更深层次问题的复杂能力和特性。

3）预训练。大模型可以通过在大规模数据上进行预训练，然后在特定任务上进行微调，从而提高模型在新任务上的性能。

4）自监督学习。大模型可以通过自监督学习在大规模未标记数据上进行训练，从而减少对标记数据的依赖，提高模型的效能。

5）微调。使用任务相关的数据进行训练，以提高在该任务上的性能和效果。

大模型分类

### 4.2.2 大模型的分类

按照输入数据类型的不同，大模型主要可以分为以下三大类（见图 4.10）：

1）语言大模型：是指在 NLP 领域中的一类大模型，通常用于处理文本数据和理解自然语言。这类大模型的主要特点是它们在大规模语料库上进行了训练，以学习自然语言的各种语法、语义和语境规则。例如，GPT 系列（OpenAI）、Bard（Google）、文心一言（百度）。

2）视觉大模型：是指在计算机视觉（Computer Vision，CV）领域中使用的大模型，通常用于图像处理和分析。这类模型通过在大规模图像数据上进行训练，可以实现各种视觉任务，如图像分类、目标检测、图像分割、姿态估计、人脸识别等。例如，VIT 系列（Google）、文心 UFO、华为盘古 CV、INTERN（商汤）。

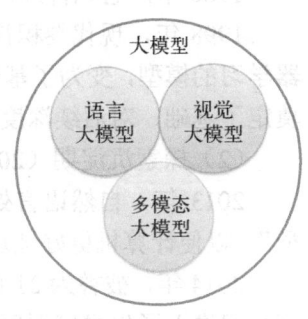

图 4.10 大模型分类

3）多模态大模型：是指能够处理多种不同类型数据的大模型，例如文本、图像、音频等多模态数据。这类模型结合了 NLP 和 CV 的能力，以实现对多模态信息的综合理解和分析，从而能够更全面地理解和处理复杂的数据。例如，DingoDB 多模向量数据库（九章云极 DataCanvas）、DALL·E(OpenAI)、悟空画画（华为）、midjourney。

按照应用领域的不同，大模型主要可以分为 L0、L1、L2 三个层级。

1）通用大模型 L0：是指可以在多个领域和任务上通用的大模型。它们利用大算力、使用海量的开放数据与具有巨量参数的深度学习算法，在大规模无标注数据上进行训练，以寻找特征并发现规律，进而形成可"举一反三"的强大泛化能力，可在不进行微调或少量微调的情况下完成多场景任务，相当于 AI 完成了"通识教育"。

2）行业大模型 L1：是指那些针对特定行业或领域的大模型。它们通常使用行业相关的数据进行预训练或微调，以提高在该领域的性能和准确度，相当于 AI 成为"行业专家"。

3）垂直大模型 L2：是指那些针对特定任务或场景的大模型。它们通常使用任务相关的数据进行预训练或微调，以提高在该任务上的性能和效果。

### 4.2.3 大模型的发展历程

大模型发展历程见图 4.11。

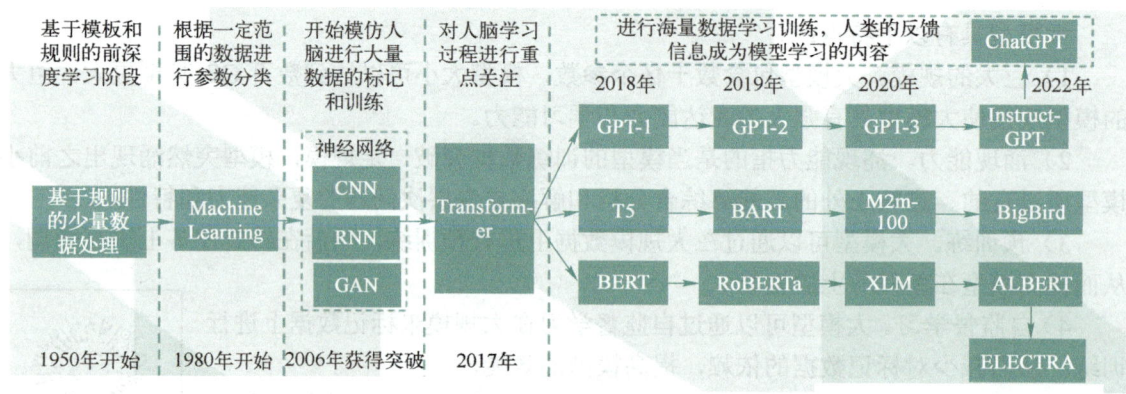

图 4.11 大模型的发展历程

（1）萌芽期（1950—2005）：以 CNN 为代表的传统神经网络模型阶段

1956 年，从计算机专家约翰·麦卡锡提出"人工智能"概念开始，AI 发展由最开始基于小规模专家知识逐步发展为基于机器学习。

1980 年，卷积神经网络的雏形 CNN 诞生。

1998 年，现代卷积神经网络的基本结构 LeNet-5 诞生，机器学习方法由早期基于浅层机器学习的模型，变为了基于深度学习的模型，为自然语言生成、计算机视觉等领域的深入研究奠定了基础，对后续深度学习框架的迭代及大模型发展具有开创性的意义。

（2）探索沉淀期（2006—2019）：以 Transformer 为代表的全新神经网络模型阶段

2013 年，自然语言处理模型 Word2Vec 诞生，首次提出将单词转换为向量的"词向量模型"，以便计算机更好地理解和处理文本数据。

2014 年，被誉为 21 世纪最强大算法模型之一的对抗式生成网络（GAN）诞生，标志着深度学习进入了生成模型研究的新阶段。

2017 年，Google 颠覆性地提出了基于自注意力机制的神经网络结构——Transformer 架构，奠定了大模型预训练算法架构的基础。

2018 年，OpenAI 和 Google 分别发布了 GPT-1 与 BERT 大模型，意味着预训练大模型成为自然语言处理领域的主流。在探索期，以 Transformer 为代表的全新神经网络架构奠定了大模型的算法架构基础，使大模型技术的性能得到了显著提升。

（3）迅猛发展期（2020 至今）：以 GPT 为代表的预训练大模型阶段

2020 年，OpenAI 公司推出了 GPT-3，模型参数规模达到了 1750 亿，成为当时最大的语言模型，并且在零样本学习任务上实现了巨大性能提升。随后，更多策略如基于人类反馈的强化学习（RHLF）、代码预训练、指令微调等出现，被用于进一步提高推理能力和任务泛化。

2022 年 11 月，搭载了 GPT-3.5 的 ChatGPT 横空出世，凭借逼真的自然语言交互与多场景内容生成能力，迅速引爆互联网。

2023 年 3 月，最新发布的超大规模多模态预训练大模型——GPT-4，具备了多模态理解与多类型内容生成能力。在迅猛发展期，大数据、大算力和大算法完美结合，大幅提升了大模型的预训练和生成能力以及多模态多场景应用能力。如 ChatGPT 的巨大成功，就是在微软 Azure 强大的算力以及 wiki 等海量数据支持下，在 Transformer 架构基础上，坚持 GPT 模型及人类反馈的强化学习（RLHF）进行精调的策略下取得的。

2025年1月20日，我国AI公司深度求索（DeepSeek）发布了开创性的大模型，掀起一场关于复现DeepSeek技术的狂潮席卷全球，包括伯克利、香港科技大学在内的多家高校相继宣布成功复现，仅通过强化学习而非监督微调，依靠低成本实现了令人惊叹的效果。全球AI领域或许正在迈向一个新的分水岭。美国硅谷依然处在由中国公司引发的技术地震的余波中，开始担忧全球人工智能的中心是否正在向中国移动。与此同时，DeepSeek的技术复现热潮，进一步加剧了这一焦虑，DeepSeek在缺乏顶级芯片支持的情况下，依靠极低成本的硬件训练出颠覆性模型，这一技术路径不仅颠覆了传统认知，也为全球AI发展带来了深远影响。

## 4.3 AIGC

在数字时代，人工智能生成内容（Artificial Inteligence Generated Content，AIGC）已成为一个热门话题。它代表了一种全新的内容创作方式，利用人工智能技术自动生成文本、图片、音乐甚至视频。

AIGC

从定义上看，AIGC既是一种内容形态，也是一种内容生成的技术合集。与AIGC相对应的分析式AI是完成特定任务的智能系统（见图4.12）。

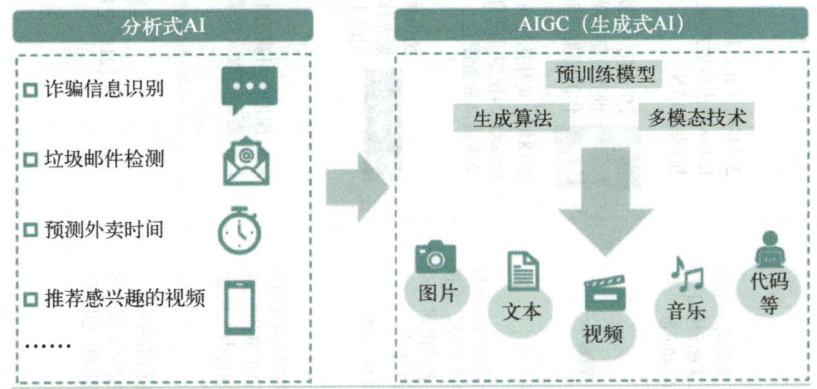

图4.12　分析式AI与AIGC

### 4.3.1 AIGC的发展历程

AIGC技术的突破性进展引发内容生产方式变革，内容生产由PGC（专业制作）和UGC（用户创作）时代逐步步入AIGC时代。AIGC顺应了内容行业发展的内在需求，一方面内容消费量增加，急需降低生产门槛，提升生产效率；另一方面用户端表达意愿明显上升，消费者对内容形态要求更高，内容生成个性化和开放化趋势明显。

AIGC发展历程见图4.13。

从技术上看，生成算法、预训练模型、多模态技术是AIGC的发展的关键。算法接收数据，进行运算生成预训练模型，多模态技术则是将不同模型融合的关键。

AIGC起源于20世纪50年代，莱杰伦·希勒和伦纳德·艾萨克森完成历史上第一支由计算机创作的音乐作品《依利亚克组曲》，但受制于技术水平，截至1990年，AIGC仅限于小范围实验。

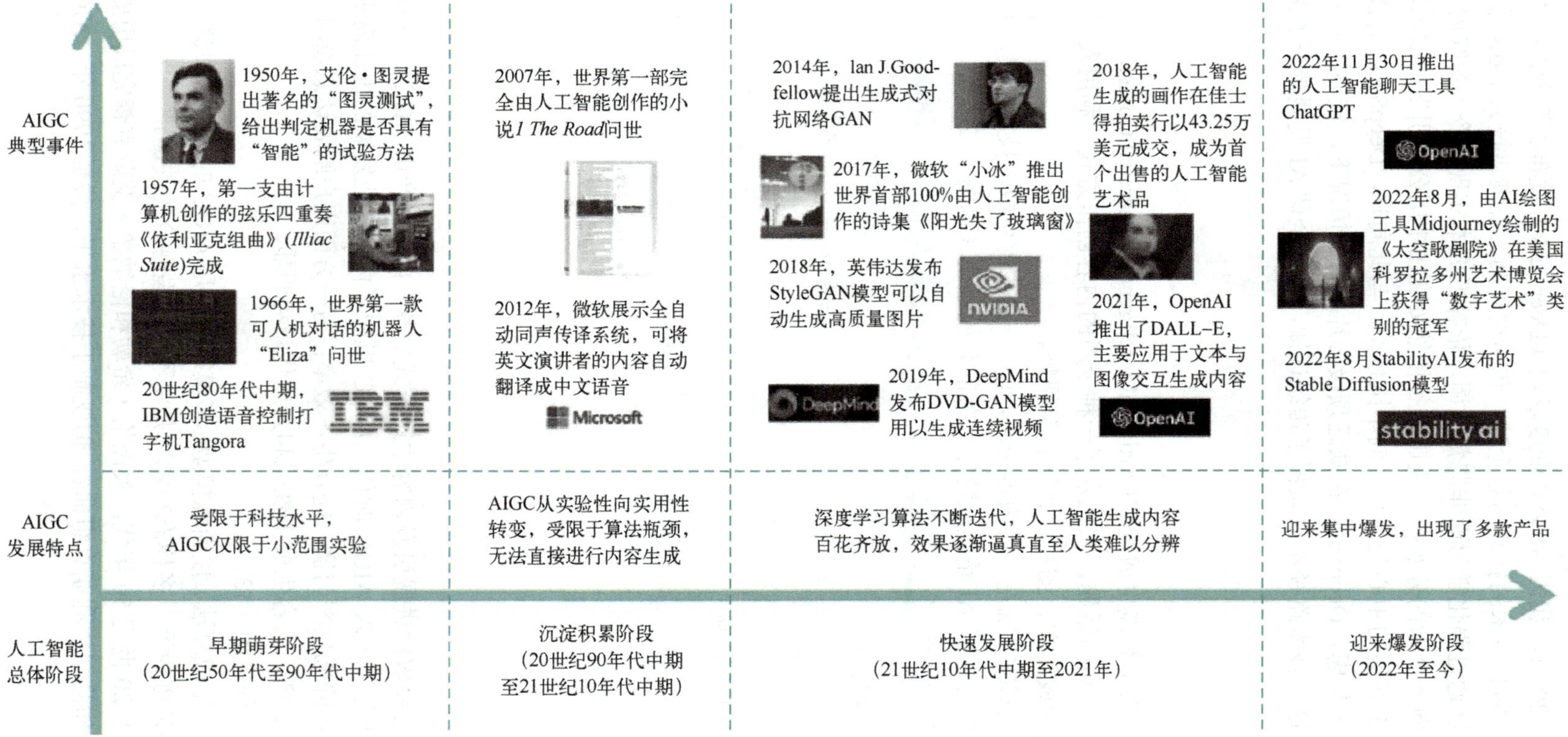

# 68 人工智能技术及应用 第2版

## AIGC典型事件

**早期萌芽阶段（20世纪50年代至90年代中期）**

- 1950年，艾伦·图灵提出著名的"图灵测试"，给出判定机器是否具有"智能"的试验方法
- 1957年，第一支由计算机创作的弦乐四重奏《依利亚克组曲》(Illiac Suite)完成
- 1966年，世界第一款可人机对话的机器人"Eliza"问世
- 20世纪80年代中期，IBM创造语音控制打字机Tangora

**沉淀积累阶段（20世纪90年代中期至21世纪10年代中期）**

- 2007年，世界第一部完全由人工智能创作的小说 *I The Road* 问世
- 2012年，微软展示全自动同声传译系统，可将英文演讲者的内容自动翻译成中文语音

**快速发展阶段（21世纪10年代中期至2021年）**

- 2014年，Ian J.Goodfellow提出生成式对抗网络GAN
- 2017年，微软"小冰"推出世界首部100%由人工智能创作的诗集《阳光失了玻璃窗》
- 2018年，StyleGAN模型可以自动生成高质量图片
- 2018年，人工智能生成的画作在佳士得拍卖行以43.25万美元成交，成为首个出售的人工智能艺术品
- 2019年，DeepMind发布DVD-GAN模型用以生成连续视频
- 2021年，OpenAI推出了DALL-E，主要应用于文本与图像交互生成内容

**迎来爆发阶段（2022年至今）**

- 2022年11月30日推出的人工智能聊天工具ChatGPT
- 2022年8月，由AI绘图工具Midjourney绘制的《太空歌剧院》在美国科罗拉多州艺术博览会上获得"数字艺术"类别的冠军
- 2022年8月Stability AI发布的Stable Diffusion模型

## AIGC发展特点

- 受限于科技水平，AIGC仅限于小范围实验
- AIGC从实验性向实用性转变，受限于算法瓶颈，无法直接进行内容生成
- 深度学习算法不断迭代，人工智能百花齐放，效果逐渐逼真至人类难以分辨
- 迎来集中爆发，出现了多款产品

## 人工智能总体阶段

早期萌芽阶段（20世纪50年代至90年代中期） → 沉淀积累阶段（20世纪90年代中期至21世纪10年代中期） → 快速发展阶段（21世纪10年代中期至2021年） → 迎来爆发阶段（2022年至今）

图 4.13　AIGC 发展历程

1990—2010 年是 AIGC 的沉淀积累阶段，AIGC 逐渐从实验向实用转变，但受限于算法瓶颈，效果仍有待提升。

2010 年以来，伴随着生成算法、预训练模型、多模态技术的迭代，AIGC 快速发展，2022 年多款产品出圈。

2022 年 8 月，Stabilty AI 发布 Stable Diffusion 模型，为后续 AI 绘图模型的发展奠定基础，由 Midjourney 绘制的《太空歌剧院》在美国科罗拉多州艺术博览会上获得"数字艺术"类别的冠军，引发社会广泛关注。

2022 年 11 月，OpenAI 推出基于 GPT-3.5 与 RLHF（人类反馈强化学习）机制的 ChatGPT，推出仅 2 月日活超出 1300 万。OpenAI 的估值从 2021 年的 140 亿美元提升到 2023 年 1 月的 290 亿美元。

2023 年 2 月 7 日，谷歌正式发布下一代 AI 对话系统 Bard，此外谷歌还投资 ChatGPT 的竞品 Anthropic。2023 年 2 月 7 日，百度公布了大模型新项目文心一言，在 2023 年 3 月将最初的版本将嵌入搜索服务中。

2024 年 2 月 15 日，OpenAI 发布人工智能文生视频大模型 Sora。Sora 继承了 DALL·E 3 的画质和遵循指令能力，可以根据用户的文本提示创建逼真的视频，该模型可以深度模拟真实物理世界，能生成具有多个角色、包含特定运动的复杂场景，能理解用户在提示中提出的要求，还了解各种物体在物理世界中的存在方式。Sora 为需要制作视频的艺术家、电影制片人或学生带来无限可能，是 OpenAI "教 AI 理解和模拟运动中的物理世界"计划的其中一步，也标志着人工智能在理解真实世界场景并与之互动的能力方面实现了飞跃。

### 4.3.2　AIGC 与大模型的关系

随着以 ChatGPT 为代表的开创性生成式智能应用的迅速普及，大语言模型技术正在变革我们与机器的交互手段，推动新一轮内容创新和内容生成产业演进。

**1. AIGC 与大模型之间的关系**

1）AIGC 是建立在深度学习技术基础之上的。深度学习是一种人工智能技术，它通过模拟人脑神经元的工作方式，对大量数据进行学习，从而实现对复杂任务的自适应处理。大模型作为深度学习的一种重要形式，为 AIGC 提供了强大的技术支持。

AIGC 与大模型的关系

2）AIGC 与大模型在内容创作方面有着密切的联系。大模型具有处理自然语言的能力，可以对文本进行理解和生成。而 AIGC 正是利用这种能力，通过深度学习技术，实现对内容的自动生成。大模型为 AIGC 提供了强大的自然语言处理能力，使得 AIGC 在内容创作方面具有更高的效率和准确性。

3）AIGC 与大模型的应用领域高度重合。无论是自然语言处理，还是计算机视觉，大模型都取得了显著的成果。而 AIGC 正是将这种能力应用到内容创作领域，为内容产业带来了全新的可能。

总的来说，AIGC 与大模型之间的关系是紧密的。大模型为 AIGC 提供了强大的技术支持，使得 AIGC 在内容创作方面具有更高的效率和准确性。同时，AIGC 也推动了大模型的发展，为人工智能领域带来了新的发展机遇（见图 4.14）。

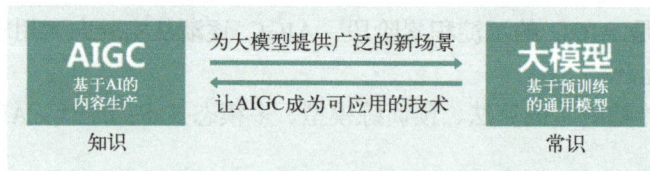

图 4.14　AIGC 与大模型的关系

在未来，随着大模型和 AIGC 技术的进一步发展，我们可以期待更多有趣的应用场景。例如，通过 AIGC，我们可以实现对大量文本的自动生成，提高内容创作的效率；通过大模型，我们可以实现对图像、视频等内容的自动理解，提高内容创作的质量。

**2. 大模型使得 AIGC 有了更多的可能**

1）视觉大模型提高 AIGC 感知能力。
2）语言大模型增强 AIGC 认知能力。
3）多模态大模型升级 AIGC 内容创作能力。

### 4.3.3　AIGC 给传统生产模式带来的革新

AIGC 已催生了营销、设计、建筑和内容领域的创造性工作，并开始在生命科学、医疗、制造、材料科学、媒体、娱乐、汽车、航空航天进行初步应用，为各个领域带来巨大的生产力提升。应用场景不断增加和拓展，将在内容生产中产生变革性影响，主要有以下几点：

AIGC 给传统生产模式带来的革新

1）自动内容生成，提升内容生产效率，降低内容生产门槛和内容制作成本。当前大量文本、图像、音频、视频等内容都可以通过 AIGC 技术自动生成，高效的智能创作工具可以辅助艺术、影视、广告、游戏、编程等创意行业从业者提升日常内容生产效率。

2）提升内容质量，增加内容多样性。AIGC 生成的内容可能比普通人类创建的内容质量更高，大量数据学习积累的知识可以产生更准确和信息更丰富的内容，谷歌的 Imagen 生成的 AI 绘画作品效果已经接近中等画师水平。

3）助力内容创新，实现个性化内容生成。AIGC 将内容创作中的创意和实现分离，替代创作者的可重复劳动，可以帮助有经验的创作者捕捉灵感，创新互动形式，助力内容创新。

4）AIGC 将搜索转化为"对话式"的搜索，用户在与聊天机器人的互动中最终得到满意的答案，ChatGPT 和搜索引擎结合以后，可以将答案"喂到嘴里"，为用户的问题提供答复完好的语句（精准），而不仅仅是泛化的信息链接（模糊）。例如：新版 BING 中，用户单击搜索栏的"聊天"选项即可通过与 AI 聊天的方式获得答案或建议，还可以通过和搜索框对话来调整答案，从而达到更精准的搜索效果。

5）AIGC 技术可有效代替人类对已有信息进行语言整合、文字输出，与信息平台类的数字媒体高度适配。BuzzFeed 将使用 OpenAI 开放的 API 协助创作内容，把由 AI 创造的内容从研发阶段转变为核心业务的一部分。具体可利用 AI 技术创建面向用户的个性测验，并根据用户反应生成个性化的文本内容。

6）AIGC 有望帮助企业实现提高服务质量降本增效。2022 年 9 月 LivePerson 在引入 AI 技术后，品牌方可以在几毫秒内根据历史数据模式将个人与客服人员匹配，考虑因素包括客户的产品使用情况、使用年限，以及过去与该公司联系的原因。该过程考虑了客服人员信息，例如他们如何处理类似的信息互动，以尽可能达成积极的客户-客服人员体验，获得有效结果。

7）数字人有望打开海量市场，广泛应用在电商直播、新闻播报、接待指引、展览展示等场景中，目前已有实际案例（见图 4.15）。电商直播：利用 AI 虚拟人物技术+动态捕捉技术，在内容和营销上进行创新，提高转化率，增加效益。新闻播报：AI 虚拟主播已经广泛地应用于各类播报场景，智能 AI 虚拟主播能够相对理性和客观地对新闻展开简单评述，提高播出效果的稳定性，减少人工错误。接待指引：AI 虚拟数字人化身为智能接待员、智能导购，运用于为顾客解答疑问以及商品推介上，回答常见问题和特定交易问题。展览展示：AI 虚拟数字人结合展区虚拟迎宾电子荧幕，化身为解说员，提供讲解服务。

8）AIGC 将改变或颠覆许多产业（见图 4.16）。

图 4.15　数字主播"汇汇"

图 4.16　AIGC 将改变或颠覆许多产业

## 4.4　Transformer

Transformer 架构是当前大模型领域主流的算法架构基础，由此形成了 GPT 和 BERT 两条主要的技术路线，其中 BERT 最有名的落地项目是谷歌的 AlphaGo。在 GPT-3 发布后，GPT 逐渐成为大模型的主流路线。

### 4.4.1　Transformer 的发展历程

自 AlexNet 被提出以来，CNN 成为计算机视觉领域的主流架构。CNN 结构由卷积层、池化层以及全连接层三部分组成，其工作原理是通过不断堆叠的卷积层慢慢扩大感受野直至覆盖整个图像，来进一步实现对图像从局部到全局的特征提取。然而，由于感受野的大小受限，CNN 在浅层网络提取的局部信息有限，在捕获全局上下文信息方面缺乏效率，缺少对图像的整体感知和宏观理解。受自注意力（Self-Attention）机制在 NLP 领域成功应用的启发，一些基于 CNN 的模型尝试通过引入注意力层或直接用注意力模块替代卷积层来克服卷积带来的局限性。

Transformer 于 2017 年 6 月由谷歌团队提出。作为一种基于注意力的结构，Transformer 首次在 NLP 任务中展现出巨大的优势，成为 NLP 领域里程碑式的模型。一年后，OpenAI 基于 Transformer 提出了一系列强大的预训练语言模型 GPT。该系列模型在文章生成、机器翻译等复杂的 NLP 任务中取得了惊人的效果。Transformer 凭借着其在 NLP 领域取得的重大突破及卓越性能，引起了计算机视觉界的广泛关注，越来越多的研究人员将其迁移应用到诸多视觉任务中并取得了良好的效果，呈现出了成为 CNN 潜在替代结构的趋势。

Transformer 发展历程见图 4.17，基于 Transformer 的视觉模型被广泛应用在目标检测、图像分割、图像生成、图像标注等其他计算机视觉任务中，且基于 Transformer 的效果可以媲美甚至超越同时期基于 CNN 的算法模型。

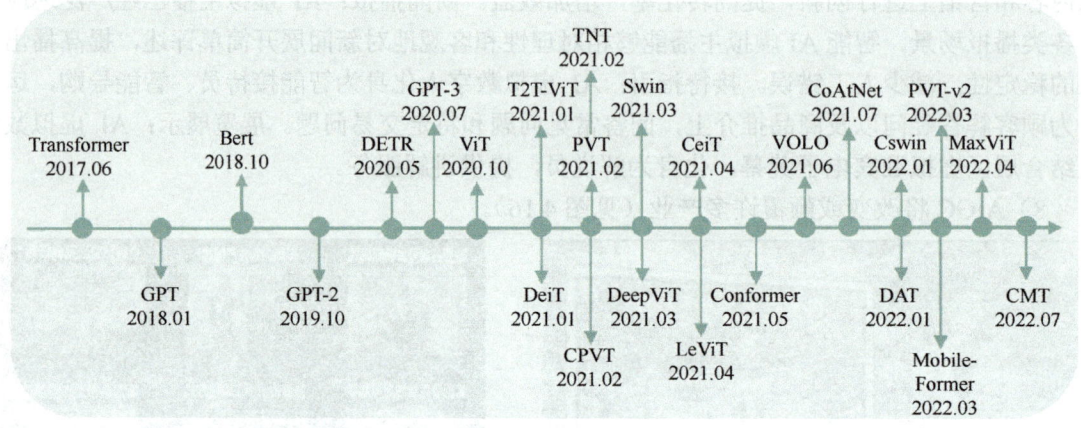

图 4.17 Transformer 发展历程

## 4.4.2 Transformer 的模型架构

Transformer 模型是一个基于 Self-Attention 机制的 Seq2Seq（Sequence to Sequence）模型，模型采用 Encoder-Decoder 结构，摒弃了传统的 CNN 和 RNN，仅使用 Self-Attention 机制来挖掘词语间的关系，兼顾并行计算能力的同时，极大地提升了长距离特征的捕获能力。

首先用中英文翻译案例，介绍 Transformer 使用时的大致流程（见图 4.18）。

Transformer 的模型架构

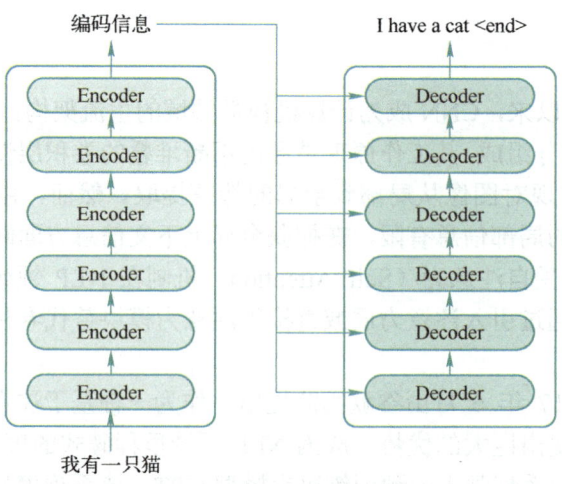

图 4.18 用于中英文翻译的 Transformer 架构

从图 4.18 中可以看到 Transformer 由 Encoder 和 Decoder 两个部分组成，Encoder 和 Decoder 都包含 6 个 block。Transformer 的工作流程大体如下。

第 1 步：获取输入句子的每一个单词的表示向量 $X$，$X$ 由单词的 Embedding 和单词位置的 Embedding 相加得到，见图 4.19。

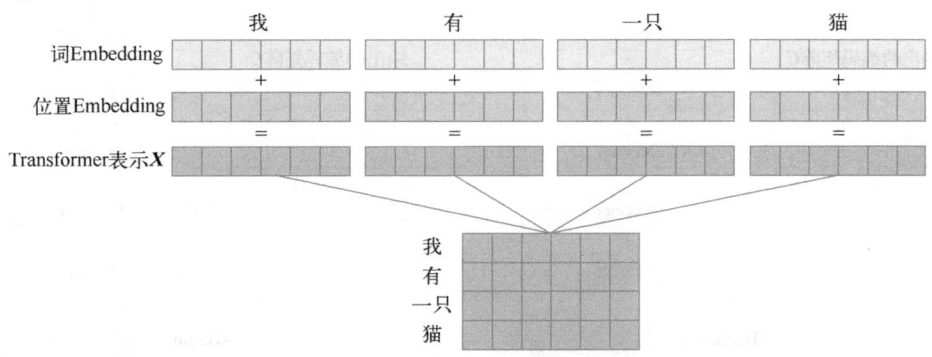

图 4.19　Transformer 输入的表示

第 2 步：将得到的单词表示向量矩阵（见图 4.20，每一行是一个单词的表示 $x$）传入 Encoder 中，经过 6 个 Encoder block 后可以得到句子所有单词的编码信息矩阵 $C$，见图 4.20。单词向量矩阵用 $X(n×d)$ 表示，$n$ 是句子中单词个数，$d$ 是向量的维度（一般假设 $d$=512）。每一个 Encoder block 输出的矩阵维度与输入完全一致。

第 3 步：将 Encoder 输出的编码信息矩阵 $C$ 传递到 Decoder 中，Decoder 依次根据当前翻译过的单词 1~i 翻译下一个单词 i+1，见图 4.21。在使用的过程中，翻译到单词 i+1 的时候需要通过 Mask（掩盖）操作盖住 i+1 之后的单词。

Decoder 接收 Encoder 的编码矩阵 $C$，然后输入一个翻译开始符 "<Begin>"，预测第一个单词"I"；再输入翻译开始符 "<Begin>" 和单词"I"，预测单词 "have"，以此类推。

图 4.22 是 Transformer 模型结构，左侧为 Encoder block，右侧为 Decoder block。粗线框中的部分为 Multi-Head Attention，是由多个 Self-Attention 组成的，可以看到 Encoder block 包含一个 Multi-Head Attention，而 Decoder block 包含两个 Multi-Head Attention（其中有一个用到 Mask）。Multi-Head Attention 上方还包括一个 Add & Norm 层，Add 表示残差连接（Residual Connection），用于防止网络退化，Norm 表示 Layer Normalization，用于对每一层的激活值进行归一化。Self-Attention 是 Transformer 的重点。

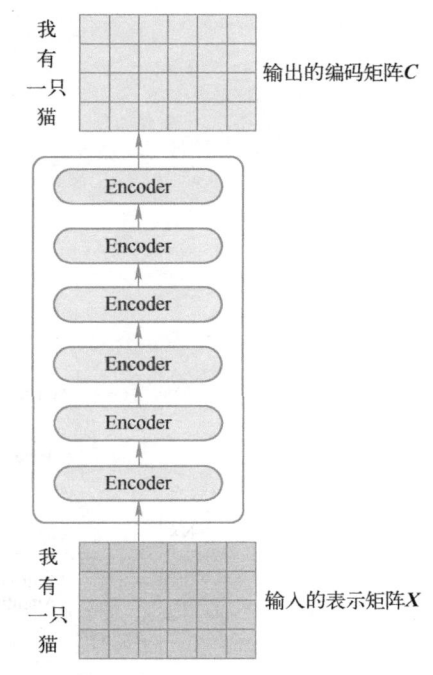

图 4.20　Transformer Encoder 编码句子信息

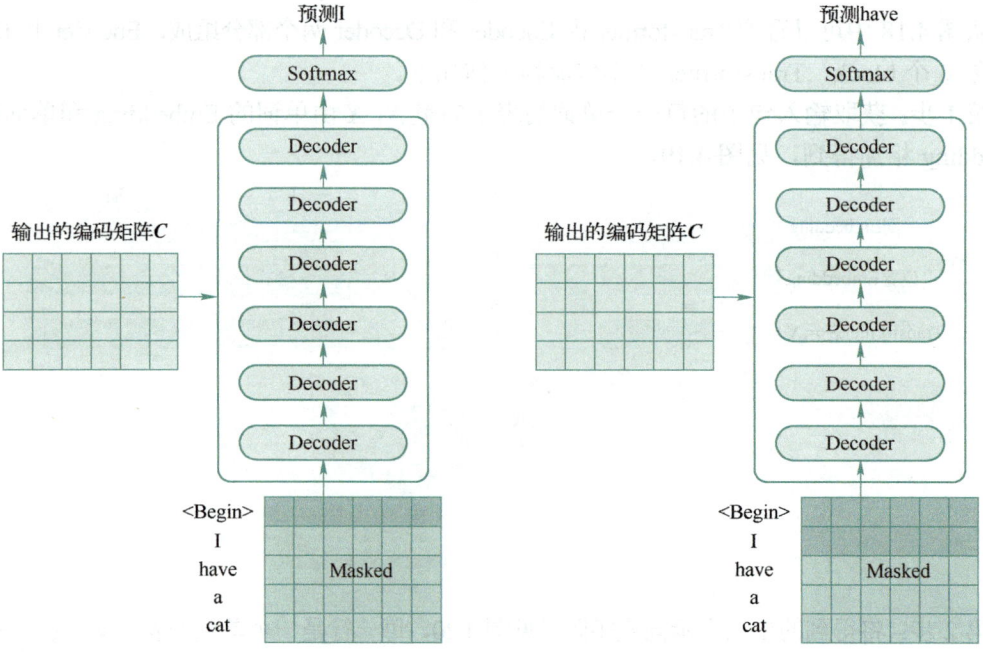

图 4.21　Transformer Decoder 预测

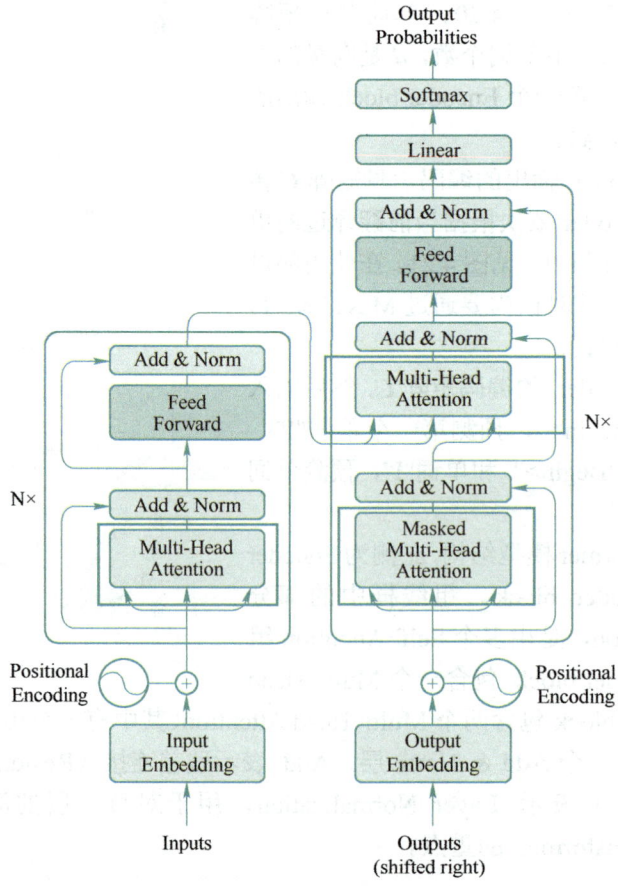

图 4.22　Transformer 模型结构

**1. 自注意力**

注意力机制是一种在神经网络中常用的机制，它可以使网络集中关注于特定的信息，从而提高模型的性能和效果。自注意力机制是其中一种常见的注意力机制，其原理如下（见图 4.23a）。

假设有一个输入序列 $X = [x_1, x_2, x_3]$，其中 $x_1, x_2, x_3$ 分别是输入序列中的元素。

步骤 1：定义三个权重矩阵 $W_q$（查询矩阵，Query Matrix），$W_k$（键矩阵，Key Matrix）和 $W_v$（值矩阵，Value Matrix），它们分别用于计算查询、键和值。

步骤 2：对于每一个输入元素 $x_i$，通过以下公式计算它的查询 $q_i$，键 $k_i$ 和值 $v_i$：

$$q_i = x_i \cdot W_q$$
$$k_i = x_i \cdot W_k$$
$$v_i = x_i \cdot W_v$$

步骤 3：计算每个元素 $x_i$ 对于每个元素 $x_j$ 的注意力得分，这通过查询 $q_i$ 和键 $k_j$ 的点积，然后通过 softmax 函数进行归一化得到：

$$\text{Attention}(x_i, x_j) = \text{softmax}(q_i \cdot k_j)$$

步骤 4：计算每个元素的输出，这通过将每个元素 $x_i$ 对于每个元素 $x_j$ 的注意力得分与对应的值 $v_j$ 相乘，然后求和得到：

$$\text{output}(x_i) = \Sigma j(\text{Attention}(x_i, x_j) \cdot v_j)$$

**2. 多头注意力**

为提高自注意力层的性能，在自注意力机制的基础上，提出了多头注意力机制（Multi-head Attention）。在多头注意力的作用下，Transformer 可以联合来自多个头部从不同角度学习到的信息，从而提取更加丰富全面的特征（见图 4.23b）。

多头注意力计算过程与自注意力计算过程相似，不同点在于它会根据注意力头的数目 $h$ 对查询向量、键值向量和值向量进行均等拆分，即 $d_{q'} = d_{k'} = d_{v'} = d/h$。由上述方法得到每一个注意力头对应的 $Q_i$、$K_i$、$V_i$ 参数，紧接着针对每个头使用自注意力相同的计算方法得到对应的结果，最后将每个头得到的结果进行拼接，将拼接后的结果进行融合，以合并所有子空间中的注意力信息。

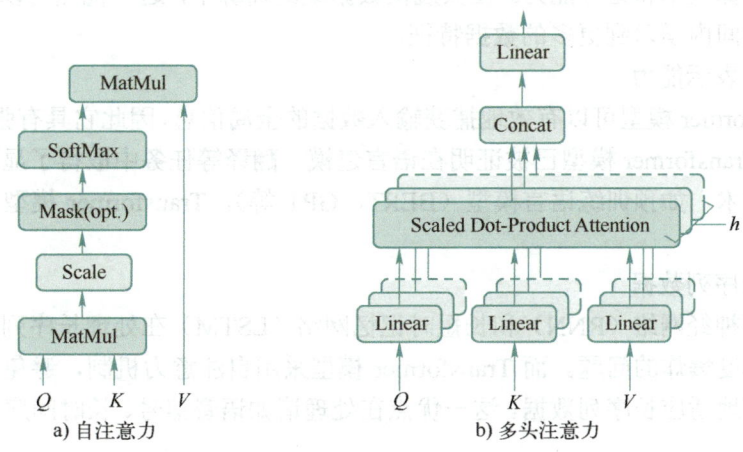

a) 自注意力　　　　b) 多头注意力

图 4.23　自注意力与多头注意力结构

通过线性变换，将输入的词向量（或短语向量）映射到多个不同的子空间上，以便在不同注意力头之间进行独立学习。这样做可以使得每个注意力头都能够发现不同的语义信息，从而提取更多的特征。

接下来，对于每个注意力头，通过计算注意力权重来衡量输入信息中的关联程度。这里通常使用点积注意力或加性注意力来计算注意力权重。点积注意力是通过计算查询向量和键向量的内积来得到注意力权重，而加性注意力则通过将查询向量和键向量映射到相同的维度后再计算内积来得到注意力权重。

将每个注意力头得到的加权表示进行合并，得到最终的多头注意力表示。合并的方式可以是简单地将各个头的表示进行拼接，也可以通过线性变换来得到更复杂的表示。

多头注意力机制的优势在于能够捕捉到不同层次的语义信息。比如，在机器翻译任务中，低层次的注意力头可能会关注输入句子的词级别信息，而高层次的注意力头则可能会关注句子级别的信息。这种层次化的关注机制能够更好地捕捉到句子和词之间的依赖关系，提升模型的翻译性能。

多头注意力机制还具有一定的并行性。由于每个注意力头都是独立学习的，因此可以在计算上并行处理，提高了模型的训练和推理效率。

总之，多头注意力机制是一种有效的模型架构，能够在自然语言处理任务中充分利用输入信息的关联和依赖关系。通过引入多个注意力头，能够提取更多的语义特征，提升模型的表达能力和性能。同时，多头注意力机制还具有层次化的关注机制和并行处理的优势。在未来的研究中，可以进一步探索多头注意力机制在其他领域的应用，为更复杂的任务提供更强大的建模能力。

更详细信息参考见 https://baijiahao.baidu.com/s?id=1651219987457222196&wfr=spider&for=pc。

### 4.4.3　Transformer 的优势

（1）高效的并行计算能力

Transformer 模型采用自注意力机制进行信息的交互与传递，这种机制允许模型在处理序列数据时关注到不同位置的信息。由于这种注意力机制的计算可以并行，因此 Transformer 模型具有极高的计算效率和处理能力。在大规模数据集的训练中，这一优点得以充分体现，使得模型能够在短时间内学习到更多的数据特征。

（2）强大的表示能力

由于 Transformer 模型可以有效地捕获输入数据的全局信息，因此它具有强大的表示能力。在 NLP 领域，Transformer 模型已被证明在语言建模、翻译等任务中取得了显著的性能提升。通过结合其他技术，如预训练语言模型（BERT、GPT 等），Transformer 模型的表示能力得到了进一步增强。

（3）适应长序列数据

传统的循环神经网络（RNN）和长短时记忆网络（LSTM）在处理长序列数据时，容易遭遇梯度消失或梯度爆炸的问题。而 Transformer 模型采用自注意力机制，避免了这些问题，使得模型能够更好地适应长序列数据。这一优点在处理诸如语音信号、长时间序列数据等任务时具有显著优势。

## 4.5 Prompt

随着 ChatGPT、文心一言等大模型的出现,机器学习大模型到达了新的高度。和大模型密切相关的一个概念是 Prompt。

### 4.5.1 Prompt 的概念

Prompt 是 "Predictive optimization with machine learning" 的缩写,翻译为"机器学习预测优化"。Prompt 技术也称为提示学习,通常通过将问题转换为特定格式的输入,将人工智能模型的输入限制在一个特定的范围内,从而让机器能够更好地理解任务,控制模型的输出,自动生成人类语言式的文本。

Prompt 概念

Prompt 技术已被广泛应用于搜索引擎、社交媒体和智能客服等领域。Prompt 的优点是能够通过改造下游任务、增加专家知识,使任务输入和输出适合原始语言模型,从而在零样本或少样本的场景中获得良好的任务效果(见图 4.24)。

图 4.24a 表示预训练+微调范式。对于下游不同的任务 A、B、C,会对 11B 量级参数的预训练模型分别进行微调,得到三个微调之后不同的 11B 模型,核心是让预训练模型来适配下游任务。而图 4.24b 表示 Prompt 学习,针对三个不同的下游任务只使用同一个预训练模型来构建任务,省去了微调的步骤,核心是让下游任务来适配预训练模型,这样可以充分利用已经训练好的预训练模型,大大提升预训练模型的使用效率。

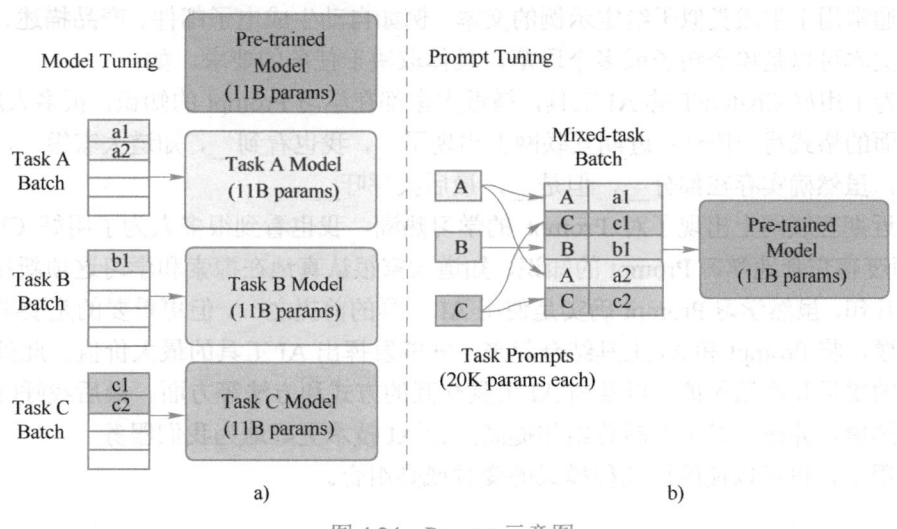

图 4.24 Prompt 示意图

### 4.5.2 Prompt 模式

设计 Prompt 可以通过手工设计模式,也可以自动学习模式。

(1)特定指令

在这种模式下,我们给模型提供一些特定信息,例如问题或关键词,模型需要生成与这些信息相关的文本。这种模式通常用于生成答案、解释或推荐等。特定信息可

Prompt 模式

以是单个问题或多个关键词，具体取决于任务的要求。如：

翻译一下：Prompt Engineering？

告诉我"Prompt Engineering"的定义？

在这种模式下，AI 可以帮助完成补全句子、文字翻译、文本摘要、问答和对话等任务，这是最常用的 Prompt 模式。

（2）指令模式

在这种模式下，我们给模型提供一些明确的指令，模型需要根据这些指令生成文本。这种模式通常用于生成类似于技术说明书、操作手册等需要明确指令的文本。指令可以是单个句子或多个段落，具体取决于任务的要求。如：

给我推荐三本中文的科幻小说，推荐格式：1、书名；2、作者；3、主要内容；4、推荐理由。

（3）角色模式

角色模式是指用户可以要求 ChatGPT 以特定的身份或者角色来生成回答。这种模式通常用于模拟某个特定人物的语言风格和语境，生成特定情境下的对话、回答或其他形式的文本。如：

描述秋天时，小学生、大学生、老年人给出的内容有很大的不同。AI 对身份和角色的把握还是很准确的。因此，在提问前告诉 AI 你的身份很重要。

（4）示例模式

在这种模式下，我们给模型提供一些示例文本，模型需要生成与示例文本类似的文本。这种模式通常用于生成类似于给定示例的文本，例如自动生成电子邮件、产品描述、新闻报道等。示例文本可以是单个句子或多个段落，具体取决于任务的要求。如：

问：为了用好 ChatGPT 等 AI 工具，最近大家都在学习 Prompt 的知识，很多人废寝忘食。请参照下面的格式写一段话：近期互联网上出现了__，我也看到__，知道大家很__，我忍不住啰嗦几句，虽然确实存在部分__，但是__，最后我呼吁__。

答：近期互联网上出现了对 Prompt 的学习热潮，我也看到很多人为了用好 ChatGPT 等 AI 工具而废寝忘食地学习 Prompt 的知识，知道大家很认真地在探索和学习这项新技术。我忍不住啰嗦几句，虽然学习 Prompt 确实是使用 AI 工具的前提之一，但更重要的是要理解自己的需求和问题，将 Prompt 和 AI 工具结合起来，才能发挥出 AI 工具的最大价值。此外，还需要注意数据的质量和隐私保护，以及与 AI 工具交互的方式和方法等方面。最后我呼吁大家要保持学习的热情，并在实践中不断总结和提高，让 AI 技术更好地为我们服务。

在应用中，也可以使用这几种模式的变种或是组合。

### 4.5.3 Prompt 的作用

（1）设置 Prompt 对于生成高质量的文本非常重要

例如，如果我们想要 ChatGPT 生成一篇科技新闻，我们可以给出类似于"请写一篇关于人工智能的新闻"的 Prompt。这个 Prompt 会帮助 ChatGPT 更好地理解我们需要的内容，并且生成更加符合要求的文本。

（2）设置 Prompt 还可以帮助我们控制 ChatGPT 生成文本的方向

例如，给出"请写一个惊险刺激的故事"的 Prompt。这样，我们可以在一定程度上控制

ChatGPT 生成文本的风格和内容，从而得到我们想要的结果。

（3）设置 Prompt 也可以帮助我们提高 ChatGPT 的交互能力

例如，我们可以通过设置"角色"来引导 ChatGPT 与我们进行对话。比如，我们可以给出类似于"假设你是 A，我是 B，我们应该玩游戏"，然后 ChatGPT 会根据"角色"进行回答。这样的交互过程可以增加 ChatGPT 的趣味性和可玩性。

需要注意的是，设置 Prompt 时需要注意 Prompt 的清晰度和准确性。

如果 Prompt 不够清晰或准确，ChatGPT 可能会生成不符合要求的文本或无意义的内容。因此，在设置 Prompt 时，需要认真考虑我们需要什么样的文本，然后给出尽可能清晰和准确的 Prompt。

## 习题 4

### 一、名词解释
1．大模型　　2．涌现能力　3．Prompt

### 二、单选题
1．DeepSeek 是由（　　）公司创立的。
   A．谷歌　　　　　B．百度　　　　　C．幻方量化　　　D．华为
2．DeepSeek-R1 模型在（　　）年发布。
   A．2023　　　　　B．2024　　　　　C．2025　　　　　D．2026
3．ANI 和 AGI 的主要区别在于（　　）。
   A．是否能完成特定任务　　　　　　B．是否能完成不同领域的任务
   C．是否能生成文本　　　　　　　　D．是否能画画
4．AGI 可能具备的能力不包括（　　）。
   A．自主提出问题　　　　　　　　　B．进行推理
   C．只能完成单一任务　　　　　　　D．学习新技能
5．DeepSeek 的知识储备丰富是因为（　　）。
   A．它的参数量是目前 AI 大模型最多的
   B．它只能生成文本
   C．它不能处理图像
   D．它不具备自我学习能力
6．大模型的本质特征是（　　）。
   A．大参数　　　　B．大计算　　　　C．大数据　　　　D．涌现
7．大模型的预训练是指（　　）。
   A．在小规模数据上进行训练　　　　B．在大规模数据上进行训练
   C．不需要训练　　　　　　　　　　D．只在标注数据上训练
8．多模态大模型能够处理的数据类型不包括（　　）。
   A．文本　　　　　B．图像　　　　　C．音频　　　　　D．视频
9．通用大模型 L0 的特点是（　　）。

A．只能在特定领域使用　　　　　B．需要大量微调
C．具有强大的泛化能力　　　　　D．参数量较少

10．AIGC 与大模型的关系是（　　）。
A．AIGC 是大模型的基础　　　　B．大模型是 AIGC 的基础
C．两者没有关系　　　　　　　　D．AIGC 取代了大模型

11．Transformer 架构首次在（　　）领域展现出巨大优势。
A．计算机视觉　　　　　　　　　B．自然语言处理
C．语音识别　　　　　　　　　　D．机器翻译

12．Transformer 模型采用的是（　　）结构。
A．CNN 结构　　　　　　　　　　B．RNN 结构
C．Encoder-Decoder 结构　　　　D．GAN 结构

13．Transformer 模型中的多头注意力机制的作用是（　　）。
A．提高模型的训练速度　　　　　B．提高模型的并行处理能力
C．提取更丰富的语义特征　　　　D．减少模型的参数量

14．大模型是（　　）结合的产物。
A．大数据　　　B．大算力　　　C．强算法　　　D．以上都是

15．大语言模型的英文缩写是（　　）。
A．LLM　　　　B．NLP　　　　C．ML　　　　D．CV

16．以下（　　）不是大模型的特点。
A．巨大的规模　　B．涌现能力　　C．自监督学习　　D．易于部署

### 三、判断题

1．DeepSeek-R1 模型在数学、代码、自然语言推理等任务上的性能比肩 OpenAI 的 GPT-3。（　　）

2．DeepSeek 选择将大模型技术开源，允许全球开发者自由使用和改进。（　　）

3．ANI 只能完成特定领域的任务，而 AGI 可以完成不同领域的任务。（　　）

4．AGI 可能具备真正的"思考能力"，能够自主提出问题并进行推理。（　　）

5．DeepSeek 的知识储备丰富是因为其参数量是目前 AI 大模型最多的。（　　）

6．大模型的本质特征是"涌现"，即模型在达到一定规模后展现出意料之外的复杂能力。（　　）

7．大模型的预训练是指在大规模数据上进行训练，然后在特定任务上进行微调。（　　）

8．AIGC 的应用领域包括文本生成、图像生成和视频生成等，但不包括语音生成。（　　）

9．大模型最本质的特征在于"大"。（　　）

10．大模型本质是"涌现""出乎意料""创造"。（　　）

### 四、填空题

1．ANI 只能完成特定的任务，而 AGI 可以像人类一样完成不同领域的任务，甚至可能具备创造力和"（　　）"。

2．DeepSeek 的知识储备丰富是因为其参数量是目前 AI 大模型最多的，也就是说 DeepSeek 的（　　）是非常丰富的。

3. 大模型本质上是一个使用海量数据训练而成的深度神经网络模型，其巨大的数据和参数规模，实现了智能的（　　　），展现出类似人类的智能。

4. 大模型的预训练是指在大规模数据上进行预训练，然后在特定任务上进行（　　　），从而提高模型在新任务上的性能。

5. AIGC 的发展历程中，2022 年多款产品出圈，引发了社会广泛关注，其中 Stability AI 发布的（　　　）模型为后续 AI 绘图模型的发展奠定了基础。

6. AIGC 的应用领域包括文本生成、图像生成、视频生成和（　　　）生成等。

7. （　　　）是在数据序列中寻找长程模式的专门算法。

8. 专注于某个具体任务建立的 AI 数据模型叫（　　　）。

9. 大模型让机器有（　　　）。

10. PRedictive OPTimization with Machine Learning 的缩写是（　　　）。

11. 文心一言大模型是由（　　　）发布的。

五、简答题

1. 大模型和小模型有什么区别？
2. 浅谈 AIGC 给传统生产模式带来的革新。
3. 简述 Prompt 的作用。

# 第 5 章　人工智能思维

人工智能应用的时代已经到来，如果不想淹没在来势汹涌的人工智能浪潮里，墨守成规、故步自封显然是行不通的，只能拥抱未来，提升认知。但是，你真的了解人工智能吗？你知道人工智能是如何与商业碰撞迸发出火花的吗？你知道人工智能是如何从数据中产生价值的吗？理解事物，就要抓住其核心理念。人工智能思维就是人工智能应用的核心理念。

**人工智能思维**简单来说就是从不确定的输入，产生不确定输出，但对具体场景、具体的应用、具体的用户输出又是确定的思维模式。

通过本章的学习，从"道""法""术""器""用""势"六个维度解析人工智能思维的基本原理，树立人工智能应用的意识。

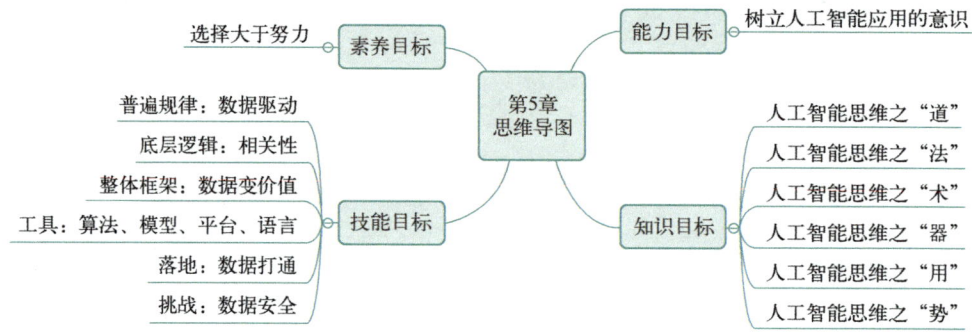

## 5.1　人工智能思维之"道"

本节从"道"的层面理解人工智能思维。

道的意思是万事万物发展的普遍规律。人工智能思维之"道"就是认识人工智能发展的普遍规律。

人工智能思维之"道"

### 5.1.1　人工智能的普遍规律

人工智能思维中的"道"是阐述从数据中得出决策，创造出源源不断的价值的普遍规律。

**1. 数据驱动**

模型训练极度依赖数据，大部分可应用的模型训练参数都在亿级别以上，因此需要大量标注数据，数据集中数据的分布结构和丰富度对模型的可用性起到决定性作用，如果没有构建起数据集或者数据集不完整，再好的模型算法也无济于事。反之如果具备完整的数据集，即使模型算法差一些，运行效

人工智能普遍规律—数据驱动

果也不会太差。企业场景数据集的构建是人工智能时代企业的重要技术壁垒。数据决定了模型可用性。

**2. 万物互联**

智能硬件使获取信息的方式、频率、效率得到极大提升，信息内容的丰富性得到极大提升。各种物体通过网络将具备人类视角的理解能力进而改变人与物、物与物的关系。人工智能技术要考虑与物联网的结合方式，形成互联网云脑（见图5.1），而不是人工智能技术替代互联网技术。

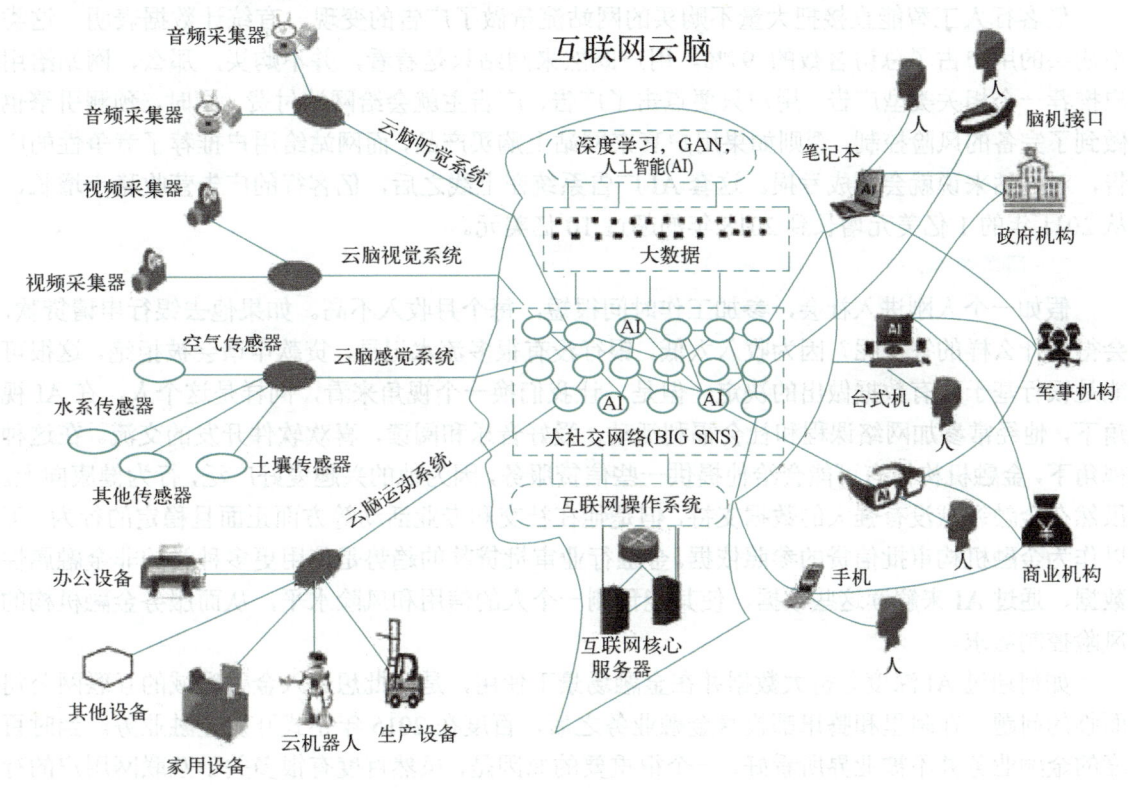

图 5.1　互联网云脑

## 5.1.2　AI 思维的案例

**1. 广告变现**

亿客行是全球最大的在线旅游公司之一，业务遍及全球。在人工智能技术的支持下，亿客行在广告变现领域满载而归。亿客行通过人工智能系统预测用户在网站上产生购买行为的概率，也就是预测一个访客在网站上转化为交易用户的概率。

如果用户打开亿客行网站或者在手机 APP 上搜索一个行程，比如从北京到上海的航班，亿客行的人工智能系统可以实时地预测这个用户的真正行为目标和意图。系统在用户单击"搜索"按钮的这一瞬间触发几百个用户相关的行为数据维度的分析，非常迅速地产出预测结果，通常在几十 ms 内完成。如果用户真正要购票的话，人工智能不会弹出广告，免得打扰用户，干扰即将发生的交易；如果用户只是试探性查询，只是想要对比不同网站的购票价格，人工智能就会给用户弹出竞争性的广告。

什么是竞争性的广告呢？广告主本身并没有入驻亿客行，所以这些竞争性广告相当于是从站外引入的。正因为这些站外商家和本网站主营内容相似，对于想要比价或者试探性查询的客户来说，这类广告是具有高意向性的广告，广告的点击率远高于平均水平，所以这类竞争性广告的卖价比一般的展示性广告要高很多。关键技术是，亿客行通过人工智能预测引擎，可以很准确地预测出亿客行网站的某个访客是真正来购票的，还是只是来亿客行对比下价格，对比完就离开，到其他网站去买票的。

亿客行人工智能直接把大量不购买的网站流量做了广告的变现。有统计数据表明，这类不购买的用户占了总访客数的 97%。用户既然来网站只是看看，并不购买，那么，网站给用户推荐一个相关类型广告，用户只要点击了广告，广告主就会给网站付费。同时，预测引擎也做到了完备的风险控制，否则如果用户真来网站上购买产品，而网站给用户推荐了竞争性的广告，对网站来说就会造成亏损。这套 AI 广告系统在上线之后，亿客行的广告营收稳步增长，从 2011 年的 1 亿美元增长到 2018 年的超过 10 亿美元。

**2．风险控制**

假如一个人刚进入社会，参加工作时间很短，每个月收入不高。如果他去银行申请贷款，会得到什么样的答复呢？因为收入太低，银行没有很多流水记录，贷款申请会被拒绝，这很可能是银行基于现有数据做出的决定。但是，让我们换一个视角来看，同样是这个人，在 AI 视角下，他经常参加网络课程和社会福利活动，爱好音乐和阅读，喜欢软件开发的交流。在这种视角下，金融机构很有可能会给他提供一些信贷服务，因为他的兴趣爱好广泛，行为健康向上。虽然在金融领域没有强大的数据支持，但是他在社交和专业活动等方面正面且稳定的行为，可以作为金融机构审批信贷的参照依据。金融行业审批贷款的趋势是使用更多种类的非金融属性数据，通过 AI 来解读这些数据，使其能预测一个人的信用和风险水平，从而服务金融机构的风险控制需求。

如何通过 AI 深度分析大数据并在金融场景下使用，是一批想进入金融领域的互联网公司面临的问题。在阿里和腾讯都投身金融业务之后，百度在 2015 年正式开发金融业务。当时百度的金融业务并不被业界所看好，一个很重要的原因是，虽然百度有很多关于互联网用户的行为数据，却不像消费数据那样与金融有强相关性，怎样通过这些看似与金融无关的数据去开展金融业务，是百度进入金融行业时亟须解决的一大难题。百度想到的是，通过 AI 将二者联系起来。

百度通过 AI 去精准预测用户在金融上的表现。所谓金融上的表现，通俗来讲，就是一个用户借了钱后有多大的可能性会逾期不还。如果用户还钱概率很高，那么这个信贷业务就能够赚钱。但是如果逾期不还的人数较多，那这个业务就肯定要赔。

如果风险控制上的预测准确率每提升 1%，带来的增额收入接近 1 亿元。基于这样一个 AI 风险管理体系，在控制风险的情况下，把流量逐渐打开用于金融业务，度小满金融（原百度金融）与金融机构合作的资产规模不断增长，在一年左右的时间里累计发放贷款超过 3800 亿元，为 50 多家银行合作伙伴创造了近 100 亿元的利息收入，真正让 AI 赚钱，且风险可控。

### 5.1.3　AI 思维与人脑思维

#### 1. 人脑思维

AI 思维与人脑思维有些相似。研究表明，人脑中有许多神经元，前一个神经元通过突触持续向后一个神经元产生刺激。在这样的情况下，两个神经元之间的传递效能增加，形成细胞回路；如果这种刺激持续重复，突触传递的效能不断增加，人脑就记住了两个事物之间存在的联系（见图 5.2）。比如，我们在上学的时候，打铃就代表要上课或者下课，也就是说当铃声响起时，一个神经元被激发，而同一时间出现的上课或下课的场景会激发附近的一个神经元，经过多次这样的刺激之后，它们之间的联系会被默认下来，这就是人脑的学习机制。

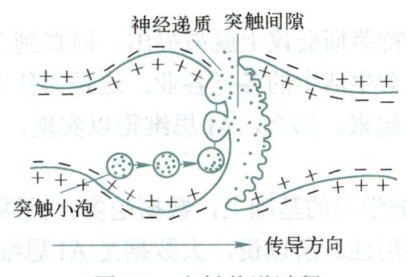

图 5.2　突触传递过程

宏观上，人们从经验中受到刺激时，人脑就学习到了事物之间的相关性，从而总结出相关的规律，可以快速分类新的问题，从而形成判断乃至做出决策。所以，人类对新问题的判断，来自过往的经验（见图 5.3）。

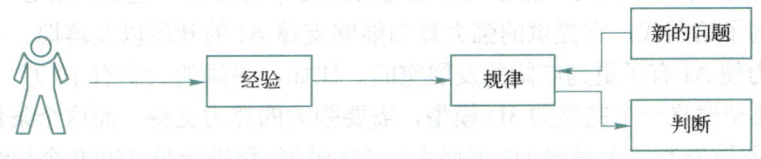

图 5.3　人脑思维

#### 2. AI 思维

从图 5.3 可以看到，过往的经验确实能帮助我们做决策，尤其当我们不得不基于模糊的信息进行判断时，经验能发挥巨大的作用。然而，在信息爆炸、算法决策高度发达的今天，光靠以往经验做判断、做决策的思维模式已经显现出弊端，掌握着大量数据和科学决策工具的人，早已成为你前面的领跑者。落后于时代的思维，带来的是慢于时代发展的速度，其产生的收益必定比他人低，而且会越来越低。

AI 思维是从数据产生模型，如果遇到新的输入，AI 就能通过模型做出准确的预测。AI 思维与人脑思维的相似点在于，AI 思维也是通过对历史数据的分析得到结论（见图 5.4），与人脑思维一样，AI 能够根据历史数据形成模型。一旦遇到新场景的输入，模型就能做出判断、产生预测。AI 的这种思维能够充分利用数据，尽量减少主观臆断。

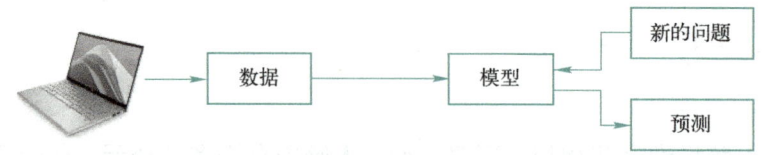

图 5.4 AI 思维

AI 出现之前，人只能借助过往经验或者周遭环境等有限的信息做出判断。借助 AI，人们能够发现和挖掘无数的相关信息和数据来做预测和决策，而做出最优决策也是 AI 思维的一大特点。决策就是通过 AI 思维而产生的，比如在进行人脸识别时，AI 也是根据许多人脸数据生成模型，然后遇到一个新的人脸数据，这个模型就能判断出它是否是特定的那个人脸。

### 5.1.4 AI 思维的要素

AI 早在 1956 年美国的达特茅斯会议上就被提出，但直到 2016 年，才开始被大众熟知，近几年才开始被普遍运用在社会生活中的各行各业。这是为什么呢？原因在于，以前很多 AI 思维所必需的要素还没有发展起来。那么，AI 思维得以实现，需要哪些要素呢？

**1. 大数据**

既然 AI 思维建立在对数据学习的基础上，数据越多，机器学会的东西越多，机器做出的判断决策就越准确，越具有实用性。所以说，大数据是 AI 思维的一个要素。

**2. 算力**

对于 AI 来说，像计算机、手机等智能设备的算力是不够的。我们需要一个大规模的计算机集群，需要成百台上千台计算机连接在一起，进行大规模的运算。除了计算机集群，算力还需要 GPU（Graphics Processing Unit）。GPU 的架构有别于传统的 CPU，能够很好地支持深度学习模型的运算。GPU 现在已经发展到了第四代，它提供的强大算力能够支撑 AI 的开展以及落地。

算力

强大的算力使 AI 有了更为广阔的发展空间。比如，果蝇的大脑有 10 万多个神经元，要想建立一个完整的 3D 模型，需要强大的算力支持，而这个条件是先前并不具备的，2019 年，谷歌发布史上最强 1/3 果蝇大脑 3D 模型，精准定位 25000 个神经元（见图 5.5）。

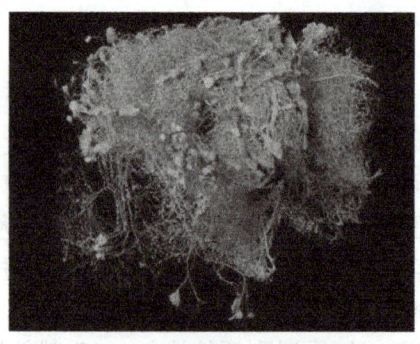

图 5.5 果蝇大脑 3D 模型

算法

**3. 算法**

人和人在算力上的差别并不大，这是基于人的类似构造决定的。但人和人应对同一数据算法的差别，或者说应对逻辑的差别，却显著受到后天环境的影响，这种差别的具体体现就是人的思维模式。

**4. 业务模式**

我们知道，AI 要落地，必须在一个场景中实践它。例如，在金融领域，基于用户的大数据，通过 AI 算法和算力，能对用户的信用状况进行分级，不但能够判断是否提供贷款，还能判断向这个用户提供多少金额最合适。AI 为金融服务提供了参考依据，这就是一种基于 AI 的业务模式。正是因为有了这些创新业务模式，AI 才能顺利地在各行各业落地，帮助企业产出价值。

如上所述，AI 思维的基础在于数据，而核心在于算法，实现在于算力，应用在于业务模式。只有大数据、算法、算力、业务模式这四个要素同时存在（见图 5.6），AI 的价值才能得以体现，AI 思维才算完整。

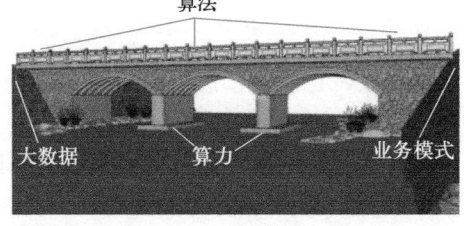

图 5.6　AI 思维要素

### 5.1.5　AI 思维带来认知革命

在 AI 时代，数据是一种重要资产，反映了事物的原理和规律，当你找到它的规律后，就可以预测未来的事情。从数据中发现知识、洞察和规律，这本身不是一个新的概念。现在，在 AI 思维的帮助下，我们借助大规模计算的方法，从海量的数据中自动地学习知识和规律。那么，AI 思维都带来了哪些价值？

**1. 个性化体验**

AI 可以根据用户的历史浏览记录、成交记录对用户的喜好建立模型，得出各商品或内容和用户喜好的相近程度，并把相近程度排行最高的商品或内容推荐给用户。例如，当我们进入一些购物网站，可能会发现许多这样个性化的体验，若你之前购买过衣服，AI 可能会给你推荐其他的搭配商品。对于用户来说，省去了他们检索的时间，还更加符合他们的需求，带来了更好的用户体验。对于网站来说，可以提高网站的浏览量、点击率和商品的销量。

**2. 市场细分**

市场细分意味着企业的经营会更加精细化。例如，企业可以把一个产品的目标客户群简单地划分为一定年龄范围的男性或女性，但这样的客户群划分显然没有针对性。利用数据驱动的 AI 框架进行目标客户群划分，得到的结果更加详细，比如我们不仅可以考虑基于年龄、性别这样的因素，还可以交叉考虑包含更多维度，例如兴趣爱好、行为习惯等的目标客户群，从而得到细粒度的营销策略。以视频软件芒果 TV 为例，为了提高视频的点击率，芒果 TV 运用人工智能来判断向用户推送视频的类型和内容。比如，追求放松娱乐的白领一族会收到《快乐大本营》的相关推送，喜爱烧脑解密的年轻人群会看到《明星大侦探》的相关广告。而随着用户观看视频数量的上升，AI 的推送方案也会更加个性化，细化到满足每一个用户的需求。与传统方式相比，AI 提供的细粒度视频推送方案为芒果 TV 提高了 30%的点击率，真正实现了精细化运营。

**3. 知识挖掘和洞察**

数据驱动的 AI 框架可以赋予我们持续高效地从数据中学习知识、挖掘洞察的能力。这些知识和洞察可能不是列在教科书上的条条框框，但一定是从数据中实时地、最大体量同时也是最有效获取的，并能够运用于业务实践中。例如通过深度学习分析了来自世界各地的地震数据集，发现余震发生的规律，为避免余震二次伤害，顺利进行灾后救援和恢复工作提供帮助。

AI 思维不是捷径，但它却可以帮你更加快速地抓住事情的本质，找出用户的需求，洞察世事的发展，进行准确的预测，产出更大的价值。这是科学探索的目标动力，也是人类实践的追求所在。

通过 AI 思维（以小博大），能从数据中理出头绪，更加快速、直接、准确地预测研究对象的行为或者结果。

## 5.2 人工智能思维之"法"

AI 思维中的"法"是从底层逻辑阐述 AI 思维是如何从数据中得出决策，创造出源源不断的价值的。

AI 思维中的"法"，即法则、准则、原理。AI 是在机器学习基础上发展起来的，必然受到机器学习规律的制约。只有理解了这些制约，才能理解 AI 与生俱来的局限，扬长避短，更好地享受 AI 给我们带来的实际价值。人们对 AI 不切实际的预期，多半来自对其底层逻辑的一知半解。在众多的商业包装下，人们越来越多地追捧短平快的"成果"，而不关注支撑应用的基础性逻辑。这种"知其然而不知其所以然"的做法，不会带来长远的发展。任何想运用 AI 思维解决实际问题的人都应该知晓人工智能受机器学习规律的制约，并从中获得启发。

### 5.2.1 AI 的底层逻辑

AIGC 的厉害之处，主要在于它的多模态、跨模态性能，能灵活处理文本、图像、声音、视频等各种来源的数据。通俗一点，就是 AIGC 能像人类一样能听、能看、能阅读，就像有了感觉一样。然后基于自己听到的、看到的、读到的，提供反馈或者完成任务。一句话概括就是，AIGC 能感知、认知视频里呈现的内容。这意味着机器与人类的沟通，越来越像人类之间的沟通了。很显然，这一天越来越近了。那么在新的时代背景下，AI 技术日新月异，我们到底怎么学 AI 呢？

第一点，要抓住变化中不变的东西，也就是 AI 底层逻辑能力的培养。其实 AI 就像一个放大器，它放大了的不只是人们完成任务的效率，而是不同底层逻辑能力的人之间的差距。AI 底层逻辑能力包括目标感、探究精神、提问能力、批判性思维、自主学习能力等等，不具备这些底层逻辑能力的人无法清晰梳理出自己到底要的是什么，也无法高效利用 AI 或者判断 AI 完成任务的质量和提供信息的有效性。不具备 AI 底层逻辑能力的人会被具备 AI 底层逻辑能力的人远远甩开。就像当年互联网的出现，有的人可以借助互联网快速学习，了解一个行业的完整产业链，找到机会，甚至基于互联网创造出新的商业模式，成就一番事业。而有的人，却沉迷网络，或者在铺天盖地的信息里面，左摇右摆，人云亦云。表象差异的背后是互联网底层逻辑能力的不同。所以，这也是为什么本书要以思维能力培养为主线，因为人工智能的核心从来都没有变化，培养好 AI 底层逻辑能力，才有可能成为未来用好 AI 的佼佼者。

第二点，就是要重视你的科学素养和科技能力的培养。科技发展越是日新月异，就越应注注重科学素养和科技能力，而不是片面追求是不是能熟练使用每一个 AI 工具这种表象的能力。本质上，AI 产品的底层逻辑也是编码算法。这些最基础的东西只是复杂度极高，而善用

AI 的人本质上也是使用了科学的工作方法。所以,你在关注科技发展,扩展科技视野的同时,还应该脚踏实地地培养科学素养、发展科学特长、理解科学原理,这样才能真正做到无论 AI 工具怎么更新迭代,都能深入理解、从容应对。

第三点,要善于运用新科技。我们要庆幸大模型的出现,让我们把门槛很高的 AI 场景变得无比简单、更丰富、更强大。

## 5.2.2 相关性和因果性

事实上,将两个一起出现的事物关联起来是人类与生俱来的学习能力。我们一看到脸上有皱纹、头上有白发,就知道人开始进入衰老期,其实就是因为我们将皱纹、白发与衰老建立起了联系,根据这个联系在脑海中反映出它们之间的相关性。但是,从科学角度来说,并不是"皱纹""白发"带来了人体的衰老,它们只是衰老的表象,人体衰老的根本原因在于细胞代谢能力的降低。也就是说,皱纹和衰老之间并不存在因果性,仅仅是内涵及外在表现形式的一种相关性。

相关性和因果性

机器学习模型发现的便是输入变量和预测目标之间的相关性。相关性不同于因果性,因果性对应的是传统科学研究的范畴,相关性则是 AI 思维所关注的理念。相关性对于我们研究许多变量因子之间的相互关系有着很大的帮助(见图 5.7)。

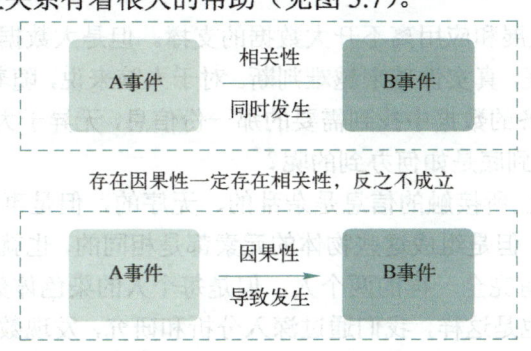

图 5.7 相关性和因果性

虽然相关性没有因果性来得一针见血,但是相关性能一定程度地揭示问题所在。如果某两个事件显示出一定的相关性,往往会引起研究者的注意,吸引他们发掘其中可能存在的因果关系。所以,我们更需要关注相关性,而不是因果关系,也就是说,只需要知道"是什么",而不总是需要知道"为什么"。这能使人跳过洼地,快速地获取结果。这种思维方式推翻了自古以来人们更加注重因果关系的惯例,使我们理解现实和做出决定的最基本方式受到挑战。AI 思维从数据中训练出模型,但它从不思考为什么这样做,这让模型训练变得简单直接,体现出相关性思维的特点。

从传统的因果性思维转向相关性思维是 AI 思维最突出的一个特点。在相关性思维中,如果出现了某些迹象,需要做的就是根据这些迹象去预测结果,做出决策。所以 AI 思维更像行动、立刻反应这样一种直线思维。也就是说,你听到或者看到一个明显的迹象,你不需要追究太多,只需要按惯例做出反应就可以。就像在运送快递时,如果有玻璃制品这样易碎的物品,快递盒子外面一般会有"易碎物品,小心轻放"的提示。看到这个提示,快递员不需要知道盒子里面是什么物品,也不需要知道它为什么易碎,他只需要在送快递过程中做到小心轻放,不让盒子中的物品破碎就可以了。

需要强调的是，转向相关性，并不是要抛弃因果关系，而是通过相关性更加快速、直接地解决问题。

在 AI 时代，只要能够得到充足的数据，就可以找到相关性信息，就可以预测用户的行为，为企业做出准确决策提供支撑。比如，金融行业非常注重风险的把控，以往识别金融风险最常用的方式就是查看客户的过往征信记录，通过各种渠道了解对方的信誉。这个过程不但耗时、费力，还未必能够保证信息全面。有了 AI，金融机构就可以通过数据建立模型，识别出客户相关的异常行为以及异常关系，为金融决策提供广泛、确切的有效信息。

细心的读者会发现，所有事件的处理方式都在遵循相关性原则，因为无论你把事情考虑得多么周全，仍然可能出现问题；在应急的当下，你也一定是运用了相关性来处理绝大部分问题。而且根据人们使用的情况来说，在生活的方方面面，它都饶有成效。有时候，相关性可能就是人们所说的"下意识"，看到或者听到某些事物，条件反射地设想出下一秒产生的结果，下意识地为这个结果做出反应。

相关性这种通过分析不同事件之间的联系，由起点直接到终点的思维方式，是 AI 思维能够快速准确地进行预测的内在逻辑。

### 5.2.3 数据的规律性

我们知道，AI 的发展和应用离不开大数据的支撑。但是大数据意味着数据的数量越来越庞大，质量越来越难保证，真实性越来越难判断。对于人脑来说，随着数据的不断增加和积累，要在铺天盖地且良莠不齐的数据中找到需要的那一份信息，无异于大海捞针，但对于 AI 来说，这并不是什么难事。AI 到底是如何办到的呢？

从表面上来看，我们所接触的信息是杂乱的、无序的，但是事物之间的联系是普遍的。例如世上万物形态各异，但是组成这些物体的元素都是相同的，也就是化学元素周期表中的一百多种元素；世界上没有完全一样的两个人，但是每个人的染色体数量都是 23 对。人工智能要处理大量数据，方法也是这样，我们通过深入分析和研究，发现数据和数据之间是存在共通规律。

对于数据来说，这种共通规律性可以反映在数据内在的几何结构上。例如我们都知道一张照片是由许多像素组成的，当随手拍了一张 1920×2560 像素的照片时，这些像素间便互相组合形成不同的维度。也就是说，这张照片所对应的数据就是 4915200 维，即使我们的肉眼只能看到一张平面的照片。人工智能处理和理解的数据所在的空间称为高维空间。要想掌握数据的内在规律，就要先对高维空间进行了解。

平时最多只能感受到时间和空间，如此玄幻的多维度可能会让人感到疑惑。简单来说，任何低一级空间都是高一级空间的横截面，例如，一维的线是二维的平面的横截面（见图 5.8）。

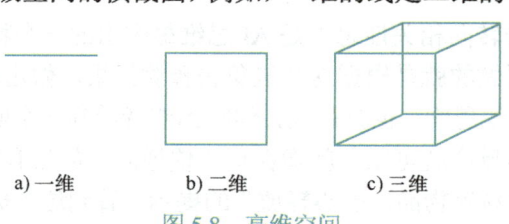

a) 一维　　　b) 二维　　　c) 三维

图 5.8　高维空间

物理领域高维空间的提出帮我们打开了探索这个高深莫测的世界的大门。任何数据在欧氏空间中都是以向量的形式存在的。人工智能分析的每一条数据，都可以在欧氏空间中转换到给定维度的坐标系里，对应到欧氏空间中的某一个点。基于这样的结构，我们就可以精准地刻画我们想要描述和理解的个体。人工智能就是这样准确快速地在海量的数据中表示出我们感兴趣的那一份信息的。虽然欧氏空间通常是高维空间，但当我们分析数据内部结构的特点时，就会发现，数据的内部存在一定的规律。

**1. 线性规律**

图 5.9 是一组人物的照片，细看会发现每一位长得都不一样，但总体来看又十分相像。为了更好地理解这些人脸部存在的规律，对这些人的脸部图像做了处理，形成了她们的特征脸。特征脸是反映这些人的脸部主要变化特征的一组"模板"（见图 5.10）。

图 5.9　人物照片样例

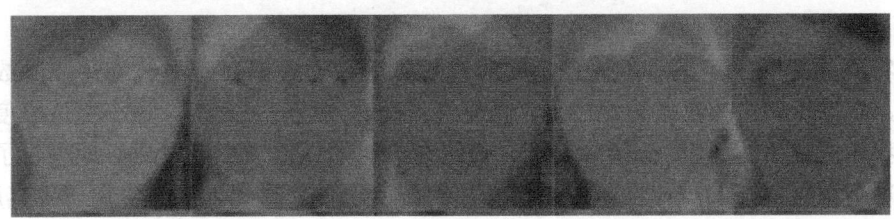

图 5.10　人物照片产生的特征脸

显然，每个人的脸都有和特征脸不同的地方。接下来，我们要对每个人的脸部做重建。重建就是把一个人的脸投影到特征脸，然后再线性组合起来，这样就得到了重建之后的脸。原始图像和重建图像见图 5.11，上面一行是原始图像，下面一行是原始图像投影到上述特征脸后的重建图像，通过对比我们可以发现，对应的上下两图之间的误差其实很小。

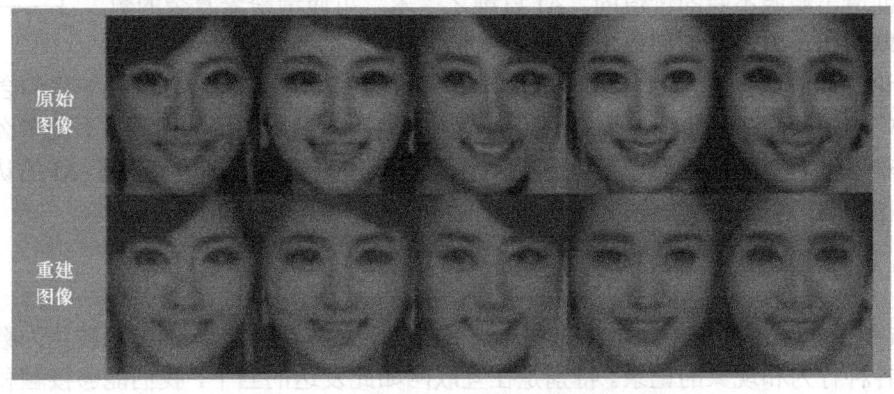

图 5.11　人物照片的原始图像和重建图像

这种基于"特征脸"的线性规律，在我们的日常生活中有着广泛的应用。

数据的线性规律源于数学上在线性空间的投影（如笛卡儿坐标系、泰勒展开式、傅里叶展开式），它去除了数据中不重要、不显著或者没有用的信息，只保留最本质、所有数据共同拥有的特征，所以投影后形成的数据比原始数据更简洁，更具有普遍性。

**2. 非线性规律**

非线性规律并不是存在于平面之中，而是在曲面上。发现数据的非线性规律的方法叫作"流形学习"。流形学习假设数据均匀采样于一个高维欧氏空间中的低维流形，即从高维数据中恢复低维流形结构，并求出相应的映射关系，以实现数据的智能分析或者数据可视化（见图 5.12）。

非线性规律

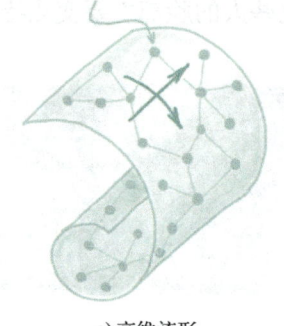
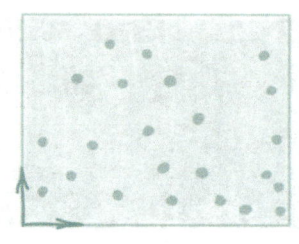

a) 高维流形　　　　　　　　b) 低维流形

图 5.12　流形学习

需要特别注意的一点是，不论是具有线性规律的数据还是具有非线性规律的数据，都是高维数据，要想找到这些数据的规律，都需要将其投射到更低的维度。这个更低维度预先是不确定的，我们通过 AI 模型的分析和处理，最终在恰当的低维度空间里更好地表示了数据内在的结构。理解数据内在的规律性，可以帮助我们在使用 AI 时"知其然"更"知其所以然"，构筑一个更加完整的 AI 思维体系。

## 5.3　人工智能思维之"术"

AI 思维中的"术"是从方法论的角度阐述 AI 思维是如何从数据中得出决策，创造出源源不断的价值的。AI 思维之"术"可厘清纷繁复杂的数据。新问题层出不穷，我们要以术驭事，以术成事。

人工智能思维之"术"

方法论是以解决问题为目标的思维体系、思维流程。在方法论的指导下我们会有一个纵观全局的广阔视野，有一套统筹全局的落地实施策略。缺乏方法论的指导，不论多么充满智慧的思维都难逃纸上空谈的结局。AI 思维之"术"是从理论到实践的一套关于 AI 的认识，也有实践层面指导 AI 落地的方法论。

### 5.3.1　从数据到价值

在 AI 的整个生态系统中，数据是根本。我们每天的所看所感，都可以转化为数据，这些数据就是各种行为和现象的记录。特别是在互联网如此发达的当下，我们能够接触和获取的数据更为多维、多样而且庞杂。当然，这对于 AI 的应用来说，完全是一件好事，因为人工智能的应用离不开数据的支持。

从 AI 思维之"术"来说，只有数据是不够的，必须从数据中提取价值。数据的量必须充足、数据的质必须得到保障。所以，数据的广度和精确度决定了 AI 能够为人类做出多大的贡献。数据越多，质量越高，越能反映个体的实际行为与想法，AI 的预测就会越精准。

### 5.3.2 数据理解

数据理解

大数据包罗万象，能够将许多看似并不相关的事件联系在一起，使我们能够把数据转化为价值。"数据"转化为"价值"的前提是理解数据。数据标签化是理解数据的重要方法。

**1. 标签化**

在许多平台发文章前，平台也会让我们为文章勾选标签，目的是更好地了解我们的喜好（见图 5.13）。

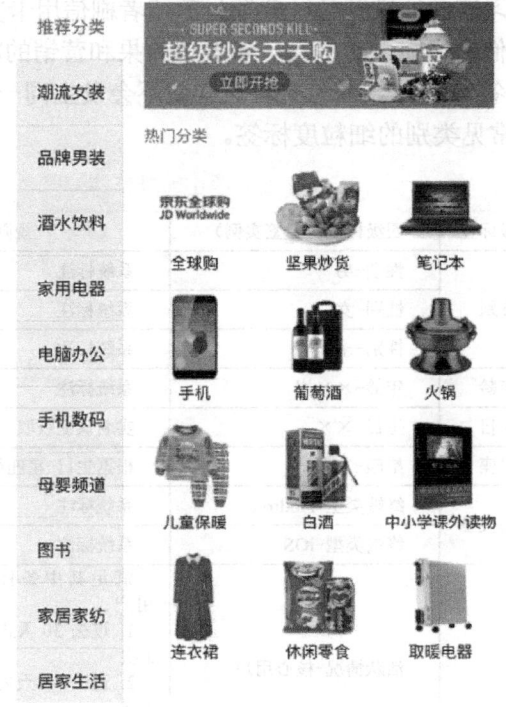

图 5.13　商业数据标签

我们每天都在被贴标签，我们也在给别人贴标签。有了这些标签，机器就可以更好地理解数据，甚至被贴上相同标签的数据还能迅速拉近距离。AI 也是通过为数据打标签的方式来理解商业数据的。

标签是一种用来描述业务实体特征的数据形式。在很多实际商业场景下，需要把人打上标签，比如某人经常和一些讲诚信的人合作，这样的社交行为多了，他也会被打上"诚信"标签；若他和一些经常毁约的人交往比较多，那和他合作就有一定的风险；他平时购买的运动用品比较多，他就会被贴上"运动"的标签；又或者是他平常喜欢收听科技类音频课的话，他就会被打上"科技"的标签。除了对人打标签外,对物也需要打标签。

**2. 标签化体系**

在实际场景中要应用这些数据时,我们发现很难把这些规模巨大、结构复杂的数据直接分析或者用于模型训练。但是在实践中发现,通过分类,可以将杂乱无章的数据条理化,将数据标签化其实就是一种分类。标签化的数据结构更加简单,而且非常容易管理。标签可以直接作为训练数据导入训练模型,减少建模的数据准备时间,也极大地提高了数据使用效率。所以,无论是从人工智能理解数据的难易程度还是数据使用效率角度,数据标签化都有优越性。

每个标签体系都分为几大类,每个大类下分别有几个小类,逐层分布。在标签体系中,最高层级的标签称为"一级标签",以此类推,下面是"二级标签""三级标签"等。

不同层级的标签对应的信息粒度不同。底层标签一般能捕捉到更细的特点信息,所以经常用于精准的广告投放和营销活动,比如说某个用户被贴了一个三级标签"购物方式—支付方式—信用卡",在这个标签中,信用卡是底层标签,说明了该用户在购物时经常使用信用卡支付,信用卡对他的生活很重要,所以此时信用卡相关的广告投放对他就很有吸引力,或者我们可以对应他的信用卡支付习惯向他推荐各种分期付款或者刷信用卡支付的商品。这样就满足了该用户的需要,还迎合了他的习惯,对提高广告投放效果和营销的精准度有很大帮助。

一般而言,每一个标签都只有一个含义,这样就不会发生同一层级的标签重复或者冲突的现象了。表 5.1 是一些常见类别的细粒度标签。

表 5.1 常见类别的细粒度标签

| 一级标签 | 二级标签 | 三级标签 | 四级标签(标签实例) | 规则定义 | 标签类型 |
| --- | --- | --- | --- | --- | --- |
| 人口属性 | 基本信息 | 性别 | 性别-男 | 系统标注 | 事实标签 |
| | | | 性别-女 | 系统标注 | 事实标签 |
| | | | 性别-未知 | 系统标注 | 事实标签 |
| | | 年龄 | 年龄-××岁 | 系统标注 | 事实标签 |
| | | 生日 | 生日-×× | 实名认证获取 | 事实标签 |
| | | 星座 | 星座-×× | 根据生日-星座得到 | 事实标签 |
| 行为属性 | 上网习惯 | 终端类型 | 终端类型-Android | 系统标注 | 事实标签 |
| | | | 终端类型-iOS | 系统标注 | 事实标签 |
| | | 活跃情况 | 活跃情况-核心用户 | 满足其中条件之一即视为核心用户:<br>1. 过去 30 天内,发生 a 行为至少 3 次<br>2. 过去 30 天内,发生 b 行为至少 3 次<br>3. 过去 30 天内,发生 c 行为至少 3 次 | 模型标签 |
| | | | 活跃情况-活跃用户 | 满足其中条件之一即视为活跃用户:<br>1. 过去 30 天内,发生 a 行为 1~2 次<br>2. 过去 30 天内,发生 b 行为 1~2 次<br>3. 过去 30 天内,发生 c 行为 1~2 次 | 模型标签 |
| | | | 活跃情况-新用户 | 从未进行与业务相关的操作:<br>1. 行为 a<br>2. 行为 b<br>3. 行为 c | 模型标签 |

（续）

| 一级标签 | 二级标签 | 三级标签 | 四级标签（标签实例） | 规则定义 | 标签类型 |
|---|---|---|---|---|---|
| 行为属性 | 上网习惯 | 活跃情况 | 活跃情况-老用户 | 账号开通以来，发生以下之一的业务：<br>1. 发生 a 行为至少 1 次<br>2. 发生 b 行为至少 1 次<br>3. 发生 c 行为至少 1 次 | 模型标签 |
| | | | 活跃情况-流失用户 | 属于老用户，但不符合以下条件之一：<br>1. 过去 30 天时间里，发生 a 行为 1 次。<br>2. 过去 30 天时间里，发生 b 行为 1 次 | 模型标签 |
| | | | 活跃情况-微信 48h 活跃粉丝 | 符合微信活跃条件，48h 内进行以下操作：<br>1. 新关注<br>2. 点击自定义菜单<br>3. 发送消息<br>4. 扫描二维码<br>5. 支付成功<br>6. 用户维权 | 事实标签 |
| 用户分类 | 人群属性 | 年龄阶段 | 年龄阶段-80 后 | 出生时间：1980-1989 | 事实标签 |
| | | | 年龄阶段-90 后 | 出生时间：1990-1999 | 事实标签 |
| | | 地区分布 | 地区分布-×× | 选择城市 | 事实标签 |
| 商业属性 | 消费习惯 | 电商业务 | 购买频度-高频用户 | 过去 12 月内，累计订单数超过 24 | 模型标签 |
| | | | 购买频度-中频用户 | 过去 12 月内，累计订单数 5~24 | 模型标签 |
| | | | 购买频度-低频用户 | 过去 12 月内，累计订单数小于 5 | 模型标签 |
| | | | 购买频度-新用户 | 至今，累计订单数为 0 | 模型标签 |
| | | 金融支付 | 支付频度-高频用户 | 过去 30 日内，累计支付笔数大于 150 | 模型标签 |
| | | | 支付频度-中频用户 | 过去 30 日内，累计支付笔数在 20~150 | 模型标签 |
| | | | 支付频度-低频用户 | 过去 30 日内，累计支付笔数小于 20 | 模型标签 |
| | | | 支付频度-新用户 | 至今，支付笔数为 0 | 模型标签 |
| | | | 消费订单比例-消费狂 | 消费订单比例高于 60%或过去 30 日内，超过 30 件 | 模型标签 |
| | | | 消费订单比例-消费达人 | 消费订单比例达到在 20%~60%或过去 30 日内，在 10~30 件之间 | 模型标签 |
| | | | 消费订单比例-普通者 | 电商订单比例达到低于 10%或过去 30 日内低于 10 件 | 模型标签 |
| | | 充值 | 充值-充值新用户 | 至今未充过值 | 模型标签 |
| | | | 充值-土豪 | 过去 12 个月，累计充值超过 1500 | 模型标签 |
| | | | 充值-充值大户 | 过去 12 个月，累计充值在 200~1500 之间 | 模型标签 |
| | | | 充值群众 | 过去 12 个月，累计充值低于 1500 | 模型标签 |
| | | 优惠券 | 优惠券-敏感度高用户 | 过去 6 个月，优惠券使用率超过 50% | 模型标签 |
| | | | 优惠券-敏感度中用户 | 过去 6 个月，优惠券使用率在 10%~50% | 模型标签 |
| | | | 优惠券-敏感度低用户 | 过去 6 个月，优惠券使用率低于 10% | 模型标签 |
| | | 积分值 | 积分-等级高用户 | 积分值超过××× | 模型标签 |
| | | | 积分-等级中用户 | 积分值在×××~×××之间 | 模型标签 |
| | | | 积分-等级低用户 | 积分值低于××× | 模型标签 |

（续）

| 一级标签 | 二级标签 | 三级标签 | 四级标签（标签实例） | 规则定义 | 标签类型 |
| --- | --- | --- | --- | --- | --- |
| 商业属性 | 消费习惯 | 品牌偏好 | 品牌偏好-高端 | 过去12个月，买过m类产品占比超过50% | 模型标签 |
| | | | 品牌偏好-中端 | 过去12个月，买过b类产品占比超过50% | 模型标签 |
| | | | 品牌偏好-低端 | 过去12个月，买过c类产品占比超过50% | 模型标签 |
| | | 支付偏好 | 支付偏好-微信 | 最近3个月里，微信支付占比超过50% | 模型标签 |
| | | | 支付偏好-支付宝 | 最近3个月里，支付宝支付占比超过50% | 模型标签 |
| | | | 支付偏好-钱包 | 最近3个月里，钱包支付超过50% | 模型标签 |

**3. 数据标签化助力企业营销**

随着企业规模的不断扩大和市场竞争的日益激烈，精准的客户管理成为企业提升竞争力的关键。在这个背景下，客户管理系统的重要性愈发显现，而客户标签作为其不可或缺的一部分，更是在优化企业运营、提高营销效果方面发挥着重要作用。

（1）客户标签，智能洞悉潜在商机

客户标签是客户管理系统中的一项重要功能，通过对客户信息进行深度分析，为每个客户打上标签，使企业更好地了解客户的需求、偏好和行为。这种标签化的管理方式不仅简化了客户分类，还为企业提供了更加直观、全面的客户画像。

通过智能客户标签，企业能够快速洞悉潜在商机，识别高价值客户群体，更好地理解客户的购买周期和决策过程。这为企业在制定营销策略、优化产品推广以及提升客户满意度方面提供了有力的支持。

（2）个性化营销，客户标签为企业开启新时代

客户标签的应用不仅仅停留在客户分类的层面，更是为企业实现个性化营销提供了契机。通过客户标签，企业可以根据客户的兴趣、购买历史和行为习惯，量身定制个性化的营销方案，精准推送产品信息，提高营销的精准性和有效性。

这种个性化的营销不仅能够增强客户的购买体验，还有助于提高客户忠诚度。客户在感受到企业关心和了解的同时，更容易建立起与企业的深层次连接，形成良好的客户关系，为企业带来可持续的业务增长。

（3）数据驱动决策，客户标签成为企业智能化的助推器

客户标签的建立和管理离不开对大量客户数据的分析和挖掘。通过客户管理系统的数据分析功能，企业可以获取更多关于客户的信息，形成更加全面的数据视角。

这种数据驱动的决策模式使企业能够更加科学、明智地进行业务决策。客户标签不仅是客户管理的工具，更是企业智能化发展的助推器，助力企业从数据中获取更多价值，实现可持续的业务增长。

### 5.3.3 AI如何做出决策

"数据"转化为"价值"，人工智能的决策会更高效。数据加人工智能，为我们在决策时提供了无数个在以前无法实现甚至是无法想象的可能性。那么人工智能是如何一步步地将"价值"转化为"决策"的呢？从"数据"产生"决策"的过程称为"人工智能决策引擎"（见图5.14）。

AI如何做出决策

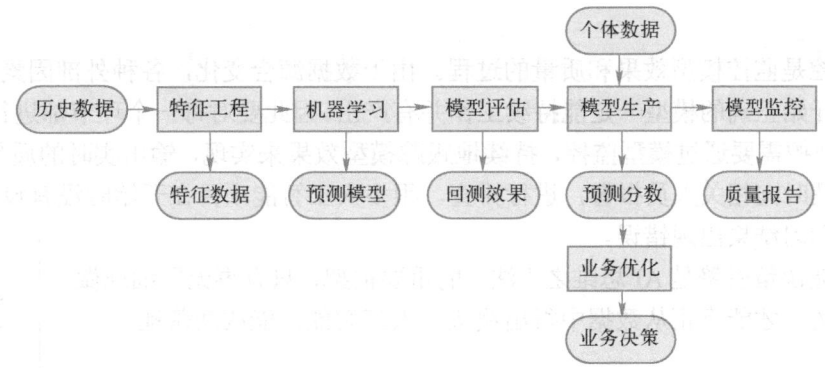

图 5.14　人工智能决策引擎

**1．特征工程**

通常，在各种各样的业务过程中形成的历史数据很杂乱，并且分散在不同的数据库和数据表里，不够系统化。为了更好地利用它们，需要把它们整合在一起，得到一套结构明确、条理清晰、便于理解的系统化数据。比如说现在需要处理一份在过去两年时间里形成的顾客在不同商家的消费行为数据，由于顾客消费行为的多变性以及商家的多样性，这份数据的数据量庞大且类型多样。而特征工程会对这些复杂的数据做特征处理，特征工程是通过对原始数据的处理和加工，将原始数据维度转换为特征数据的过程。特征是数据中所呈现出来的重要特性，通常是通过数据维度的计算、组合或转换得到的。经过特征工程，数据就被加工成了机器学习能够理解的数据形式。

**2．机器学习**

做好了特征工程，下一步就是机器学习。机器学习，就是在特征上建立模型的过程，这里需要选择合适的预测模型，运用历史数据学习出模型。机器学习更详细的信息可以参考第 2 章。

**3．模型评估**

模型评估是用没有参与训练的历史数据来验证建立的预测模型是否有效，经过评估合格的模型才有资格进入生产环节。这样做是因为只把模型构建完成是不够的，我们并不知道这个模型是否具有实践中的普适性，是否存在差错和不合理的地方，如果匆忙将模型投产，可能会为企业带来损失。模型评估是实践中非常重要的手段，比如说在一个借贷项目中，对许多参与者的信用程度进行预测，然后将预测的分数做排序，通常来说，信用分数越高的用户获得贷款的可能性就越大。

**4．业务优化**

业务优化是从预测分数做出决策的过程。对个体行为准确的预测和把握，可以帮助行业决策者做出优秀的商业决策。在这个过程里，通过优化整体的业务目标，比如说收益，把预测结果转化为具体的、可执行的业务决策。

除了帮企业做出优秀决策之外，业务优化还能引导用户做出选择。当你准备在购物网站搜索想要的商品时，人工智能推荐给每个用户的商品列表就是优化的结果，它们能够帮助用户更快地找到自己感兴趣的商家，也能为商家做更好的市场推广，其中的经济价值是巨大的。

#### 5. 模型监控

模型监控是监控模型效果和质量的过程。由于数据源会变化，各种外部因素会干扰数据，很难确保一开始正确的模型一定能持续工作并有产出。因此要对每一个环节都进行严格的质量把控。质量把控需要通过模型监控，持续地跟踪模型效果来实现，输出实时的质量报告，一旦出现问题，及时向相关人员报警，进行排查。很多人工智能项目在开始时没有设置模型监控，导致了机器学习结果出现错误。

人工智能决策引擎是 AI 思维之"法"的重要框架，只有事无巨细地做好每一件事情，才能真正从数据中得出决策，人工智能才能成功落地。

## 5.4 人工智能思维之"器"

AI 思维中的"器"是从落地的角度阐述 AI 思维是如何从数据中得出决策，创造出有价值的工具，包括算法、模型、平台、语言等。人工智能从经验出发，得到处理事情的方法论。人工智能从数据出发，得到预知未来的模型。经过对数据的多次学习，人工智能就像一个身经百战的智能人，如果再有新的数据输入，人工智能也可以独立做出准确的判断及合理的预测。

### 5.4.1 机器学习算法

机器学习常用算法见图 5.15。

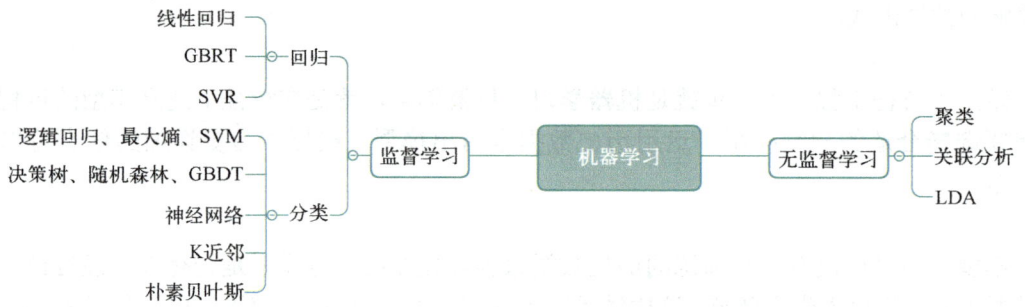

图 5.15 机器学习常用算法

具体细节参考 2.3.1 节。

### 5.4.2 深度学习网络结构

深度学习网络结构很多，本节主要讲解三个常用结构。

#### 1. 卷积神经网络结构

在 3.2.2 节我们讨论了卷积神经网络，它是深度学习的代表网络结构之一，擅长处理图像特别是图像识别等相关机器学习问题。卷积神经网络结构见图 5.16。

#### 2. 循环神经网络

循环神经网络（Recurrent Neural Network，RNN）的提出便是基于记忆模型的想法，期望网络能够记住前面出现的特征，并依据特征推断后面的结果，而且整体的网络结构不断循环，因而得名循环神经网络。

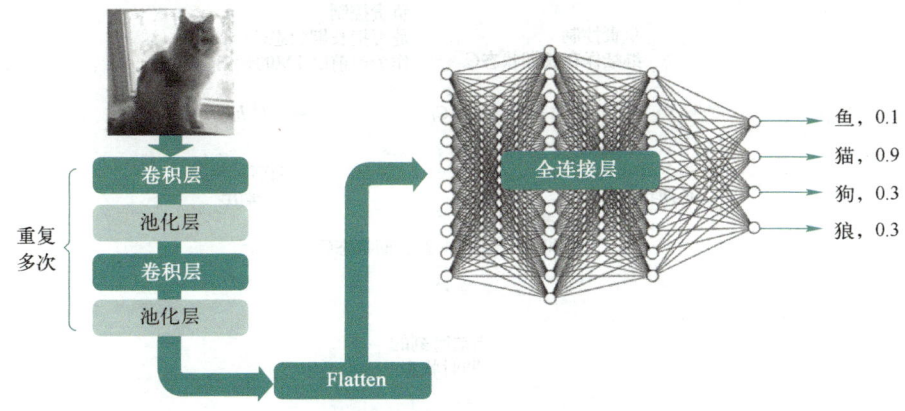

图 5.16　卷积神经网络结构

RNN 一般以序列数据为输入，通过网络内部结构设计有效捕捉序列之前的关系特征，一般也是以序列形式进行输出。

RNN 的基本结构就是将网络的输出保存在一个记忆单元中，这个记忆单元和下一次的输入一起进入神经网络中。输入序列的顺序改变，会改变网络的输出结果（见图 5.17）。

RNN 的循环机制使模型隐藏层上一时间步产生的结果，能够作为下一时间步输入的一部分（下一时间步的输入除了正常的输入外还包括上一步的隐藏层输出）。

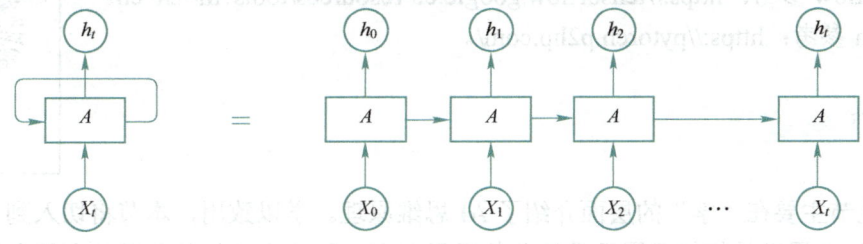

图 5.17　RNN 结构

### 3. 长短时记忆网络

长短时记忆网络（Long Short-term Memory，LSTM）是一种解决 RNN 长期依赖的方法，一个 LSTM 的基本单元结构见图 5.18。

长短时记忆网络

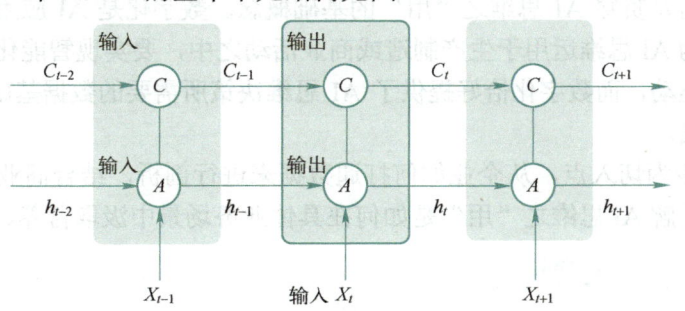

图 5.18　LSTM 的基本单元结构

图 5.18 中，RNN 的隐藏层只有一个状态，即 $A$，它对短期的输入非常敏感。LSTM 增加一个状态，即 $C$，让它来保存长期的状态。

关键问题是怎样控制长期状态 $C$？方法是使用三个控制开关（见图 5.19）。

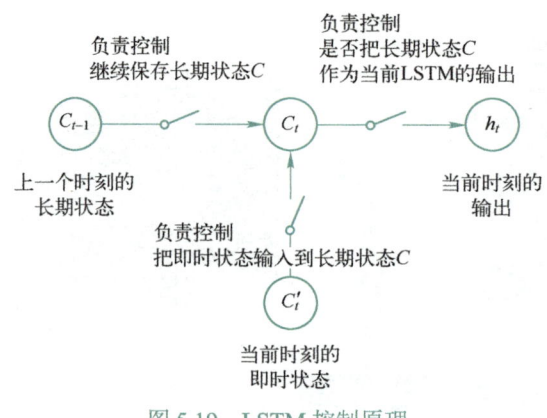

图 5.19 LSTM 控制原理

### 5.4.3 深度学习平台

在开始深度学习项目之前,选择一个合适的框架是非常重要的,因为选择一个合适的框架能起到事半功倍的作用。目前,最为流行的深度学习框架有 PaddlePaddle(飞桨)、TensorFlow、Caffe2、Theano、MXNet 和 PyTorch。

在 3.3 节我们了解了飞桨 PaddlePaddle 深度学习平台。

Tensorflow 参考:https://tensorflow.google.cn/resources/tools?hl=zh-cn。

pytorch 参考:https://pytorch.p2hp.com/。

## 5.5 人工智能思维之"用"

人工智能思维
之"用"

前面几节主要在"学"的层面介绍了 AI 思维原理。学以致用,本节将切入到"用"的层面,聚焦于 AI 思维是如何运用于具体业务场景之中,赋能于各行各业以及方便人们的日常生活的。

AI 思维中的"用"是从落地的角度阐述 AI 思维如何从数据中得出决策,创造出源源不断的价值。

数字化赋能将是贯穿 AI 思维之"用"的基础概念。数字化是 AI 应用在具体业务场景中落地的基础,因为 AI 思维运用于生产制造或商业活动之中,要实现智能化,最终做出决策需要数据的支持和驱动,而数字化恰好提供了 AI 思维决策所需要的数据基础,在此之上 AI 才能发挥其应有之义。

以数字化赋能为切入点,从企业如何打通数据来进行剖析,结合商业案例,能让读者更为真实地感知和了解 AI 思维之"用"是如何在具体业务场景中汲取营养、发挥作用的。

### 5.5.1 行业数字化是大势所趋

近年来,从互联网经济到数字经济转型的大幕已经拉开,数字经济成为不断被提及的热词。数字经济的核心就是数字化,即数据成为驱动商业模式和商业决策的核心力量。从全球竞争格局和行业演变进程来看,数字化驱动产业的时代已经到来,无论是在制造环节还是零售环节,行业数字化转型已经势不可当,并带来了商业模式的革命性变革。

行业数字化发展的趋势主要体现在三个方面：

1）新融合。大数据、云计算、物联网的发展和应用，导致数据爆发式增长，并且通过技术将底层数据打通融合，与具体业务场景的融合也越来越紧密。

2）新市场。随着数据的应用，互联网不断升级换代，电子商务、工业互联网、互联网金融、国际市场等新市场形成，企业也不断创新，发掘新的市场方向。

3）新应用。智能终端、智慧生产、智能制造、智慧零售等新的行业模式不断更新，并在实际业务中落地，"智能+"为各行各业升级赋能。行业的数字化转型不仅为企业提供了创新和发展的方向，也极大地促进了消费增长，增加了市场的活跃程度，为经济增长带来了巨大的助力。

行业数字化转型的核心是业务流程数字化。

### 5.5.2 通过企业的数据中台完成数据打通

企业顺应数字化的大趋势是必然选择，但是首先遇到的关键问题是攻破数字化的技术壁垒，即如何做好数据的打通，这也是数字化的基础工作。需要数据打通有三点理由：

数据中台

1）企业在业务中会产生大量的数据，这些海量数据关联复杂，而且专业性强、维度多。如果将这些数据杂乱无章地存放在数据仓库中，即使是调取和利用其中的部分数据，都需要花费很长的时间，降低了业务效率。

2）在企业内部，关键数据总是会散落在业务系统的各处，甚至导致对一个用户在各个阶段的需求没有全局的把握。不同部门为满足各自对应的业务需求，往往会建立不同的数据库，导致数据难以整合，形成数据孤岛。在业务开发和运行的时候，不同的部门或者项目组往往不能统一协作处理数据，导致对数据重复开发，影响业务的整体效果和效率。

3）企业基于数据开发业务应用时，需要对数据进行处理和维护，然后综合分析。但是，目前企业中数据开发和维护的人员配置很少，甚至没有，大量数据十分混乱，无法直接使用，从而导致在企业决策时调取数据困难，难以挖掘数据之间的关联，制约了决策的科学性。

### 5.5.3 生产制造数据打通

在生产制造环节，需要将机器、设备、生产线、人、车辆、渠道、物流等物理形态，通过数据进行表示，将不同格式的零散数据进行整合，建立标准规范的数据仓库，最终构建一个赋能生产制造全流程的数字化环境，实现数据的互联互通，从而挖掘数据的核心价值。

数据打通

在生产制造环节的全链路上，从供应商到仓储物流乃至客户都有相应的管理系统，包括供应链管理系统、制造执行系统、企业资源计划系统（见图 5.20）。我们要将这些系统数据打通。从原料供应商到客户的管理系统将会集成在一个数据中台上，而这个数据中台会连接各方面的数据，包括企业设备数据、能效数据、故障数据和检修数据等。只有将这些数据统一汇总在这个数据中台上，并且嫁接现有的供应链管理系统、制造执行系统、企业资源计划系统，才能为数字化转型打好基础。

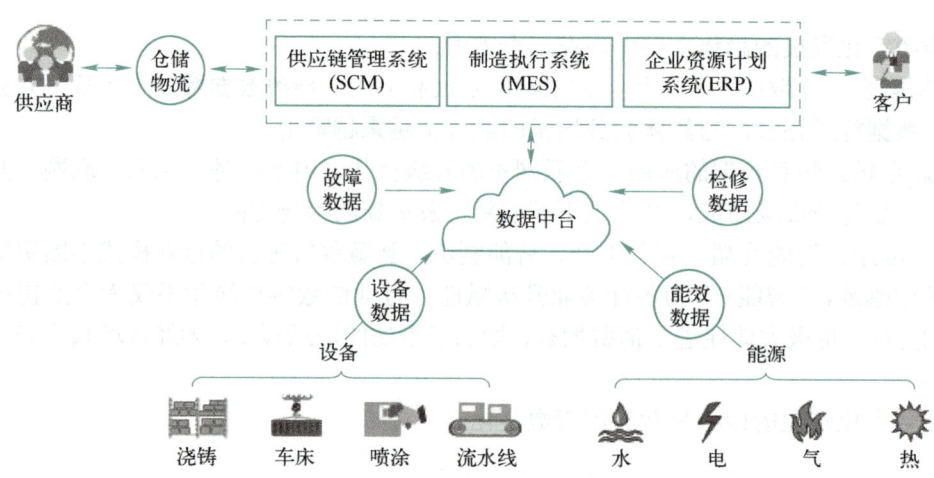

图 5.20 数字化赋能生产制造全链路示意图

### 5.5.4 数字化和智能化相辅相成

如果不能对企业后台的数据进行较高的整合和处理,则在分析生产制造和零售各环节时就会缺乏数据支撑,在业务实施中就会缺乏数据指导和优化。

数据打通可以通过企业的数据中台完成。数据中台是企业获取、整合、存储、加工和利用数据的综合平台,连接了数据后台与业务前台,实现了企业内部数据的开放和共享,帮助我们沿着生产制造和零售环节打通了数据。

数据中台是数字化架构中的基石,它将所有在生产制造和零售环节中的数据整合在一起。借助数据中台,企业管理者能够深刻把握各个环节的经营状况,科学、合理地制定策略。当企业各个环节的数据打通了之后,线上销售数据和线下销售数据均可以作为了解用户需求量的依据,真正实现生产销售一体化、线上线下双调节的理想状态。

我们知道,数据中台是实现数据打通和企业数字化的关键,打通数据后,AI 就可以为企业做出优秀决策提供依据。"数据+AI"可以赋能更多的业务应用,因此,企业构建 AI 中台是十分必要的。在数据中台的支撑下,通过 AI 中台进行 AI 模型构建,不断演化和迭代,有利于向业务前台提供更加便捷和有价值的服务,加速从数据到价值的转化过程。数据中台为 AI 中台的应用提供了支撑,所以数据中台和 AI 中台是相辅相成的。

图 5.21 展示了数据中台与 AI 中台在全链路中所处的位置。数据中台将来自数据后台的原始数据进行分析和处理,最后将打通的数据传递给业务前台;业务前台产生的数据最后也会再回到数据后台中,形成反馈的闭环,实现生产制造和零售环节的数据连通。数据中台和 AI 中台之间最良性的架构应该是逐渐演化的过程,这同时也是 AI 大脑学习发育的过程。AI 在企业中发挥作用的前提是对企业业务全流程的充分理解和掌握,所以必须获得全链路打通的数据。AI 中台通过打通的数据,在模型的加工下,形成决策。这样一来,AI 应用也会驱动数据中台的构建。同时,AI 中台通过模型计算出的数据可以再次回到数据中台,不断循环和加工,并提供给业务前台使用。在实践过程中,为了让 AI 顺利落地,企业应当花费充足的时间与精力去思考和规划 AI 中台及数据中台的搭建。在这之前,可能大部分企业都没有这个需求,如果单纯靠人工进行工作,并不需要打通所有的数据,并且人工也没有能力分析所有的数据。所以,企业的数据中台在 AI 需求的驱动下会越来越完善。

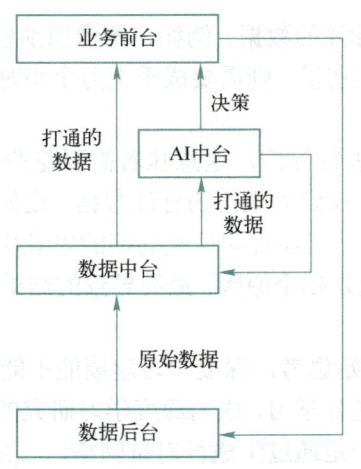

图 5.21　数据中台与 AI 中台的关系

数字化与智能化相辅相成，数据中台和 AI 中台相互促进，共同发展。没有数据中台就没有 AI 中台的用武之地，有了 AI 中台就能产生进一步优化的业务结果，这时候企业管理者也就更有动力继续深化和提升数字化的进程。

### 5.5.5　深度学习引领人工智能落地

有关产品是否使用深度学习技术已经是 AI 产品的一大标志。华为利用深度学习，研发出一个智能手机应用，能分辨出主人和非主人的身份，当一条信息弹出时，仅主人能看见信息的详细内容，而非主人则不行。

未来 AI 在电视中的应用，主要体现在诸如语音自动生成字幕，利用数据"爬虫"功能在观看一部影片时迅速检索其作者、相关作品、背景音乐等关联信息给用户等。例如：观看一部电视剧，里面男女主角的衣服、包包的价格可以快速检索，甚至可以进入商城购买，可以关联拍摄地信息，如景点介绍、旅游攻略及行程等。AI 的工作是海量的评论分级、加工和分类，还可以利用数据爬虫，根据用户的使用习惯精准推送信息，用户可以接收到个性化的定制信息。AI 就是通过对数据库管理，生成有用的信息给用户。

深度学习引领人工智能落地

## 5.6　人工智能思维之"势"

AI 思维中的"势"是从发展的角度阐述 AI 思维是如何从数据中得出决策，创造出源源不断的价值所面临的挑战。

"势"反映的是事物的发展趋势，即 AI 在现阶段所面临的挑战和瓶颈，无论是在技术层面、法律伦理层面，还是在人为因素层面，都让我们认识到 AI 思维的局限性，同时对 AI 的发展更具信心和期待。

### 5.6.1　如何从无标注数据中学习

实现 AI 思维落地最重要的一环就是构建模型，但是通过机器学习或深度学习训练一个模型的前提是要有大量经过人工标注的数据。例如在图像识别里面，通常来说，需要几十万到上百万人工标注的数据。在语音识别里，则需要成千上万个小时的人工标注语音数据。机器翻译则需要数千万个双语句对。

训练模型需要大量的人工进行标注，这意味着需要花费很多人力和资金成本。另外，对于一些个性应用场景来说，很难找到大规模的标注数据，比如疑难杂症的诊断，因为它既然被列入"疑难杂症"的范畴，一方面可能说明这类病症的患者病例较少，另一方面也说明医生对这类病症的了解并不全面，无论是哪个原因，最终导致的结果都是没有足够的数据用来进行模型训练。

所以，AI 领域的专家们开始思考，深度学习建模能不能去掉数据标注这个步骤，也就是探索如何从无标注的数据里面进行学习，成为深度学习研究的一个前沿。就目前的研究工作来看，有两条可行的解决路径，一是通过生成性对抗网络，二是通过最近热门的 Prompt 工程来实现。

从无标注的数据进行学习是一个非常重要的问题，它对 AI 在各领域的实际应用也起到了相当大的作用。过去的标注数据十分有限，这导致我们无法有效地运用深度学习，从而延缓了人工智能落地的步伐。而如今，如果我们能够跳过数据标注这个步骤，从无标注的数据进行学习，那么越来越多的实际应用场景都能够嵌入深度学习，很多问题也就迎刃而解了。

### 5.6.2 如何把数据和知识结合起来

知识与数据结合

近年来，深度学习的发展取得了巨大的进步，甚至改变了整个 AI 领域的发展方向。深度学习可以在海量的数据上构建大规模的神经网络，这些神经网络经过训练后可以在很多领域有出色的表现，如语音识别、图像识别和自然语言处理等。深度学习的特点是不再需要人为建立结构化的知识表示体系，知识经过海量信息训练后直接融合在网络中，这使得经典的知识表示和逻辑推理等思想在 AI 领域的作用逐步弱化。

然而，深度学习终究不能解决 AI 领域的所有问题，学习产生了模型也不代表模型能够真正理解所处理的数据，算法也无法进行深层的推理和思考。实际上，基于知识的规则推理系统能够动态学习规则，而且能在多项规则的关联作用下进行复杂的推理，挖掘信息间的深层联系，这是深度学习目前难以做到的。虽然基于知识体系的方法由于目前难以构建大规模的知识系统，限制了其在实际场景中达到理想的效果，但如何把数据和知识结合起来仍是值得深入研究的问题。

知识图谱可以将数据和知识有效地结合在一起。在现实世界中，很多场景都非常适合用知识图谱来表达。以社交网络知识图谱为例（见图 5.22），社交网络里包含"人""学校"这样的实体。人和人、人和学校之间存在多种可能的关系，例如甲和乙是"同学"的关系，乙和 A 学校是"现就读"的关系，乙和 B 学校是"曾就读"的关系，丙和丁是"同学"的关系，丙和 A 学校是"现就读"的关系。如果继续拓展下去，每个人都有许多同学，同学们又来自不同的学校。这张社交网络图谱就包含了很多信息，并且

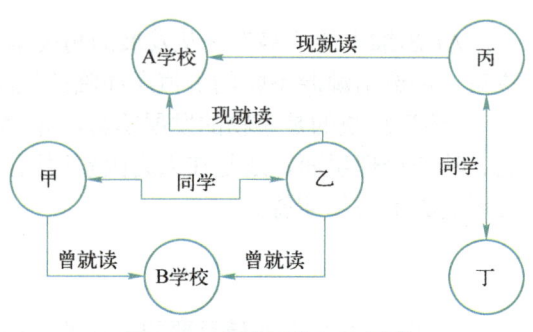

图 5.22 社交网络知识图谱

把这些信息通过节点和边的形式表现得非常清楚。

知识图谱只有当构建完成之后，才能应用到实际的业务之中。一个构建完成的知识图谱相当于一个知识库，这就解释了为什么它可以回答用户搜索的问题。比如在百度搜索引擎里输入"阿里巴巴的创始人是谁"，我们直接就能得到答案——"马云"。这是因为在系统层面上已经构建完成了知识图谱，在这个知识图谱中包含了关于"阿里巴巴"和"马云"的实体以及两者之间关系的知识库。所以，当我们进行搜索的时候，就可以通过关键词提取类似"阿里巴巴""马云""创始人"的词汇以及这些词汇在知识库里的匹配，获得最终答案。这种搜索方式与传统的搜索引擎是迥然不同的，如果用户在传统的搜索引擎上进行检索，返回的是网页，还需要用户自己来筛选和过滤信息，才能获得最终答案。

知识图谱的出现是为了厘清不同概念之间的关系，所涉及的数据量通常较大，所以知识图谱的构建是一项错综复杂的巨大工程。

### 5.6.3 可解释的 AI 模型

在过去的十几年里，人工智能在各个领域都有成功落地的案例，但在实践中我们发现，仍然有很多企业对人工智能持一种怀疑的态度：人工智能系统做出的决策是否真的值得信任呢？这是人工智能在企业落地时需要攻克的下一个难关。

在真实的业务中，如果人们要做一个决策，是需要在企业中达成共识的，而相关的人员也要通过定期的审查，来解释他们的决策。这样，既能够保证所做决策可以有效地提高整体业务水平，也能够保证决策在整个企业中顺利进行。不难理解，在决策制定过程中，信任机制中存在着一个关键因素：机器如何为自己的做法给出一个合理的解释？

当人工智能根据模型和分析做出决策后，企业会有各种疑问和担忧，比如"为什么要这样做？""什么时候能够实现？"。但这时人工智能并不能人性化地给出回答。这就催生了人工智能的新兴分支，称为"可解释的人工智能（XAI）"，即建立一套新的或改进的机器学习机制，生成可解释的模型，结合有效的解释方法，使得用户能够理解、一定程度地信任并有效地管理人工智能。

XAI 的关键在于：解释人工智能所做出的每一个决策背后的逻辑都是合理的、可追踪的和可理解的。这里包含三个关键维度。首先，是合理的，即能够理解每个人工智能做出预测的背后推理，整个决策过程中人工智能的思考流程和逻辑是如何的。其次，是可追踪的，即从数据的特点到模型的逻辑，追踪预测过程的能力。最后，是可理解的，即完全理解做出决策所基于的人工智能模型，包括为什么要选择这样一个模型，这个模型如何建立起来的以及能够实现的结果是什么等。

在了解了 XAI 的基本原则后，具体该如何操作呢？XAI 是如何对人工智能模型进行解释的呢？其实 XAI 解释人工智能模型的方法有很多，例如，在模型建立前对数据进行解读。我们都知道人工智能模型建立在大量历史数据的基础上，所以理解数据对于人工智能模型的可解释性具有重大意义。对数据的理解可以通过一些数据预处理和数据可视化的方法来实现，对其进行解读的关键在于全面地展示数据分布的特点。这一方法可以使建模过程中可能面临的问题都充分地暴露出来，从而帮助我们选择一种最合理的模型来获得可能达到的最优解。

我们知道卷积神经网络的识别过程是由卷积、池化等步骤组成的，而如果想要深入了解一个卷积神经网络的逻辑，就需要经过反池化、反卷积这样的逆过程。通过这样的逆过程，可以比较清晰地了解到卷积神经网络是如何进行分类和识别的，也就可以实现人工智能模型的合理性、可追踪性和可理解性，但目前还无法实现反卷积。

XAI 除了可以解决模型的可解释问题之外，还可以帮助人们确认人工智能判断的合理性，从而更快地部署基于人工智能的方案。决策不光是人工智能的核心，也是人类活动的关键，在进行重大决策的时候，我们既需要确保所做的决策是合情合理的，又需要知道它背后的理由，才能评估它是否值得参考。XAI 对模型的解释提高了人们对人工智能的信心，帮助人们更加明智地决策以及果断地行动。

### 5.6.4 伦理挑战和应对

人工智能可以在短时间内学习大量的数据，工作速度高于人类，长时间工作不知疲惫，并且可以做出最优决策等。人工智能促使社会发生着新的改变，形成新的行业和产业形态，也由此创造出巨大的经济价值和社会财富。人类在享受人工智能带来的便利的同时，也会产生担忧，一旦机器有了思维，那机器能够变成人吗？人类会被人工智能取代吗？我们在利用机器解放自身的同时，也会产生危机感，一方面我们要利用工具，另一方面我们又害怕被工具取代，丧失了人类对社会的控制。

伦理挑战和应对

在 AlphaGo 打败围棋冠军李世石时，我们已经看到了人工智能的凌厉之处。当今很多电影和文学作品里面，也出现了机器人或者机器智能体超越人类的话题。关于机器人是否会背叛人类、人类是否会成为机器的仆人等话题的讨论此起彼伏，热度不减，甚至霍金都曾多次表达他对"人工智能可能导致人类毁灭"的担忧。

人类区别于其他动物最根本的属性在于长期进化而来的高级逻辑，人工智能与人类思维存在相似之处，人工智能的目的是让机器能够像人类一样思考，机器的自主性越来越强，所以人工智能的应用势必带来伦理挑战。我们不禁要问，人工智能究竟能否产生自己的意识？人工智能真的会挑战人作为主体的根本地位吗？但从人工智能现在的发展情况来看，要对人工智能是否真的会导致人类毁灭这样的问题下结论还为时过早。当前我们所说的人工智能并不是我们脑海中的具有自由意志和行为能力的智能体，更多的是从数据中学习知识的工具，或者可以将人类从烦琐、枯燥、重复的工作中解放出来，或者可以将优秀的经验不受时空限制地应用。不过人工智能的出现确实带来了伦理方面的挑战。

AI 不能做什么

人工智能伦理挑战中最主要的问题就是人工智能与人类的关系问题。这一伦理问题的根源还是在于人工智能和人类思维有相似之处，人工智能模拟了类似于人的神经元网络，可以像人脑一样进行学习，并做出思考。如果可以将人类接触的各种信息和经验转化成数字和符号，再加上强大的数据分析能力，那我们就可以完整地模拟出人脑的功能，机器与人类的差别就会越来越小。所以我们一直以来担心的机器人对人类的挑战，其实是人工智能对人类思维逻辑的挑战，也就是具有了思维的机器对人类主体地位的挑战。

在最近讨论很热的无人驾驶问题中，"人工智能+无人驾驶"颠覆了以往的人车关系和车车关系，驾驶汽车的不再是人，而是智能驾驶系统。那么在出现交通事故时，该如何判断机器系统是主观上的"故意"还是"过失"呢？可以让智能驾驶系统承担交通事故中的民事赔偿责任吗？

智能机器人的本质是机器，但它也有人的属性。虽然在目前技术的发展水平下，人工智能代替人类听起来像是天方夜谭，并且人工智能本身的发展距离人类智慧也很遥远，但是未雨绸缪才能防患于未然，我们必须提前讨论人工智能的伦理问题。与此同时，人工智能相关法律的制定也需要考虑伦理的范畴，对人工智能的伦理的研究也早于法律规定。

微软在 2018 年出版了《未来计算》（*The Future Computed*）一书，其中提出了人工智能开发的六大原则：公平、可靠和安全、隐私和保障、包容、透明、责任。清华大学人工智能与安全项目组提出了六条准则：福祉原则、安全原则、共享原则、和平原则、法治原则、合作原则。这些准则之间有相似之处，对人工智能的伦理问题，可以说达成了基本的共识。

应对人工智能对伦理的挑战，首先要树立的一个原则就是"以人为中心"，以人类的根本利益为中心，我们要解决的不是人工智能和人类平起平坐的甚至超越的问题，而是如何利用人工智能来补充人类思维的问题。人类制造工具，而工具让我们走得更远，让人类从繁重的任务中解放出来。人工智能是需要以人的需求为出发点的，保障人类的利益发展和安全，兼顾技术和行业的发展，即人工智能是"为了人和人类的人工智能"，不应该是可以取代人或者对人有害的技术。

### 5.6.5 个人信息保护

个人信息保护

过去，大数据的概念还没有建立，政府作为社会管理者收集公民个人信息的主要用途是社会管理和社会服务。但随着大数据和智能时代的来临，越来越多的企业，特别是电商网站、品牌公司和广告公司等都建立起了自己的数据库，利用各种方式收集数据，再利用人工智能模型对数据进行分类和分析，进行智能营销。购物 App 可以了解到我们的商品搜索记录和购买偏好，外卖订餐和出行叫车软件可以定位我们的位置和每天的生活轨迹。毫不夸张地说，我们整个人都暴露在了互联网之上。现在大型互联网公司的价值，除了在于其开发的产品和服务以外，也在于其掌握的大量数据。未来的竞争是人工智能的竞争，其根本还在于数据战，谁拥有了大量的数据，谁就在市场竞争中占据了主动。所以，越来越多的技术应用到了大数据的收集当中，那么个人信息安全问题也就引起了越来越多的关注。在个人和数据管理者的博弈之中，个人是处于劣势地位的，个人信息保护的问题也会愈演愈烈。

人工智能和数据是分不开的。在大数据时代，可以说涉及人的数据是最多的，其中包括人本身的身份信息、特征信息和行为信息等。这些个人信息很多涉及人的隐私。个人信息这个词有时候也叫作个人资料或者个人数据，在我国，目前对个人信息这个概念的内涵和外延并没有一致的解释，但从司法实践来看，对个人信息的认定采取的是紧缩的态度，也就是将能够确认人身份的信息判定为个人信息，比如姓名、身份证号和电话号码等，而像网站浏览记录等不能直接判断人身份的信息就不能被划在个人信息的范围之内。但是随着技术的发展，人们逐渐能够做到将个人在网络空间上各种零星细碎的信息拼凑出完整的、足以反映其人格的关键信息。所以，目前对个人信息的认定也出现了放宽的趋势，即将人的特征和行为等间接的个人数据也划在个人信息的范围之内。

人是商业活动的主体，涉及人的数据是可以进行经济价值转化的，这正是大数据革命的核心，并且也会推动人工智能的应用和发展。一方面，要保护个人信息，不能非法采集和使用，另一方面，也不能让个人数据与市场活动绝缘，人为地阻断数据的经济价值，这不利于市场经济和技术的发展。并且，个人信息和个人隐私具有不同的性质和功能。个人隐私的要义在于保密，即不暴露，若有侵害则事后救济。而个人信息其实是一些已经公之于众的，并且具有一些权利和财产的属性的信息，其权利的重点在于控制与利用。所以在人工智能时代，如果将个人信息进行了合法、合理的采集和使用，可以做到个人和商业的双赢。对个人信息的保护不仅仅是对法律规则的挑战，也包含经济因素和社会利益的考量，是一个价值衡量的问题。

### 5.6.6　AI落地的人为因素

前面我们探讨了人工智能模型和伦理法规的挑战，最后，我们论述一下影响人工智能落地的人为因素。人工智能因人而诞生，AI思维最终也由人来实现。人工智能与人类息息相关，也因人而异。对于不同的人，人工智能所带来的改变可能完全不一样。同样地，对于人工智能，如果是由不同的人来实现，结果也会完全不同。人工智能是以服务人类为核心，完全围绕人类展开的，所以人为因素在其落地过程中发挥了极其重要的作用。

人工智能时代，人与人工智能关系的话题讨论一直热度不断，从科幻电影里人工智能试图与人类产生感情，到现实生活中人工智能人才的短缺，人们一直在思考、在探索。随着各个行业智能化水平的提高、人类对人工智能的依赖程度的上升，到底有哪些人会与人工智能直接接触？人工智能又赋予了哪些人专业的帮助和思想的灵光呢？下面就来具体介绍一下，在人工智能实际运营过程中，哪些角色承担了哪些AI思维职责。

1）企业决策者（AI思维之器者）。例如企业的CEO及其他高层管理者。无论在什么时代，企业决策者的思维方式和管理方法，对这个企业的发展和未来都起着举足轻重的作用。他们的目标是用更少的资源产生更高的收益。人工智能作为一个热点方向，会吸引决策者的注意，而有远见的决策者，更是会在人工智能上投入资源。

2）业务负责人（AI思维之法者）。业务负责人往往需要达成一定的业务目标，而时刻关注时代发展方向的业务负责人会了解到人工智能的先进性，会更加关注人工智能如何在企业落地，并且相信人工智能有助于实现他的目标。

3）人工智能科学家（AI思维之道者）。即受过专门训练并精通人工智能模型的专家，是不可多得的人才，人工智能在各个领域的落地实践离不开他们的专业能力。他们不仅需要熟悉人工智能的应用框架，精通并实践人工智能模型，而且要理解人工智能落地过程中需要分析和研究的数据，并具备足够的工程能力来分析和处理所涉及的数据。与此同时，他们也要对数据的业务价值有较深入的认识。所以说人工智能科学家并不等同于实验室里的科学家，他们既要了解数据，也要熟悉业务。

4）数据工程师（AI思维之术者）。即提取和处理数据的工程人员，他们直接管理、操作人工智能所需要的数据资源。数据工程师负责提供人工智能所需的数据支持，能够有效地满足人工智能科学家提出的数据需求。他们将人工智能与企业数据资源连接起来，是人工智能能够实现落地的关键一环。数据工程师最重要的特质是可靠、可依赖，不会因为自己管理了数据就偏私，只有这样才能高效地支持人工智能落地。

5）AI产品经理（AI思维之用者）。在现实情况中，实际的业务需求和人工智能模型之间存在巨大的鸿沟，双方没法有效地沟通，而在大多数机构中，也缺少能够有效地将业务需要翻译为人工智能需求的人员，这直接导致人工智能落地进展缓慢。所以，从这种情况来看，仅有刚才说的四种角色的人员组合，并不完备，我们还需要一个人工智能产品经理的角色。例如，现在要开发一个酒店的网站，产品经理会根据酒店的业务逻辑设计出网站的原型，像介绍页面、登录页面、订单页面等，并能够生成需求文档、对接具体开发网站程序的工程师。这种将业务需要翻译为人工智能需求的职位就是人工智能产品经理，而人工智能产品经理的缺席，会导致人工智能落地进展缓慢。

然而一直以来，兼具深厚的人工智能思维能力和传统思维能力的人才非常难得。例如目前大多数新生代的人工智能专业人士都喜欢用深度学习解决各种场景中的问题，但仅从人工智能模型的角度出发，很多场景问题是难以解决的，反而是传统方法更有效果。所以，合格的人工智能从业者要具备 AI 思维，才能更好地解决市场所面临的问题，做出实用的人工智能产品。

既然人工智能时代已来，每个人都应树立一个客观理性的 AI 思维，面对这个新时代，并期待能够以这种 AI 思维去关照整个社会的发展，感受新生事物的脉搏，让整个世界变得更好。

## 习题 5

**一、名词解释**

1. 泛化能力　　2. 人工智能思维

**二、单选题**

1. 人工智能思维六个维度不包括（　　）。
   A. 道　　　　　　B. 法　　　　　　C. 器　　　　　　D. 智
2. 人工智能发展的普遍规律指（　　）。
   A. 道　　　　　　B. 法　　　　　　C. 器　　　　　　D. 用
3. 人工智能发展的普遍规律不包括（　　）。
   A. 数据驱动　　　B. 万物互联　　　C. 学习推理　　　D. 人机协同
4. AI 思维的要素不包括（　　）。
   A. 大数据　　　　B. 算力　　　　　C. 业务模式　　　D. 模型
5. 人工智能底层逻辑指（　　）。
   A. 道　　　　　　B. 法　　　　　　C. 器　　　　　　D. 用
6. 以下说法错误的是（　　）。
   A. 相关性能一定程度地揭示问题所在。
   B. 相关性没有因果性来得一针见血。
   C. 机器学习模型发现的便是输入变量和预测目标之间的因果性。
   D. 相关性是 AI 思维所关注的理念。
7. 以下说法错误的是（　　）。
   A. 从传统的因果性思维转向相关性思维是 AI 思维最突出的一个特点。
   B. 需要强调的是，转向相关性，就是要抛弃因果关系。
   C. 在 AI 时代，只要能够得到充足的数据，就可以找到相关性信息。
   D. 相关性思维是 AI 思维能够快速准确地进行预测的内在逻辑。
8. 以下说法错误的是（　　）。
   A. 数据的线性规律源于数学上在线性空间的投影。

B. 对于 AI 来说，大数据并不是什么难事。
C. 数据的共通规律性反映在数据内在的几何结构上。
D. 任何高一级空间都是低一级空间的横截面。

9. AI 思维之（　　）可厘清纷繁复杂的数据。
　　A. 道　　　　　B. 法　　　　　C. 器　　　　　D. 术

10. 以下说法错误的是（　　）。
　　A. AI 思维之"道"可厘清纷繁复杂的数据。
　　B. AI 思维之"术"是从理论到实践的一套关于 AI 的认识。
　　C. AI 思维之"术"也有实践层面指导人工智能落地的方法论。
　　D. AI 思维之"法"是 AI 的底层逻辑。

11. AI 决策引擎是 AI 思维之"（　　）"的重要框架。
　　A. 道　　　　　B. 法　　　　　C. 器　　　　　D. 术

12. 数字化赋能将是贯穿 AI 思维之"（　　）"的基础概念。
　　A. 道　　　　　B. 用　　　　　C. 器　　　　　D. 术

### 三、判断题

1. AI 出现之前，人只能借助过往经验或者周遭环境等有限的信息做出判断。（　　）
2. 因果性对应的是传统科学研究的范畴。（　　）
3. 相关性是 AI 思维所关注的理念。（　　）
4. 存在相关关系则一定存在因果关系。（　　）
5. 不论是具有线性规律的数据还是具有非线性规律的数据，都是高维数据，要想找到这些数据的规律，都需要将其投射到更低的维度。（　　）
6. 被贴上相同标签的数据还能迅速拉近距离。（　　）
7. 只需要对人打标签，对物不需要打标签。（　　）
8. 标签化的数据结构更加简单，而且非常容易管理。（　　）

### 四、填空题

1. 发现数据的（　　）的方法叫作"流形学习"。
2. 从 AI 思维之"术"来说，只有数据是不够的，必须从数据中提取（　　）。
3. "数据"转换为"（　　）"的前提是理解数据。
4. 数据（　　）是理解数据的重要方法。
5. （　　）用于找到一个最优的直线来拟合数据，并且预测数据的未来值。

### 五、简答题

1. AI 思维带来认知化革命。
2. 简述数据标签化有什么必要性。
3. 简述特征工程。
4. 举例说明模型评估的重要性。
5. 简述 Kmeans 算法的原理。
6. 解释需要数据打通的理由。
7. 简述 AI 在现阶段所面临的挑战和瓶颈。

# 第 6 章 人工智能前沿

随着科技的不断进步，人工智能也逐渐成为现代人生活中不可或缺的一部分。人工智能的发展速度非常快，每年都有新的技术推出。通过本章的学习，我们将探讨当前人工智能的前沿技术，为不同领域提供一些创新的思路，从而推动人工智能应用的应用，更好地适应未来的生活。

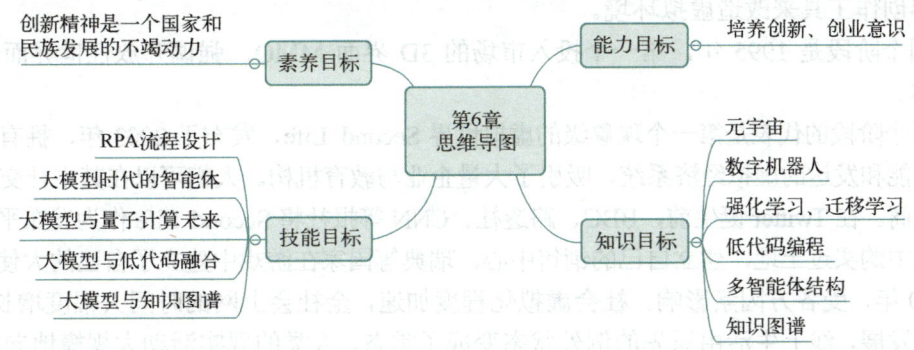

## 6.1 元宇宙

随着 AR、VR、5G 和生成式人工智能技术的成熟，可穿戴配套硬件设施的完善，区块链经济体系的成型，科幻小说中的世界向我们走来。

随着虚拟现实、增强现实、AIGC、区块链、云计算、大数据、物联网、大模型等前沿数字技术加速创新、融合发展，物理世界和数字世界加速融通，互联网即将迎来全面升级，产业新组织、新模式、新业态迅速涌现，数字经济与实体经济深度融合，让"元宇宙"的概念在 2021 年引发广泛热议。

AR 和 VR

### 6.1.1 元宇宙发展

1992 年，Neal Stephenson 的科幻小说 *Snow Crash* 首次提出了"元宇宙（Metaverse）"和"化身（Avatar）"这两个概念。小说描绘了一个庞大的虚拟现实世界，在那里，人们可以用数字化身来控制自己，并相互竞争以提高自己的地位。现在看起来，*Snow Crash* 中描述的场景还是超前的未来世界。图 6.1 展示了元宇宙的发展历程。

第一个阶段是 1979 年，出现第一个文字交互界面，将多用户联系在一起的实时开放式社交合作世界。

第二个阶段是 1986 年，第一个 2D 图形界面的多人游戏环境，首次使用了化身，也是第一个投入市场的 MMORPG。

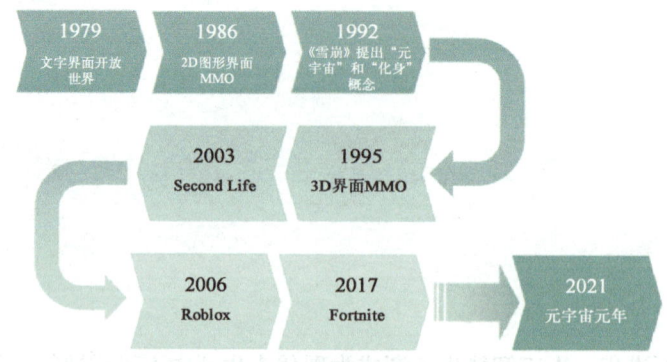

图 6.1　元宇宙发展历程

第三个阶段是 1992 年，基于小说 *Snow Crash* 创作，以创造一个元宇宙为目标，提供了基本的内容创作工具来改造虚拟环境。

第四个阶段是 1995 年，第一个投入市场的 3D 界面 MMO，强调开放性世界而非固定的游戏剧本。

第五个阶段的代表是第一个现象级的虚拟世界 Second Life，发布于 2003 年，拥有更强的世界编辑功能和发达的虚拟经济系统，吸引了大量企业与教育机构。人们可以在其中社交、购物、建造、经商。在 Twitter 诞生前，BBC、路透社、CNN 等报社将 Second Life 作为发布平台，IBM 曾在游戏中购买过土地，建立自己的销售中心，瑞典等国家在游戏中建立了自己的大使馆。

2020 年，受各方因素影响，社会虚拟化程度加速，全社会上网的时间大幅度增长，"宅经济"快速发展，线上生活由原先的例外状态变成了常态，人类的现实活动大规模地向虚拟世界转移，元宇宙在此情况下再度爆发。

2021 年是元宇宙元年。2021 年初，Soul 在行业内首次提出构建"社交元宇宙"。2021 年 3 月，被称为元宇宙第一股的罗布乐思（Roblox）正式在纽约证券交易所上市。2021 年 5 月，微软首席执行官萨蒂亚·纳德拉表示公司正在努力打造一个"企业元宇宙"。2021 年 8 月，海尔率先发布制造行业的首个智造元宇宙平台，涵盖工业互联网、人工智能、增强现实、虚拟现实及区块链技术，实现智能制造物理和虚拟融合，融合"厂、店、家"跨场景的体验，实现了消费者体验的提升；同月英伟达宣布推出全球首个为元宇宙建立提供基础的模拟和协作平台，字节跳动斥巨资收购 VR 创业公司 Pico。中国移动通信联合会于 2021 年 10 月成立元宇宙产业委员会，将 11 月 11 日设立为"元宇宙日"，并且发布了《元宇宙产业宣言》，提出元宇宙是第三代互联网，也是全球创新竞争的新高地；10 月 28 日，美国社交媒体巨头脸书（Facebook）宣布更名为"元"（Meta），来源于"元宇宙"（Metaverse）；11 月，虚拟世界平台 Decentraland 公司发布消息，巴巴多斯将在元宇宙设立全球首个大使馆，暂定 2022 年 1 月启用；11 月，中国民营科技实业家协会元宇宙工作委员会揭牌。2021 年 12 月 21 日，百度发布的首个国产元宇宙产品"希壤"正式开放定向内测，用户凭邀请码可以进入希壤空间进行超前体验。 2021 年 12 月 27 日，百度 Create AI 开发者大会发布元宇宙产品"希壤"，2021 年的 Create 大会在"希壤 APP"里举办，这是国内首次在元宇宙中举办的大会，可同时容纳 10 万人同屏互动。

2022 年 1 月，索尼（Sony）宣布了下一代虚拟现实头盔（PS VR2）的新细节，以及一款适配 PS VR2 的新游戏。2022 年 2 月 14 日，香港海洋公园宣布：香港海洋公园与 The Sandbox 合作布局元宇宙。

元宇宙产生背景见图 6.2。

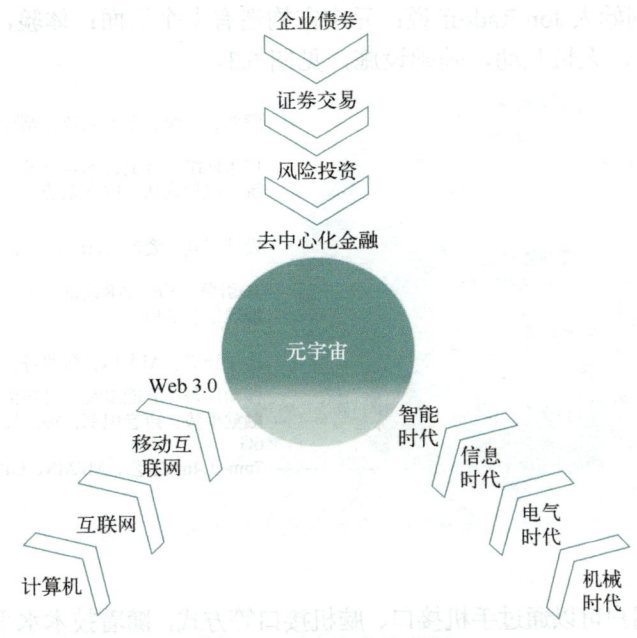

图 6.2　元宇宙产生背景

从图 6.2 可知，元宇宙的产生是三个领域的发展共同作用的结果，一个是工业化领域由机械时代向智能时代发展的产物；一个是信息领域由计算机时代向 Web 3.0 发展的必然；一个是金融交易领域由企业债券向去中心化发展的结果。

元宇宙产生背景

## 6.1.2　元宇宙概述

元宇宙这个概念其实在国内外一些企业很早就已经开始布局了，可能在布局的时候这个目标不叫"元宇宙"。例如微软的 Mesh for Teams 产品，当演讲者说话时，将采用音频提示使得脸生动起来，让替身拥有更真实的动画效果。而 Facebook 的 Workrooms 支持头部和手势跟踪，现实生活中用手做的事情都将在虚拟世界中被跟踪。

### 1. 元宇宙特性

多元世界、虚实共生、沙盒游戏、无限创造、数字人生、创世系统、私钥经济、意识进化、高度沉浸……这些全新的概念将在这个新世界出现。表 6.1 给出了元宇宙八大特征。

表 6.1　元宇宙八大特征

| 特征 | 描述 |
| --- | --- |
| 身份 | 拥有一个虚拟身份，无论与现实身份是否相关 |
| 社交 | 在元宇宙中拥有朋友，可以进行跨域、多维社交，无论现实中是否认识 |
| 沉浸感 | 能够沉浸在元宇宙的体验当中，一切都有可能：娱乐、工作 |
| 低延迟 | 元宇宙中的一切都是同步发生的，没有异步性和延迟性，消除失真感 |
| 多元化 | 元宇宙提供多种丰富内容、真正意义的自由，实现非现实追求 |
| 随时随地 | 可以使用任何设备登录元宇宙，随时随地沉浸其中，扩大用户群体 |
| 经济系统 | 元宇宙应该有自己的经济系统，所有人可以创造价值 |
| 文明 | 元宇宙应该是一种虚拟的文明，成为人类文明演化进程的重要历史性节点 |

## 2. 元宇宙要素

Beamable 公司创始人 Jon Radoff 说：元宇宙构造有七个层面：体验，发现，创作者经济，空间计算，去中心化，人机互动，基础设施，见图 6.3。

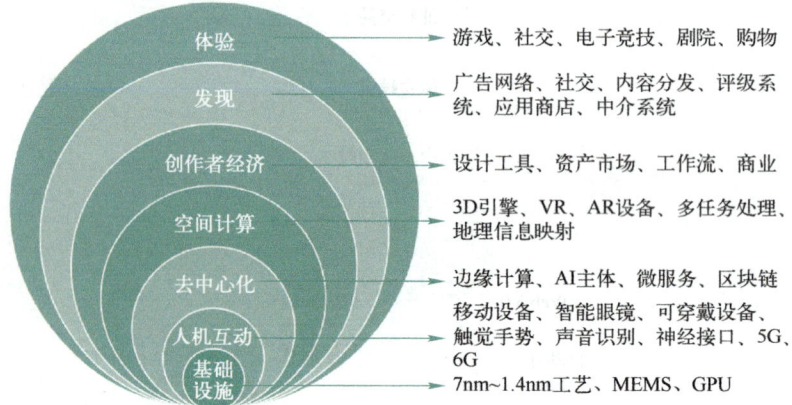

图 6.3　元宇宙构造的七个层面

## 3. 元宇宙构成

1）具身互动：用户可以通过手机接口、脑机接口等方式，随着技术水平的提高，亲身由虚拟现实 VR 逐步走向增强现实 AR，体验更为真实的虚拟世界，甚至通过虚拟世界的辅助反过来实现对现实世界的改造，即介导现实 MR。

具身互动

2）用户生产内容（User Generated Content，UGC）：以用户生产内容为主体，区别于以平台生产内容为主体的传统模式，元宇宙通过制定"标准"和"协议"将代码进行不同程度的封装和模块化，不同需求的用户都可以在元宇宙中进行自主创新和创造，构建原创的虚拟世界，不断拓展元宇宙边界。元宇宙平台的建设和发展不会"暂停"或"结束"，而是以开源开放的方式运行并无限期地持续发展。

用户生产内容

3）虚实融合：元宇宙虚拟空间与现实社会保持高度同步和互通，交互效果逼近真实。高同步性和高拟真度的虚拟世界是元宇宙构成的基础条件，它意味着现实社会中发生的一切事件将同步于虚拟世界，同时用户在虚拟的元宇宙中进行交互时能得到近乎真实的反馈信息。元宇宙是融宇宙，融合现实与虚拟元宇宙是超宇宙，超越现实宇宙。

虚实融合

4）统一身份：用户在元宇宙中应拥有一个虚拟身份，无论与现实身份是否具有相关性。除少数维护管理人员外，绝大多数的用户在元宇宙的初始身份在一定程度上是平等的。

统一身份

5）经济系统：元宇宙中用户的生产和工作活动的价值将以平台统一的货币形式被确认和确权，用户可以使用这一货币在元宇宙平台内进行消费，这种虚拟货币也应与现实生活中的法定货币在一定程度上实现互换，虚拟与现实在此相融合。毫无疑问，一个能闭环运行的经济系统是驱动和保障元宇宙不断变化和发展的动力引擎。

经济系统

## 4. 元宇宙概念

其实元宇宙这个概念很好理解，很多科幻片里都有，比如《头号玩家》

中的"绿洲"就是典范。元宇宙中最核心的一点就是：想做就做，用户在"元宇宙"中不只是一个被动的玩家，而是可以像现实生活一样，按个人需求去社交、玩耍、创造和交易等。

元宇宙是一个平行于现实世界，又独立于现实世界的虚拟空间，是映射现实世界的在线虚拟世界，是越来越真实的数字虚拟世界。现实中人们可以做到的事，都可以在元宇宙中实现。

几点说明：

① 元宇宙（Metaverse）=Meta（超越）+Universe（宇宙）。

② 元宇宙不是电子游戏，不是虚拟世界，见图6.4。

③ 从时空性来看：元宇宙是一个空间维度上虚拟而时间维度上真实的数字世界。

④ 从真实性来看：元宇宙中既有现实世界的数字化复制物，也有虚拟世界的创造物。

⑤ 从独立性来看：元宇宙是一个与外部真实世界既紧密相连，又高度独立的平行空间。

⑥ 从连接性来看：元宇宙是一个把网络、硬件终端和用户囊括进来的一个永续的、广覆盖的虚拟现实系统。

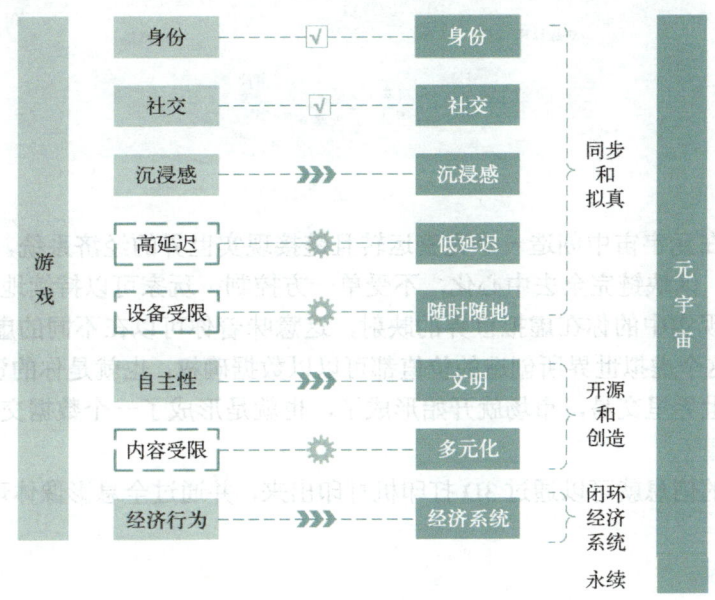

图6.4 游戏与元宇宙比较

### 6.1.3 元宇宙核心技术

元宇宙六大核心技术，每个技术的第一个字母组成一个单词是BIGANT，也叫"大蚂蚁"，见图6.5。

**1. 区块链技术**

元宇宙是接近真实的沉浸式虚拟世界，构建对应的经济系统至关重要。

区块链技术

需要思考的是，此前的普通虚拟世界（网游、社区等）一直以来都被当作普通娱乐工具，而非真正的"平行世界"，主因在于这类虚拟世界的资产无法顺畅在现实中流通，即便玩家付出全部精力成为虚拟世界的"赢家"，大概率也无法改变其在现实中的地位；这类虚拟世界中玩家的命运不掌握在自己手中，一旦运营商关闭了"世界"，则玩家一切资产、成就清零。而区块链的出现将完美解决上述两个问题，让元宇宙完成底层架构的进化，而这正是当前被市场所忽视的一个产业环节。

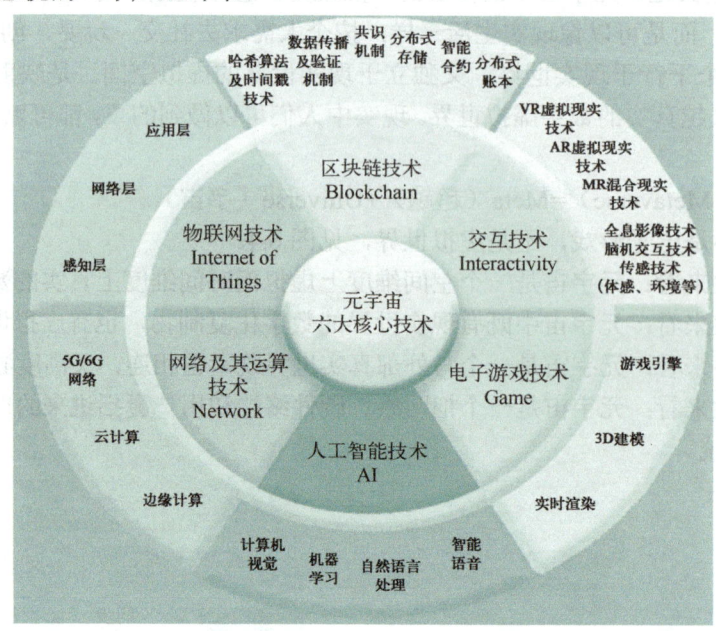

图 6.5　元宇宙核心技术

区块链可以在元宇宙中创造一个完整运转且链接现实世界的经济系统，玩家的资产可以顺利和现实打通，区块链完全去中心化，不受单一方控制，玩家可以持续地投入资源。

区块链成为现实中的你在虚拟世界的映射，这意味着你可以在不同的虚拟空间里有不同的分身，而你在这个虚拟世界所创造的价值都可以以数据确权，也就是你的资产。如此越来越多的个体在这个世界里交易，市场就开始形成了，也就是形成了一个数据交易市场。

2. 交互技术

将植入人脑的信息就可以通过 3D 打印机打印出来，并通过全息影像体现出来，这就是交互技术。

3. 电子游戏技术

游戏是元宇宙搭建虚拟世界的底层逻辑，元宇宙则在游戏的基础上进一步延伸。

4. 人工智能技术

人工智能作为元宇宙的核心技术之一，在元宇宙的发展中具有举足轻重的地位。首先，人工智能技术为元宇宙提供了强大的计算能力和数据处理能力，使得虚拟世界的运行更加流畅、真实。其次，人工智能技术可以帮助元宇宙实现更高级别的个性化定制，满足不同用户的需求。此外，人工智能还能助力元宇宙实现更智能的交互体验，如语音识别、自然语言处理等，让用户在虚拟世界中感受到更自然的沟通方式。

5. 网络及其运算技术

信息需要网络及其运算技术来实现分发与流转。

6. 物联网技术

物联网把物理世界和虚拟世界连接起来。

这六项技术缺一不可，而又多点连线。这是一个什么样的世界呢？元宇宙从现实中控制你的身体，到虚拟世界控制你的精神，从此达到控制你的所有时间。时间是我们这个宇宙很神奇的一个东西，也是揭开宇宙奥秘的一把钥匙。

### 6.1.4 元宇宙存在的价值

"元宇宙"是人类对乌托邦世界的思考和实践，技术、理想、权力、资本与人性的较量将在元宇宙中展开，同时，元宇宙也会促进基础数学、信息学、生命科学、区块链、量子计算等学科的深入研究和交叉互动。

如果我们仔细思考就会发现，超过九成的人对元宇宙价值的讨论本质都是在分析 VR/AR 行业的价值。那么元宇宙这样一个宏大的叙事概念，其本身的价值是什么？

**1. 让人们对人生的设想有了落地的可能**

元宇宙给人们创造自己想要的世界、构建或者更好地维护关系的机会，体会作为人的存在感。

1）在元宇宙中人们自己建立规则、定义价值，实现自己的想法，以此来更好地认同自己，获得存在感。

2）人的本性就是通过互动定位自己。元宇宙可以帮我们跟他人建立起更多的关系，有可能会带来更多积极的体验。

**2. 应对 AI 和机器人可能对人类构成的威胁**

1）目前在视觉（文字、图片、视频、直播）和听觉（音频）领域，互联网发展机遇在不同的社会阶层之间较好地实现了扁平化的延伸。在未来，元宇宙将从视觉、听觉、触觉、嗅觉和味觉五个感觉维度实现人的感官数字化，打破当前流量红利见顶的背景下大公司内卷化竞争的局面。

2）未来 AI 和机器人的大规模应用很可能会造成一系列问题（比如大量人口失业），而元宇宙里可能会产生新的雇佣模式、就业模式，甚至诞生全新的职业，让人创造出全新的价值，从而为现实世界的问题提供解决方案。

**3. 传播模式的变革**

可以预见的是元宇宙的诞生也将给媒体发展带来又一次技术革新，对于以网络传播为主的媒体，影响将主要表现在传播模式、传播语态、传播形式以及传播观念等方面，以其多种技术叠加融合的作用机制，深刻变革传统的"点对点"及"多对多"的传播形态，人在整个媒介系统中扮演着更加核心的角色。

其中，传播模式的变革也将表现在从基础的数字孪生到更高阶段的虚实融生阶段，传播活动也将从现实意义上的实体间信息传输，过渡到"超现实"实体间的信息传输。一方面元宇宙将带来新的信息传播载体与方式，并且以新的思维理念驱动内容产业变革，需要传媒行业的持续关注；另一方面也应当注意元宇宙本身的发展现状是否与现实需求相匹配，警惕历史上屡次发生的概念炒作与盲目跟风，产业的发展应立足于传媒发展的技术支持与现实需要，想依靠元宇宙作为驱动力激活传媒及相关行业的发展潜力还需小步快跑。

### 6.1.5 元宇宙产业生态

近期元宇宙概念火遍全网，无论是资本市场还是普通大众对于元宇宙的兴趣和关切都骤然升温，比如近期网易开百万年薪招聘元宇宙岗位并注册多个相关商标，虚拟数字人柳夜熙发布带"元宇宙"标签的短视频一夜涨粉超百万。

元宇宙的产业生态归纳为感知及显示层、网络层、平台层和应用层等四个方面（见图 6.6）。

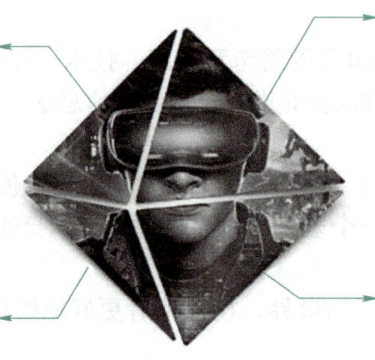

**感知及显示层。** 感知及显示层是各种输入、输出设备，包括AR/VR头显、智能手机、个人计算机、脑机接口、摄像头、体感设备、物联网传感器、语言识别系统设备等。

**应用层。** 应用层主要是元宇宙虚拟世界内的各种应用及内容，包括游戏、数字金融、虚拟活动、教育培训、社交及直播等。

**网络层。** 网络层包括各种算法和网络通信，可分为四层：底层为提供基础通信的通信网络层，上一层包括互联网及物联网等，再上一层主要是云计算及云储存、人工智能和区块链，最上层包括边缘计算等。

**平台层。** 平台层可分为三层：元宇宙虚拟世界内搭建各种内容和基础设置的平台、构建元宇宙所需的各种开发工具平台，内容分发平台以及底层操作系统平台。

图 6.6　元宇宙的产业生态

元宇宙的应用有三个阶段。

1）基础应用阶段：集中于游戏、短视频等领域，内容较为有限，交互方式单一。

2）延伸应用阶段：应用于各类全景场景，并向教育、营销、培训、医疗、工业加工、建筑设计等场景延伸。

3）应用生态阶段：最终，元宇宙全景社交将成为虚拟现实终极应用形态之一。

内容端的想象空间是最大的，从商业模式来讲，产业链厂商可通过分成、佣金、版权费用、广告费用等渠道获取收入。从客群的角度来讲，内容端将逐渐从行业级市场向消费级市场渗透。

元宇宙内容场景始于游戏，但不止于游戏。未来包含大量其他垂直场景也是重要的元宇宙空间，如医疗场景，涉及理论教学、临床技术培训、手术前演练、远程会诊、远程手术、虚拟内容理疗等细分场景。

目前围绕这其中的一个或多个环节，国内外已经有一些先驱公司开始布局。

Facebook 旗下的 VR 设备新品出货量超出预期。国内的科技巨头中，腾讯布局相对领跑，字节等也在快速跟进。

## 6.1.6　元宇宙与大模型一体两面密不可分

距离元宇宙元年（2021年）不远，一些元宇宙概念引爆且艰难发展的新兴业态（如数字人、数字文创、智能头显、虚拟现实、增强现实）等方兴未艾之际，以人工智能技术应用为核心的大模型产业强势来袭。

大模型产业无疑是2023年最为闪耀的产业明星，更是可与实体化智能工业革命之明星——机器人产业相提并论的产业先锋和探路引擎。大模型引爆的智能化工业革命，在大模型叠加数字孪生、数字仿真等技术的加持下，也将真正到来。

元宇宙与大模型密不可分，因为大模型在元宇宙中扮演着重要的角色，可以在元宇宙中发挥多种作用，例如自动化任务、提供个性化体验、协助创作等。具体如自动化生成虚拟内容：大模型技术可以通过深度学习等技术自动生成虚拟内容，例如虚拟人物、场景等；优化用户体验：大模型技术可以通过分析用户的行为和反馈，优化用户体验，例如提供更加个性化的建议和服务；增强交互和沟通：大模型技术可以通过自然语言处理等技术增强用户之间的交互和沟通，例如实现更加自然的对话和交流；安全管理：人工智能技术可以通过检测和防止恶意行为等手段保障元宇宙的安全管理。

我们有理由相信，随着技术的不断发展，元宇宙和大模型的结合将会越来越紧密，给人们带来更加智能化、便捷化的生产生活服务和体验。

## 6.2 数字机器人

### 6.2.1 数字机器人概述

**1. 什么是数字机器人**

**数字机器人**，也称作机器人流程自动化（Robotic Process Automation，RPA），是一种应用程序，它通过模仿最终用户在计算机上的手动操作方式，提供了另一种方式来使最终用户手动操作流程自动化。

**2. RPA 与现实机器人的区别**

RPA 与现实机器人有本质区别，是生活在虚拟的数字世界中的能够帮助用户达到更好的使用体验的机器人，在使用的过程中起到一个辅助的作用。现实机器人具备一些与人或生物相似的智能能力，如感知能力、规划能力、动作能力和协同能力，是集机械、电子、控制、计算机、传感器、人工智能等多学科先进技术于一体的具有高度灵活性的自动化机器。

**3. RPA 存在的意义**

当我们在使用计算机的过程中，无数的 RPA 也在网络中按部就班地运行，进行文本的获取或者程序的搜索，完成用户交代的任务。这些 RPA 在无人操作的时候，在 Web 上独自运行，是 Web 上很实用的工具。RPA 可以高效完成复杂的工作，节约人工成本。如今，RPA 已成为应用最为广泛、效果最为显著、成熟度较高的智能化软件。

**4. RPA 的特征**

图 6.7 展示了 RPA 的特征。

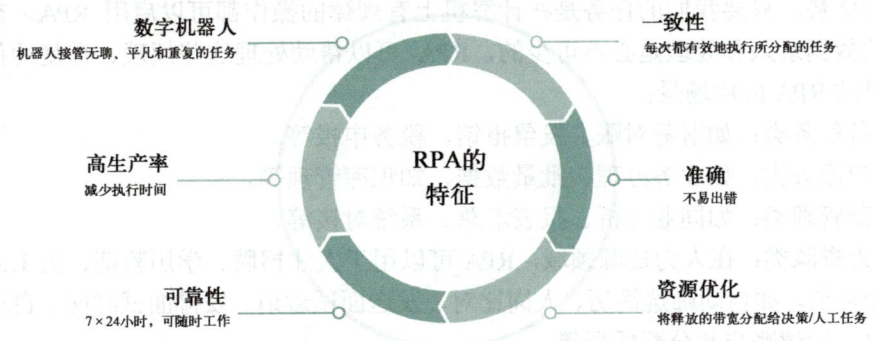

图 6.7 RPA 的特征

## 6.2.2 RPA 兴起的原因

**1. 劳动力成本成为企业竞争关键要素之一**

在过去 30 年中，我国劳动力人口结构发生了较大变化，中国在 2010 年前后，人口红利逐渐消退，15~64 岁劳动力人口比重逐年下降，从 2010 年的峰值 73.3%下降至 2019 年的 70.7%。与此同时，城镇单位就业人员平均工资逐年上涨，资本回报率不断走低。随着企业劳动成本上升速度开始超过劳动生产率的提高速度，劳动力成本上升对企业竞争力的影响日益显现，企业应采取各项措施积极应对。企业关注的重点开始从整合外部资源要素向挖掘内部管理进行转变，积极寻找提升内部管理效率的工具，是企业优化流程、提高劳动生产力的关键要素。

**2. 数字化转型是大势所趋，系统间数据打通成新的诉求**

数字产业作为新经济发展的代表，一定程度上代表了企业数字化转型程度，随着数字经济产业对 GDP 的贡献不断增加，产业数字化为新一轮国民经济发展提供了动力。2019 年我国数字经济规模为 35.8 万亿元，占 GDP 比重达到 36.2%，产业数字化占数字经济的比例已上升至 80.2%，不断推动了我国产业向信息化、数字化高质量发展。从软件收入来看，我国软件和信息技术服务呈现较好发展态势，2019 年软件产品收入实现 6.2 万亿元，同比增长 15.4%。随着产业数字化转型的深入，企业软件的应用也从原来的单点应用向连续协同演进，底层数据和信息的打通成为企业新的诉求，RPA 作为各系统数据的接口，将在企业数字化转型中扮演重要角色。

**3. 人工智能技术发展助推 NLP 和计算机视觉应用，为 RPA 智慧赋能**

近年来，随着人工智能技术和实体经济在经营模式和业务流程上的融合，人工智能赋能实体经济的市场规模也在不断增长，2019 年人工智能核心产业规模突破 570 亿元。未来，人工智能技术将进一步推动关联技术和新兴科技、新兴产业的深度融合，成为经济增长的助推剂。人工智能发展至今涉及多个研究领域，研究方向包括智能控制、符号计算、自然语言理解、模式识别和计算机视觉、机器学习与数据挖掘、智能信息检索、语音识别等，其中自然语言处理（NLP）和计算机视觉技术的发展，也赋予了 RPA 在企业自动化流程应用中新的能力。

## 6.2.3 RPA 应用场景

RPA 的应用场景非常广泛，不受行业和部门限制，对企业本身的业务系统和 IT 环境都有非侵入性的优势。只要我们的任务是在计算机上有规律的操作都可以启用 RPA。在多个行业中，大量的数据录入和处理是必不可少的，RPA 可以帮助处理这些烦琐、重复的任务。以下是一些常见的 RPA 应用场景：

1）财务税务类：如财务对账、发票报销、税务申报等。
2）客户服务类：如业务办理、批量数据、知识库管理等。
3）运营管理类：如同业分析、报表汇总、系统对接等。
4）人力资源类：在人力资源领域，RPA 可以用于人才招聘、学历验证、员工入职和薪酬管理的各个环节，如自动筛选简历、人岗比对、发送面试邀请、安排面试时间、自动录入新员工个人信息、创建账户和分配凭据等。
5）风控内审类：如客户信息审核（KYC）、资料录入、票据验证等。
6）金融与银行类：RPA 可以在信贷审批、风险评估、信用分析等。

7）其他领域：如股票交易网站的自动交易、期货交易网站的自动交易、商品交易网站的自动交易、新闻和媒体网站的自动抓取内容等。

### 1. RPA 在零售场景的应用

RPA 在零售场景的应用案例见图 6.8。

RPA自动完成该部分操作
001295
工作人员用条码扫描器连续扫码
自动登录产品信息管理系统
自动填入产品代码
查询出产品信息后判断信息是否为最新
填写新的产品信息
写入更新结果到表格报告保存

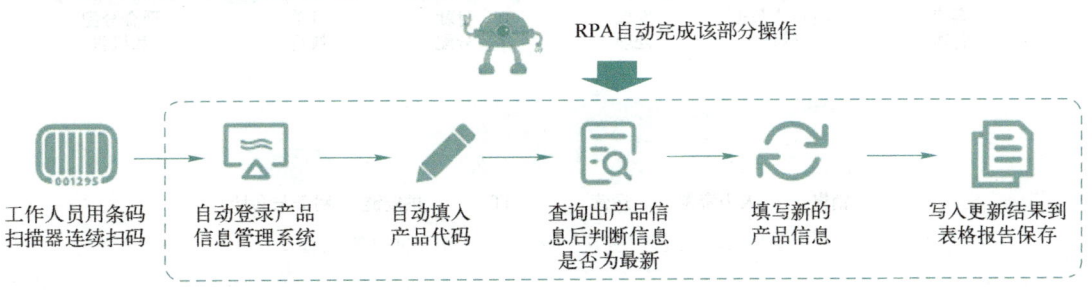

图 6.8　RPA 在零售场景的应用案例

实施 RPA 前：由员工进行数据信息的填入和转移，效率低，易出现数据的遗漏和误输等问题。

实施 RPA 后：RPA 软件机器人可以定期将员工记录的信息发送给总店，实现市场价格的监控。期间的邮件发送、格式审核、数据抓取、数据填入 SAP 系统和结果反馈等不再需要人工操作，软件机器人能够自动完成流程中所有的数据转移和邮件发送工作。

应用效果：业务流程中除去原始数据的收集无须再使用人工操作，工作效率得到极大提高。

### 2. RPA 行业应用场景及渗透率

RPA 行业应用场景及渗透率见图 6.9。

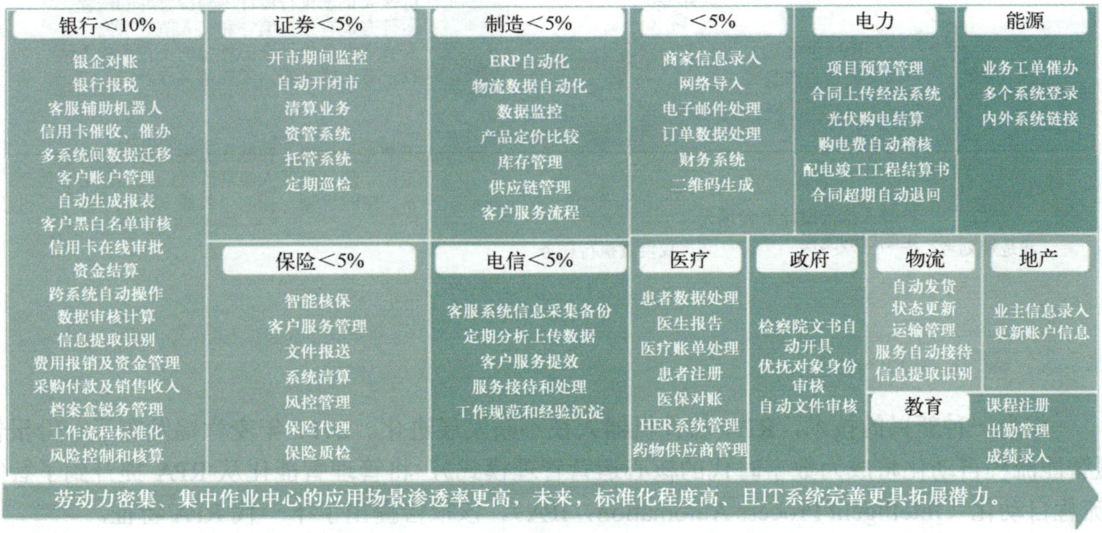

银行＜10%
银企对账
银行报税
客服辅助机器人
信用卡催收、催办
多系统间数据迁移
客户账户管理
自动生成报表
客户黑白名单审核
信用卡在线审批
资金结算
跨系统自动操作
数据审核计算
信息提取识别
费用报销及资金管理
采购付款及销售收入
档案盒锐务管理
工作流程标准化
风险控制和核算
证券＜5%
开市期间监控
自动开闭市
清算业务
资管系统
托管系统
定期巡检
制造＜5%
ERP自动化
物流数据自动化
数据监控
产品定价比较
库存管理
供应链管理
客户服务流程
＜5%
商家信息录入
网络导入
电子邮件处理
订单数据处理
财务系统
二维码生成
电力
项目预算管理
合同上传经法系统
光伏购电结算
购电费自动稽核
配电竣工工程结算书
合同超期自动退回
能源
业务工单催办
多个系统登录
内外系统链接
保险＜5%
智能核保
客户服务管理
文件报送
系统清算
风控管理
保险代理
保险质检
电信＜5%
客服系统信息采集备份
定期分析上传数据
客户服务提效
服务接待和处理
工作规范和经验沉淀
医疗
患者数据处理
医生报告
医疗账单处理
患者注册
医保对账
HER系统管理
药物供应商管理
政府
检察院文书自动开具
优抚对象身份审核
自动文件审核
物流
自动发货
状态更新
运输管理
服务自动接待
信息提取识别
地产
业主信息录入
更新账户信息
教育
课程注册
出勤管理
成绩录入
劳动力密集、集中作业中心的应用场景渗透率更高，未来，标准化程度高、且IT系统完善更具拓展潜力。

图 6.9　RPA 行业应用场景及渗透率

### 3. RPA 应用到企业内各部门的业务流程

RPA 应用到企业内各部门的业务流程见图 6.10。

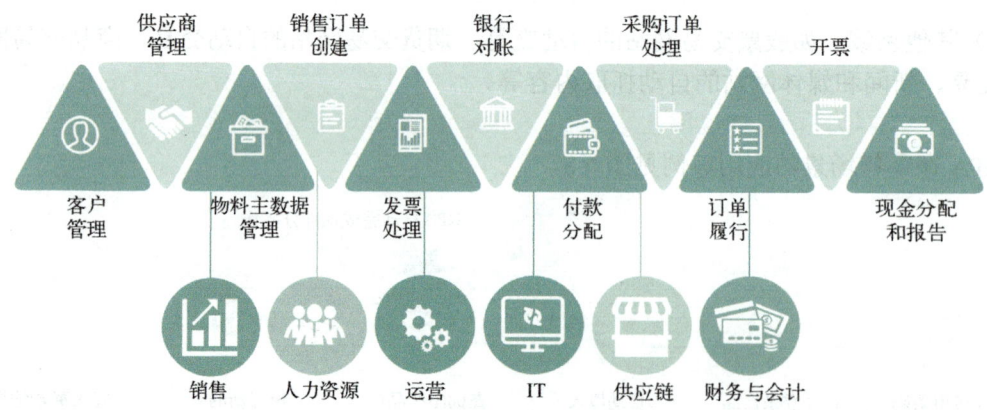

图 6.10　RPA 应用到企业内各部门的业务流程

## 6.2.4　RPA 架构

目前大多数 RPA 平台由设计平台、机器人、控制平台三部分组成，设计平台主要完成在可视化界面的流程编辑工作，是 RPA 的规划者；机器人则是在设计器完成流程设置后负责执行操作，根据应用场景可以分为无人值守和有人值守两种；控制平台则相当于领导者，负责智慧管理多个机器人的运行，保证整个软件的分工合理和风险监控（见图 6.11）。

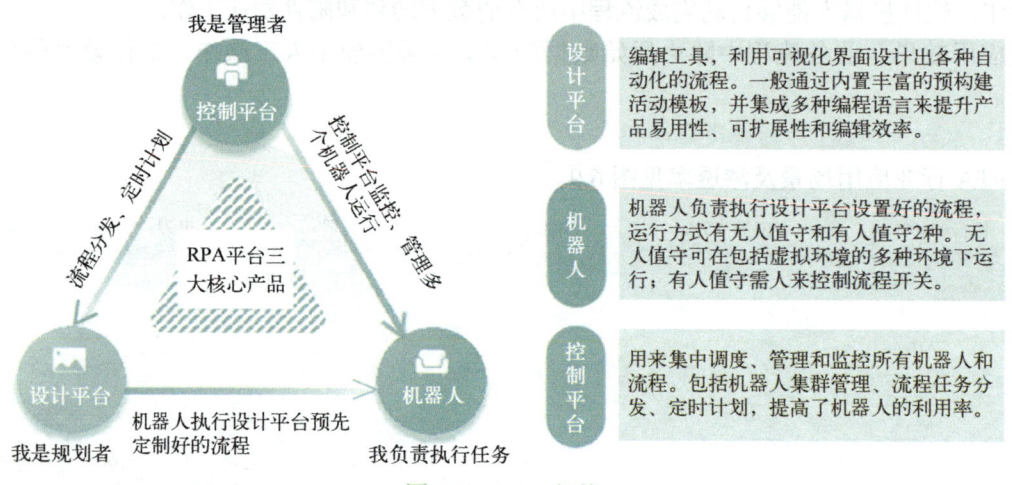

图 6.11　RPA 架构

## 6.2.5　RPA 发展趋势

作为一种新兴的技术，RPA 软件机器人在不断发展进化。2017 年麦肯锡发布了一份报告《智能流程自动化将成为数字时代的核心运营管理模式》，将管理智能化从 RPA 提升到了智能流程自动化（Intelligent Process Automation，IPA）。该报告提出了下一代 RPA 特征。

1）智能工作流：一种流程管理的软件工具，集成了由人和机器团队执行的工作，允许用户实时启动和跟踪端到端流程的状态，用来管理不同组之间的切换，包括机器人和人类用户之间的切换，并提供瓶颈阶段的统计数据。

2）机器学习/高级分析：一种通过"监督"或者"无监督"学习来识别结构化数据中模式

的算法。监督算法在根据新输入做出预测之前，通过已有的结构化数据集的输入和输出进行学习，无监督算法观察结构化的数据，直接识别出模式。

3）自然语言生成：一种在人类和系统之间创建无缝交互的引擎，遵循规则将从数据中观察到的信息转换成文字，结构化的性能数据可以通过管道传输到自然语言引擎中，并自动编写成内部和外部的管理报告。

4）认知智能体：一种结合了机器学习和自然语言生成的技术，可以作为一个完全虚拟的劳动力，并有能力完成工作、交流、从数据集中学习，甚至基于"情感检测"做出判断等任务。认知智能体可以通过电话或者交谈来帮助员工和客户。

5）低代码：低代码能将研发人员的成果进行复用，RPA 则强调对业务人员重复操作的自动化替代。

## 6.2.6 RPA 实战

### 1. 华为 RPA 平台 WeAutomate 简介

华为 RPA 平台 WeAutomate 的组件由设计器（Studio）、执行器（Robot）、管理中心（Management Center）组成。

设计器基于 Python 语言的流程自动化设计器。在设计器中，可以使用内置录制器，或拖放活动，以可视化的方式构建自动化流程。

执行器就是一个计算机助手，随时待命执行编排好的流程。执行器可以执行本地计算机的自动化流程包，也可以接收管理中心的命令执行相应的自动化流程包。

管理中心的主要任务：集中调度、管理和监控所有执行器的平台；存储可重用组件，资产，以及进行任务管理和配置执行器；提供低代码 APP 开发平台，方便设计人机交互场景。

图 6.12 展示了 WeAutomate 产品全景图。

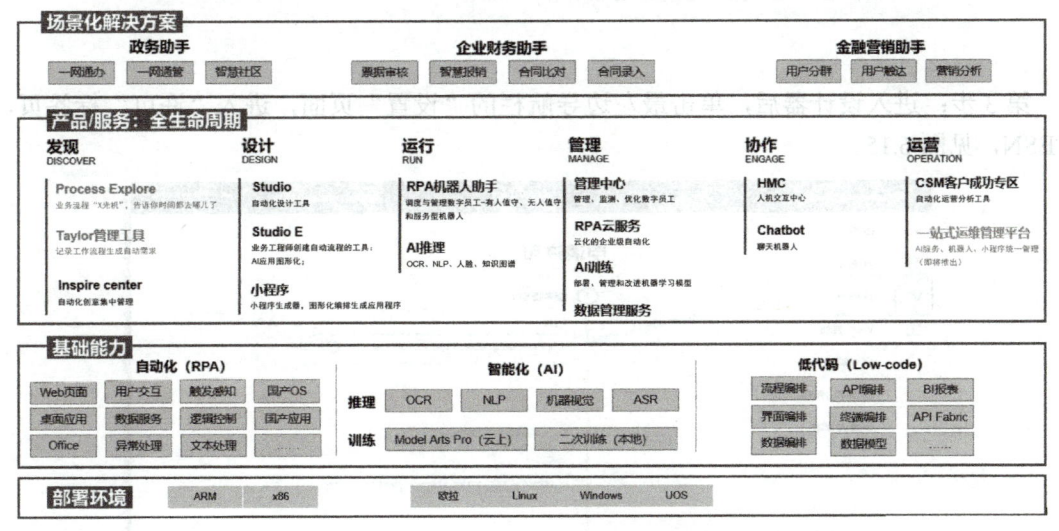

图 6.12 WeAutomate 产品全景图

### 2. RPA 实施过程

图 6.13 展示了 RPA 实施过程。

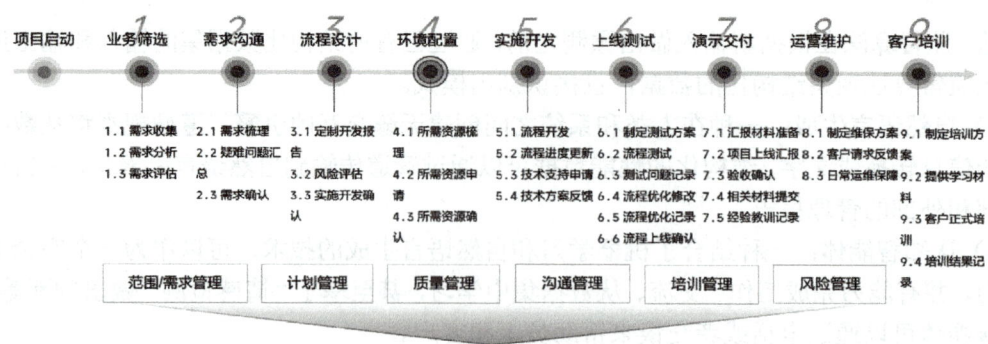

图 6.13　RPA 实施过程

**3. 安装设计器**

第 1 步：打开华为 RPA 官网（www.huaweicloud.com），单击右上角的"登录"。

第 2 步：单击"设计器下载"按钮，见图 6.14。

图 6.14　设计器下载

第 3 步：进入设计器后，单击最左边导航栏的"设置"页面，进入"许可"标签页，复制 ESN，见图 6.15。

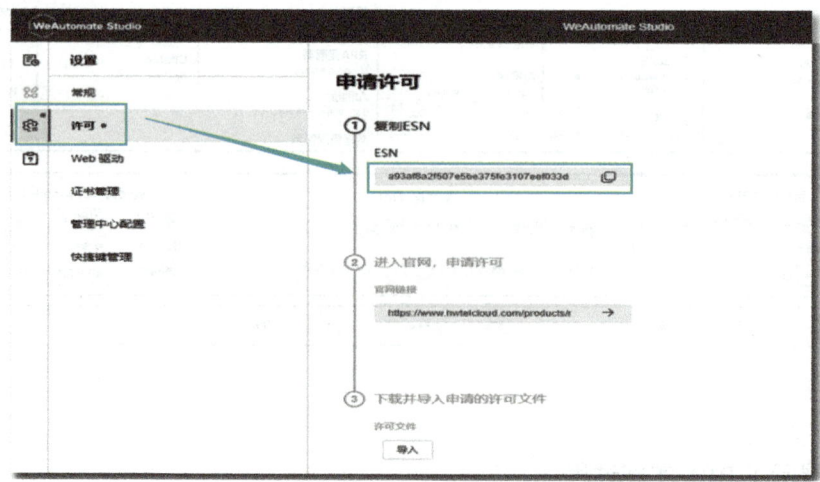

图 6.15　复制 ESN

第 4 步：进入官网页面，单击"试用激活"，录入 ESN 号码，产品选择"设计器"，单击"获取 License"，获取 BIN 文件，见图 6.16。下载完毕后，回到设计器，单击"导入许可"即可。

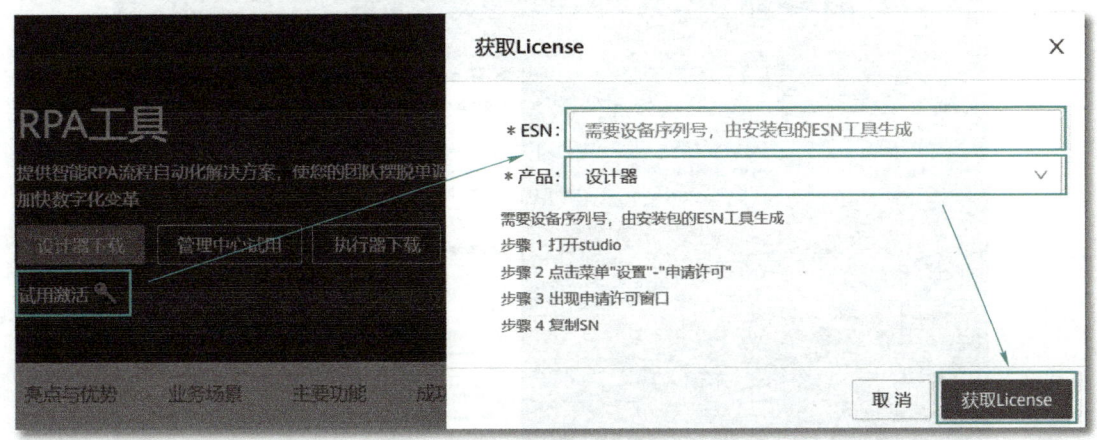

图 6.16　获取 License

**注意**：设计器到期后，按照同样的步骤在 RPA 官网下载 BIN 激活文件，重新激活即可，每次激活有效期将自动延期 3 个月。

### 4. 设计器界面

设计器界面见图 6.17。

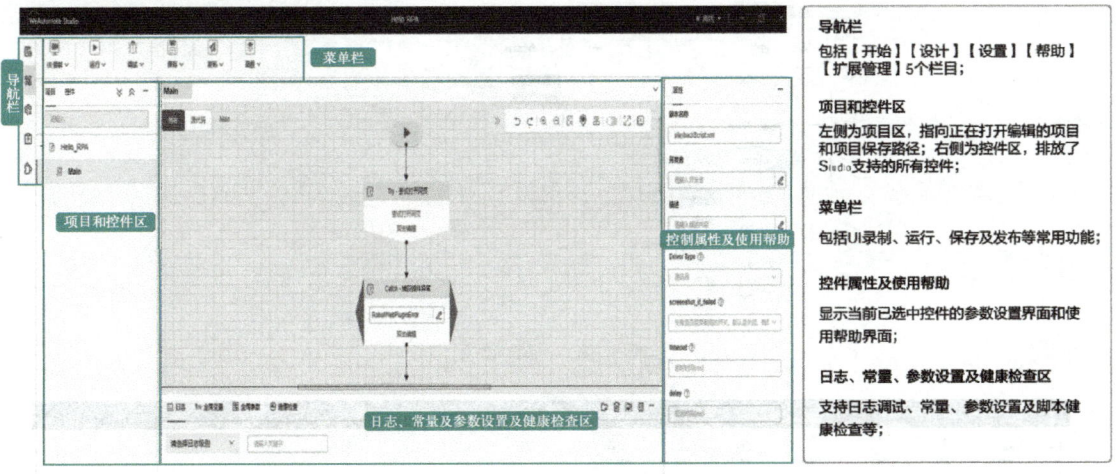

图 6.17　设计器界面

### 5. 创建一个自动化项目

第 1 步：创建项目和脚本，见图 6.18、图 6.19。
第 2 步：引入"消息窗口"控件，见图 6.20、图 6.21。

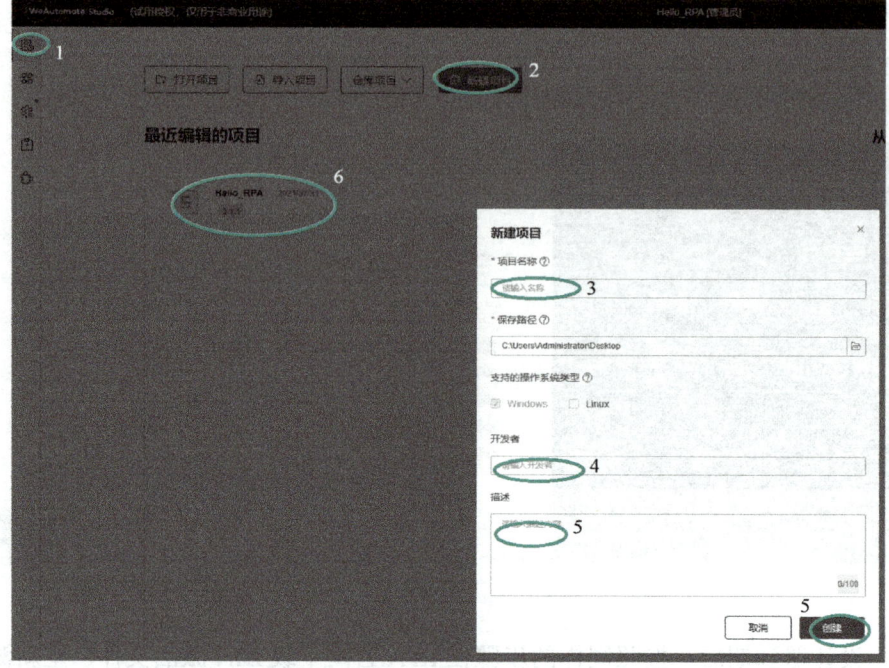

图 6.18 创建项目

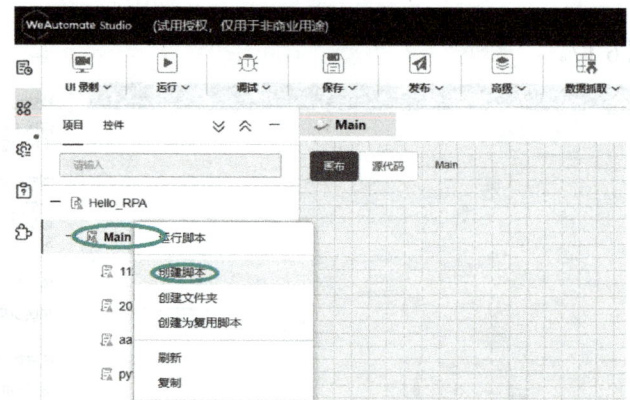

图 6.19 创建脚本

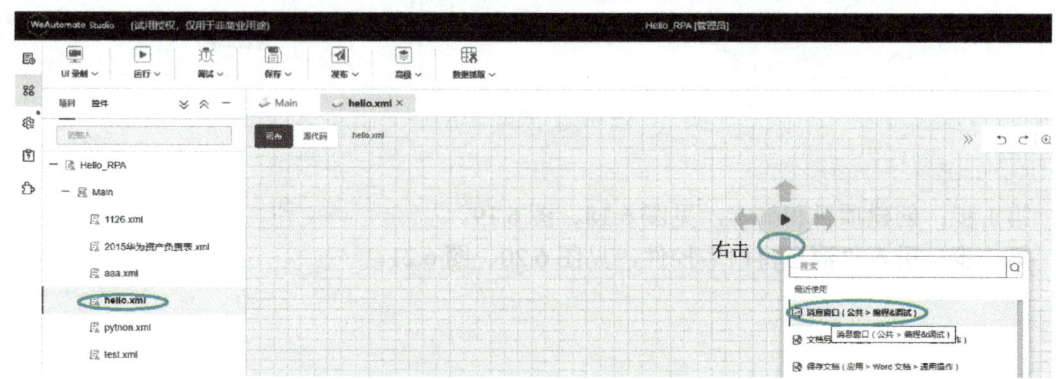

图 6.20 引入"消息窗口"控件

第 6 章 人工智能前沿

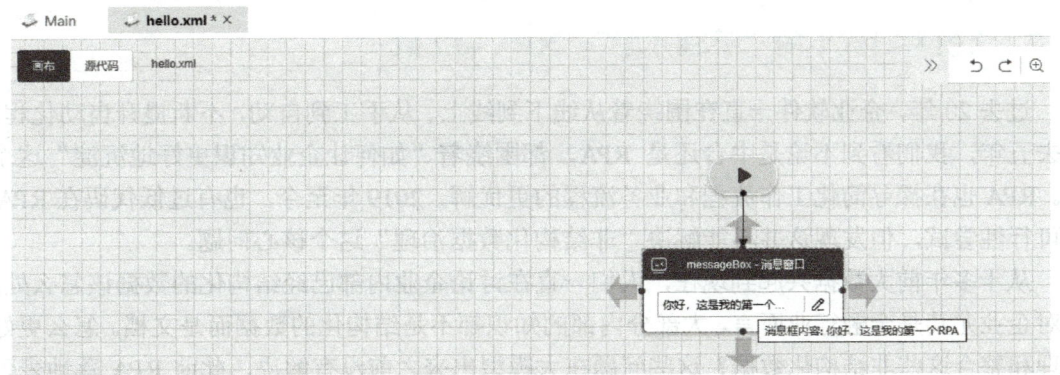

图 6.21　录入"你好，这是我的第一个 RPA"

第 3 步：单击"保存"并运行，见图 6.22、图 6.23。

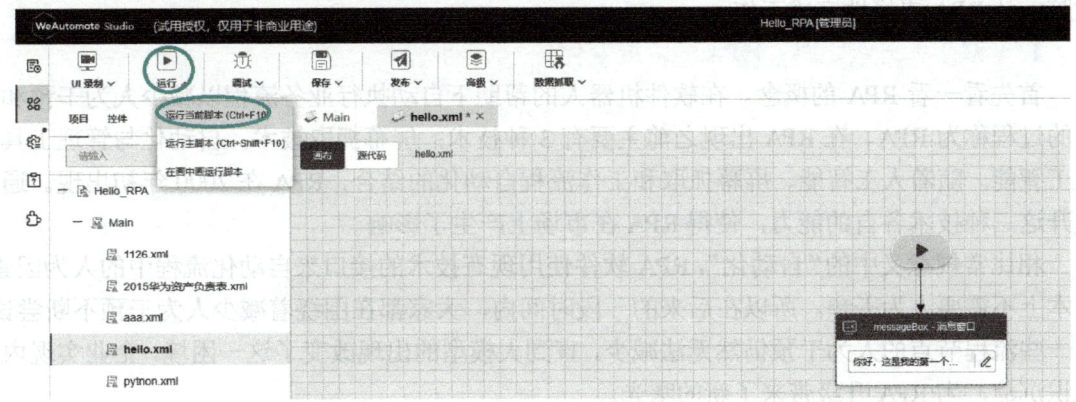

图 6.22　运行脚本

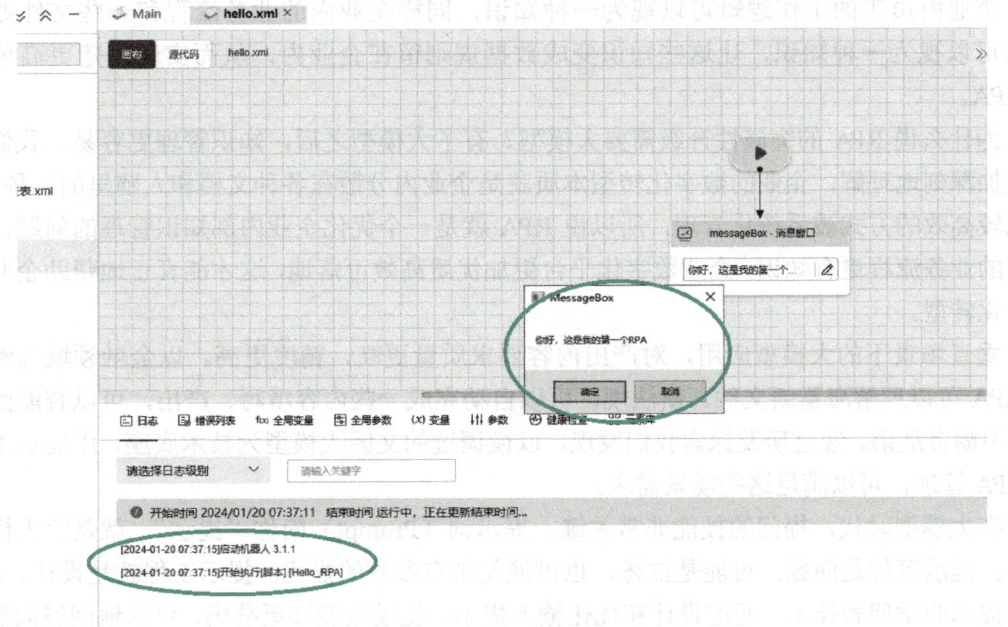

图 6.23　运行结果

## 6.2.7 大模型时代下的"手脑并用": RPA +LLM

过去 20 年,企业软件一直在围绕着从线下到线上、从手工到自动,不断提升自动化程度。过去五年,我们看到不论是中台还是 RPA,都围绕着"如何让企业知识更好地沉淀"这个话题。RPA 也在探寻简化工作流程和业务流程的更优解,2019 年至今,也有过低代码在 RPA 中的可行性尝试,但发现这并不能解决"非结构化数据治理"这个核心问题。

从十多年前大数据兴起到现在,人们一直在讨论企业内部已经结构化的数据该怎么处理,而对企业尤其是金融行业而言,大部分内部的知识都不是结构化的数据而是文档。怎么更好地治理和整合这些非结构化数据?这些问题在大模型出来之前没有解决,此前 RPA 落地表现也很难有突破性变化。

如果说 RPA 就像一双在工作流程中实际操作的手,那么 LLM 就像是一个指挥双手的中枢大脑,让 RPA 更好地完成工作。

**1. "双手"升级之路:RPA 的发展变化**

首先看一看 RPA 的概念。在软件机器人的帮助下自动执行业务流程以减少人为干预和操作的过程称为 RPA。在 RPA 出现之前主要有 3 种技术:屏幕抓取技术,自动化与管理工具,人工智能。随着人工智能、屏幕抓取和工作流程自动化的结合,RPA 在 2000 年初出现。通过提升这三种技术各自的能力,使得 RPA 在市场上产生了影响。

相比常规意义中的"自动化",RPA 软件使用现有技术的接口来自动化流程中的人为因素,基本上不需要人为干预。所以在后来的一段时间内,大家都在围绕着减少人为干预不断尝试,但一些流程节点的人为干预仍然无法减少,直到大模型的出现改变了这一困境,企业实现内部知识沉淀,为 RPA 升级带来了新的曙光。

**2. RPA 升级:这是一个有关知识的问题**

企业内员工的工作逻辑可以视为一种知识,同样企业内的业务流程和一些文件处理方法也可以视为一种知识,让这些知识变成数据规则留在企业内,从而实现搭建更高可用性的 RPA。

为什么说 RPA 的突破性升级需要大模型?有了大模型之后,知识管理更容易,我们也可以更加深刻地理解,企业的数字化转型本质就是企业内分散在各种文档和人脑里的各种知识,以比较高效的方式被系统化管理,所以说 RPA 就是一个优化企业内部知识管理的问题,让可复用的业务流程更有知识,企业数字化平台更加优质高效可落地,这才能真正地帮助企业实现数字化转型。

垂直场景下的大模型应用,对产出内容要求质量更高,精度更高。以金融领域为例,要求 RPA 可以理解海量新文件、新法规,可以自动完成一些内容填写、产出,可以智能回答问题,不胡言乱语。经过研发探索我们发现,以微调过的文因大模型为技术底座,用提示工程优化 RPA 管理,可以满足这些场景需求。

在大模型时代,提问的技能非常关键。提示词(Prompt)简称"提示",就是给大模型的指令。提示可能是问题,可能是描述,也可能是带有参数的描述。提示工程就是设计、改进、完善提示的学问和技术。通过设计和优化输入提示,使模型能够更准确、可靠地回答问题、执行任务以及提供更有价值的信息。

提示工程帮助大模型更好地理解和回答用户的请求，加速大模型场景落地，将提示工程、大模型、RPA 深度融入现有的产品和服务，自动化、低成本为每个应用场景定制提示词库，有了这样的智能中枢坐镇指挥，RPA 的研发有了突破性进展，实现了以前我们一直未能实现的应用效果。

**3．为什么 RPA +LLM 能有突破性表现？**

提示工程的应用大大简化了企业知识建模过程中所需的"结构化思维"拆解成本。通过提示工程，引入人类可理解的提示信息，可以帮助模型生成更加可解释的结果，使其决策过程更加透明、可信。同时，可以对模型的输出进行干预和调整，将人类专家的知识和经验融入大模型的训练过程中，弥补数据中的缺失和错误，提高模型对现实世界的理解和表达能力。

这一技术的成功应用实现了让机器能够更好地模拟人类的思维方式，在处理知识建模时具备了更强的自动化能力，从而大大提高了企业 RPA 项目效率和精度。而由此带来的知识建模成本降低，也让企业知识库的建设更加高效。

基于大模型的企业内部知识管理，RPA 项目能够更准确地理解客户需求，并根据需求提供个性化的产品和服务。这种个性化的服务不仅提升了客户满意度，同时也有效地提升了银行的服务质量和效率，助力企业数字化升级。通过对海量数据的分析和学习，RPA 项目能够更好地把握客户的偏好和需求，从而实现精准营销和个性化服务，为企业赢得了更多的竞争优势。

## 6.3 强化学习

### 6.3.1 强化学习概述

强化学习是一种机器学习方法，它允许智能体通过与环境的交互来学习最优策略。强化学习算法通常使用奖励函数来指导智能体的学习。奖励函数定义了智能体在不同状态下采取不同动作所获得的奖励。随着人工智能技术的发展，强化学习开始进入各个领域。在游戏领域，强化学习被用来训练计算机程序击败人类专家棋手，例如在国际象棋、围棋和德州扑克游戏中。在军事领域，强化学习用来对无人机进行控制，康凌志等人就提出了一种强化学习网络驱动的军用飞机机载智能辅助决策系统，以提高无人机的智能能力，逃离目标的攻击。随着强化学习算法的不断发展，强化学习将在越来越多的领域得到应用，并对人们的生活产生越来越大的影响。

强化学习更像人的学习过程：人类通过与周围环境交互，学会走路、奔跑、劳动，人与自然交互创造了现代文明。

强化学习是一种机器学习范式，其基本原理建立在马尔可夫决策过程（MDP）的框架之上。马尔可夫决策过程提供了一个形式化的数学模型，用于描述具有决策制定、状态转移和奖励反馈的决策问题。强化学习的基本框架见图 6.24。

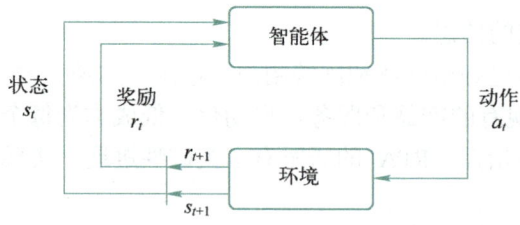

图 6.24　强化学习基本框架

在强化学习中，状态是代表环境的信息，能够影响智能体的决策，用于描述系统可能处于的各种情况或状态。动作是智能体在每个状态下可执行的操作或决策。动作集合定义了智能体可能采取的所有行动。转移概率描述了从一个状态执行某个动作后，转移到另一个状态的概率分布，反映了环境的动态特性，即状态转移的不确定性。在每个状态执行每个动作后，智能体会接收到一个奖励。奖励用于评估智能体的行为，目标是通过最大化累积奖励来学习有效的策略。折扣因子用于衡量未来奖励的重要性，介于 0 和 1 之间，对未来奖励的影响随时间的推移而减小，反映了智能体更注重近期奖励，而不是遥远的未来奖励。

强化学习的目标是找到一个策略，即在每个状态下选择动作的方式，以最大化期望累积奖励。强化学习算法通过与环境的交互来学习最优策略，通过试错的方式调整智能体的行为，以逐步提高性能。其中，值函数和 $Q$ 函数是用于衡量状态或状态-动作对的优劣的关键概念。值函数见式（6.1），其中期望$\mathbb{E}_\pi$的下标是 $\pi$ 函数，$\pi$ 函数的值可反映在我们使用策略 $\pi$ 的时候，到底可以得到多少奖励。$Q$ 函数则包含两个变量：状态和动作，其定义见式（6.2）。基于这些基本原理，强化学习能够解决包括游戏、机器人控制和金融交易等多领域的问题。

$$V_\pi(s) = \mathbb{E}_\pi[G_t|s_t=s] = \mathbb{E}_\pi\left[\sum_{k=0}^{\infty} \gamma^k r_{t+k+1} \mid s_t = s\right] \quad (6.1)$$

$$Q_\pi(s,a) = \mathbb{E}_\pi[G_t|s_t=s,a_t=a] = \mathbb{E}_\pi\left[\sum_{k=0}^{\infty} \gamma^k r_{t+k+1} \mid s_t = s, a_t = a\right] \quad (6.2)$$

在双方博弈的场景下，各个组件定义也需要进行相应的改变，从而适应更加复杂的环境和场景。与传统的马尔可夫决策过程相比，在双方博弈中，系统涉及更多的实体，这些实体所采取的决策，是根据智能体的行为进行的，可能会产生超出系统设定的行为。而每个智能体都是独立的，具有自己的策略和动作空间。这些智能体相互作用，并通过博弈来影响彼此的状态和奖励，正是模型所需要达到的目标。相比于传统的强化学习对抗，在双方博弈的场景中，存在更大的不确定性，不同的实体可能有不同的策略，这些策略可以是确定性的或随机性的，是实体根据环境的观察和智能体的行为来做出决策。

针对双方博弈场景，强化学习算法需要考虑如何制定策略，建模对手，以及在合作和对抗情境下最大化累积奖励。这使得问题更为复杂，需要更高级的算法和方法来有效地应对博弈的动态变化。

## 6.3.2　强化学习仿真环境

强化学习的仿真环境近几年也得到了长足发展。2016 年 4 月 OpenAI 对外开放了其 AI 训练平台 gym。同年 12 月，该组织宣布开源训练和测试 AI 通用能力的平台 Universe，训练 AI

通过虚拟的键盘和鼠标像人类一样使用计算机玩游戏。不久后 DeepMind 团队也宣布开源其 AI 核心平台 DeepMind Lab。AirSim 是 Microsoft 发布的开源自动驾驶仿真环境，并使用 Python 程序来读取信息和控制车辆，具体内容见 https://github.com/microsoft/AirSim。

### 6.3.3 强化学习与传统学习、深度学习的对比

图 6.25 给出了强化学习与传统学习对比。

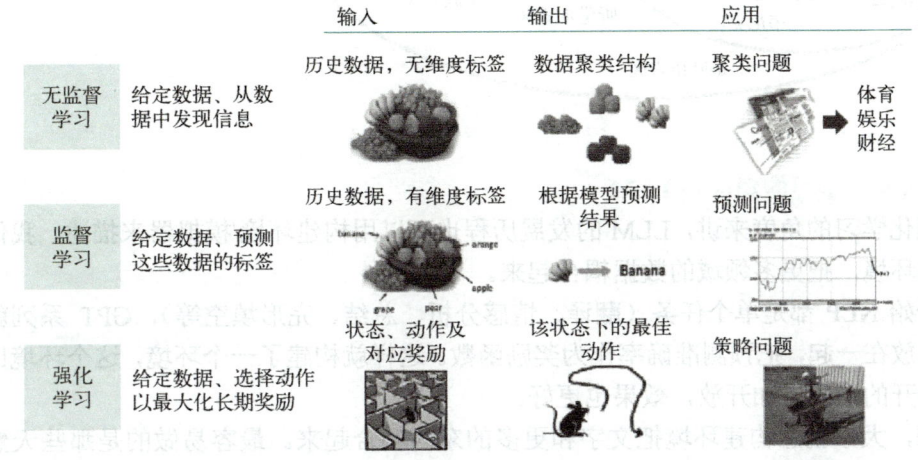

图 6.25 强化学习与传统学习对比

强化学习与深度学习存在如下差异：

1）深度学习是根据所有历史数据，推测将来某一事件发生的概率。

2）强化学习是针对某些只与上一时刻相关的问题，根据本时刻与上一时刻的状态和动作，推断下一时刻某动作发生的概率。深度学习是相对机械的、静止的。强化学习是相对不断变化的一个连续的过程。

3）深度强化学习是通过上一时刻的深度学习预测模型和本时刻的模型，推断出下一状态采取某个动作的概率，是前面两者的结合，每次训练模型都用到了上次的模型。

深度强化学习是一种通过观察、行动和奖励与环境相互作用来学习的神经网络。深度强化学习已经被用来学习游戏策略，比如著名的 AlphaGo。

深度强化学习是所有学习技术中最通用的，因此可以应用于大多数商业应用中。它需要比其他技术更少的数据来训练模型。更值得注意的是，它可以通过模拟来训练，这样就完全不需要有标签的数据了。鉴于这些优点，期望看到更多的深度强化学习与基于 Agent 的仿真相结合。

### 6.3.4 大语言模型+强化学习

现在多模态大语言模型做到的事情主要是把人类大脑靠后的部分功能完成了，但是人类大脑比较靠前区域的功能很多还没有实现。

大语言模型还有一个发展趋势，就是实现大脑前面的这些功能（见图 6.26）。

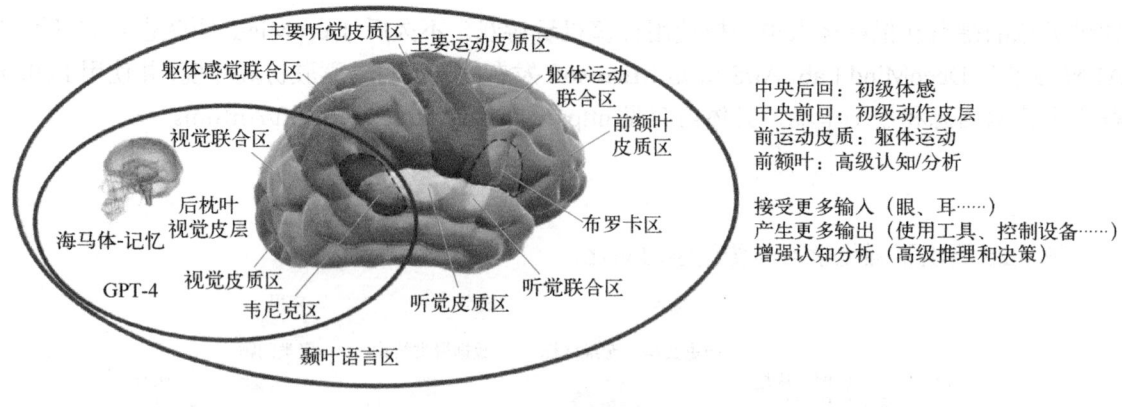

图 6.26　后脑与前脑的结合

**1. 从强化学习的角度看 LLM**

从强化学习的角度来讲，LLM 的发展历程也可以用构建环境/模拟器来描述。我们希望构建合适的环境，把更多领域的数据耦合起来。

最开始 NLP 都是单个任务（翻译、情感分析、总结、完形填空等），GPT 系列就把所有的语料都放在一起，把预测准确率作为奖励函数。这样就构建了一个环境，这个环境比之前单个任务分开的形式更加开放，效果也更好。

后来，大家就想构建环境把文字和更多的东西耦合起来。最容易做的是那些天然有中间数据的，比如图像。因为图像和文字之间有字幕这样的数据，能把它们耦合起来。因此大家可以继续使用预测准确率这样的奖励函数来训练得到不错的模型。

不过要想把文字和别的东西再耦合起来就比较难了，因为缺少像字幕这样能把它们联系起来的中介。

所以这中间存在一个权衡，越开放的环境，人们越难给它设计合适的奖励。

比如 InstructGPT 里面用的 RLHF 就需要一些人工，在一个比较模糊的目标（3H：Helpful、Honest、Harmless）的指引下，人工标注一些数据，然后用神经网络泛化这个规则，得到奖励函数。

接下来人们又想办法把文字和控制、意图、各种接口等耦合起来。

总之，我们不满足于只从文字内部的统计学规律中提取知识，而是希望把它作为一种高信息密度的介质，让它能对外界产生作用，并且找到合适的奖励，反馈给语言模型。

**2. 大模型成为机器人感知世界大脑**

在开发机器人学习方法时，如果能整合大型多样化数据集，再组合使用强大的富有表现力的模型（如 Transformer），那么就有望开发出具备泛化能力且广泛适用的策略，从而让机器人学会很好地处理各种不同的任务。比如，这些策略可让机器人遵从自然语言指令，执行多阶段行为，适应各种不同环境和目标，甚至适用于不同的机器人形态。

但是，近期在机器人学习领域出现的大模型都是使用监督学习方法训练得到的。因此，所得策略的性能表现受限于人类演示者提供高质量演示数据的程度。这种限制的原因有两个。

第一，我们希望机器人系统能比人类远程操作者更加熟练，利用硬件的全部潜力来快速、流畅和可靠地完成任务。

第二，我们希望机器人系统能更擅长自动积累经验，而不是完全依赖高质量的演示。

从原理上看,强化学习能同时提供这两种能力。

近期出现了一些颇具潜力的进步,它们表明大规模机器人强化学习能在多种应用设置中取得成功,比如机器人抓取和堆叠、学习具有人类指定奖励的异构任务、学习多任务策略、学习以目标为条件的策略、机器人导航。但是,研究表明,如果使用强化学习来训练 Transformer 等能力强大的模型,则更难大规模地有效实例化。

## 6.4 迁移学习

深度学习是从海量的数据中来使模型达到稳健的程度,仅靠有限的数据量来训练模型必然是不稳健的,通常很容易导致过拟合,模型泛化能力差。

使用迁移学习的一个原因是每个人的计算机软硬件情况是不同的,而训练深度学习模型是非常依赖计算资源的,如果计算机的软硬件情况不佳对于从头到尾训练一个深度学习模型来说是非常耗时的,有时甚至根本训练不了。从头开始训练一个卷积神经网络模型需要较长的时间且非常依赖于强大的 GPU 计算资源,对于一个实验性极强的领域,花费好几天甚至一周的时间去训练一个深度神经网络代价通常是巨大的。

假设有两个任务 A 和 B,任务 A 拥有海量的数据资源且已训练好,但并不是我们的目标任务,任务 B 是我们的目标任务,但其数据量十分匮乏,这种场景便是典型的迁移学习应用场景。除了数据量匮乏这个原因外,应用迁移学习还有一个非常重要的条件是任务 A 和任务 B 这两个模型要具有一定的相似性,即两个任务的输入属于同种性质,例如要么同是图像,要么同是视频,数据集类别相差不大。

### 6.4.1 迁移学习概述

迁移学习将在一个任务上训练过的模型用在第二个相关的任务中重复使用。迁移学习是一种优化,它允许在第二个任务上建模时取得快速进步和改善性能。

在迁移学习中,我们首先在基础数据集和任务上训练一个基础网络,然后重新调整学习到的模型特性,或将它们转移到第二个目标网络以在目标数据集和任务上接受训练。如果学习到的特性是常规的,这就意味着模型可以适用于基础任务和目标任务。

迁移学习的核心问题是,找到新问题和原问题之间的相似性,才可以顺利地实现知识的迁移。比如你会打羽毛球,那么你会打网球的可能性比较大。你会下象棋,那么你可能也会国际象棋(见图 6.27)。

图 6.27 迁移学习示意图

### 6.4.2 迁移学习与传统机器学习对比

迁移学习与传统机器学习对比见表 6.2。

表 6.2 迁移学习与传统机器学习对比

| 矛盾 | 传统机器学习 | 迁移学习 |
|---|---|---|
| 大数据与标注数量不足 | 增加人工标注，代价昂贵且耗时 | 标注迁移 |
| 大数据与弱计算 | 算力要求苛刻，受众少 | 模型迁移 |
| 普适化模型与个性化需求 | 通用模型无法满足个性化需求 | 模型自适应调整 |
| 特定应用 | 冷启动问题无法解决 | 样本迁移 |

（1）大数据与标注数量不足之间的矛盾

众所周知，机器学习模型的训练和更新，均依赖于数据的标注。而标注往往难以实现，且成本高。反过来说，特定的领域，因为没有足够的标注数据用来学习，使得这些领域一直不能很好地发展。

单纯地凭借少量的标注数据，无法准确地训练高可用度的模型。为了解决这个问题，我们直观的想法是：多增加一些标注数据不就行了？但是不依赖于人工，如何增加标注数据？利用迁移学习的思想，我们可以寻找一些与目标数据相近的有标注的数据，从而利用这些数据来构建模型，增加目标数据的标注。

（2）大数据与弱计算之间的矛盾

大数据，就需要大设备、强计算能力的设备来进行存储和计算，比如 Google、Facebook、Microsoft，这些公司有着雄厚的计算资源去利用海量数据训练模型。如何让普通人也能利用这些数据和模型呢？

不可能所有人都有能力利用大数据快速进行模型的训练。利用迁移学习的思想，我们可以将那些大公司在大数据上训练好的模型，迁移到我们的任务中。针对我们的任务进行微调，从而拥有在大数据上训练好的模型。更进一步，可以将这些模型针对我们的任务进行自适应更新，从而取得更好的效果。

（3）普适化模型与个性化需求之间的矛盾

机器学习的目标是构建一个尽可能通用的模型，使得这个模型对于不同用户、不同设备、不同环境、不同需求，都可以很好地进行满足。但是具体到每个个体、每个需求，都存在其唯一性和特异性，一个普适化的通用模型根本无法满足。那么，能否将这个通用的模型加以改造和适配，使其更好地服务于人们的个性化需求？

为了解决个性化需求的挑战，我们利用迁移学习的思想，进行自适应的学习（根据用户的情况形成模型）。考虑到不同用户之间的相似性和差异性，我们对普适化模型进行灵活的调整，以便完成我们的任务。

（4）特定应用的需求

机器学习已经被广泛应用于现实生活中。有些特定的应用面临着一些现实存在的问题，比如推荐系统的冷启动问题（就是缺乏数据），那么我们就可以通过迁移数据来解决。

### 6.4.3 迁移学习方法

#### 1. 样本迁移

样本迁移一般是对样本进行加权，给比较重要的样本较大的权重，即在数据集（源领域）中找到与目标领域相似的数据，把这个数据放大多倍，与目标领域的数据进行匹配。其特点是：需要对不同例子加权，需要用数据进行训练。样本迁移见图 6.28。

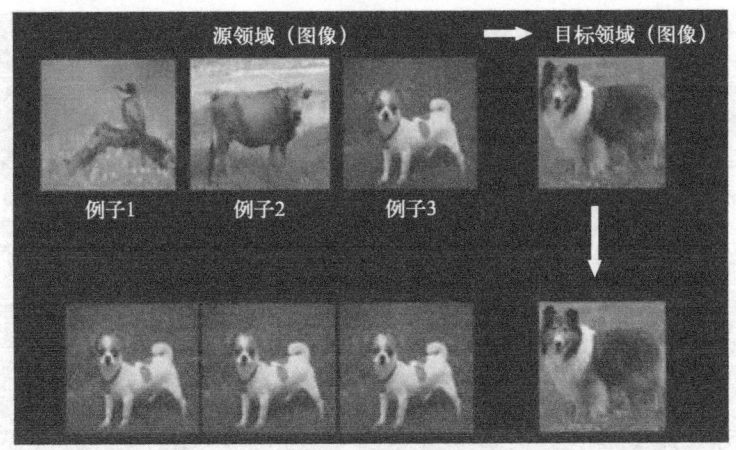

图 6.28　样本迁移

**2．特征迁移**

在特征空间进行迁移，一般需要把源领域和目标领域的特征投影到同一个特征空间里进行。特征迁移是通过观察源领域图像与目标域图像之间的共同特征，然后利用观察所得的共同特征在不同层级的特征间进行自动迁移。特征迁移见图 6.29。

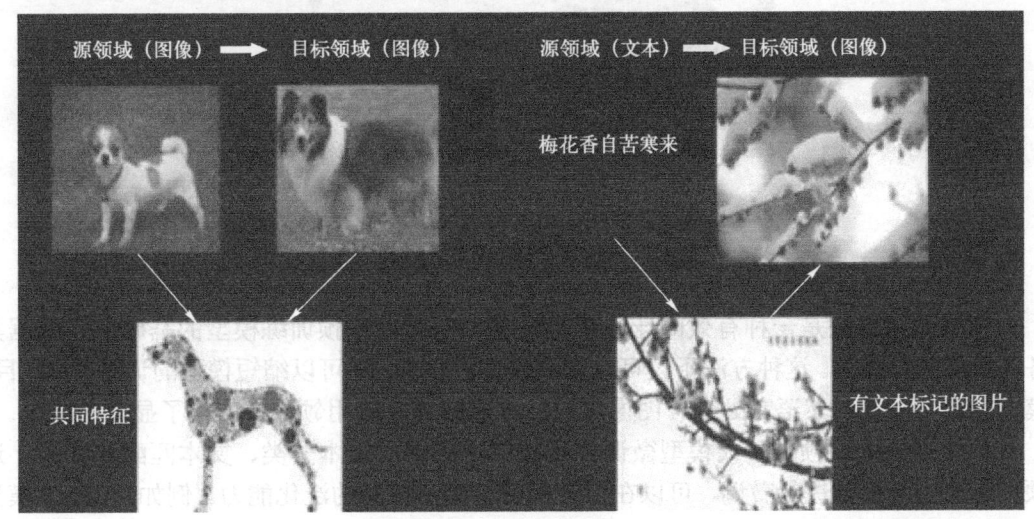

图 6.29　特征迁移

**3．模型迁移**

将整个模型应用到目标领域去，比如目前常用的对预训练好的深度网络做微调，也叫作参数迁移。例如利用上千万的图像训练好一个图像识别的系统，当我们遇到一个新的图像领域，就不用再去找几千万个图像来训练了，可以将原来的图像识别系统迁移到新的领域，所以在新的领域只用几万张图片就能够获取相同的效果。模型迁移的一个好处是可以和深度学习结合起来，我们可以区分不同层次可迁移的度，相似度比较高的层次被迁移的可能性就大一些。模型迁移见图 6.30。

**4．关系迁移**

关系迁移即社会关系之间的迁移，见图 6.31。

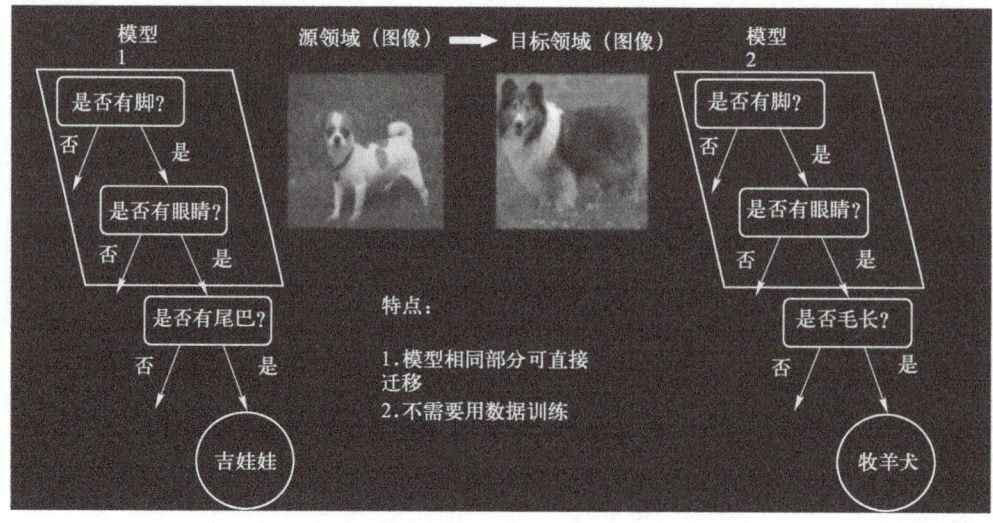

图 6.30　模型迁移

图 6.31　关系迁移

### 6.4.4　大模型微调方法是一种有效的迁移学习技术

大模型微调方法是一种有效的迁移学习技术，它可以在预训练模型的基础上，根据具体任务对模型进行微调。这种方法不仅可以提高模型的性能，还可以缩短模型的训练时间。目前，大模型微调方法在自然语言处理、图像识别、机器翻译等应用领域都取得了显著的成果。

在自然语言处理领域，大模型微调方法被广泛应用于文本分类、文本匹配等任务。通过对预训练的语言模型进行微调，可以在很大程度上提高模型的泛化能力。例如，BERT 模型的微调方法在多项 NLP 任务中有优异的表现。

在图像识别领域，大模型微调方法也被广泛应用于图像分类、目标检测等任务。通过对预训练的图像模型进行微调，可以在很大程度上提高模型的准确率。例如，ResNet 模型的微调方法可以在 ImageNet 图像识别比赛中取得优异的成绩。

在机器翻译领域，大模型微调方法被广泛应用于翻译模型的训练。通过对预训练的翻译模型进行微调，可以在很大程度上提高翻译的准确率和效率。例如，Transformer 模型的微调方法可以在多种语言对中取得优秀的翻译效果。

然而，大模型微调方法也存在一些不足之处。首先，由于微调过程中需要重新训练模型，因此计算成本较高。其次，由于微调过程中可能会出现过拟合现象，因此需要在训练过程中进行有效的正则化。此外，目前的迁移学习方法主要依赖于手工设计的特征或任务，对于一些复杂任务，手工设计特征或任务显得力不从心。

## 6.5 低代码编程

低代码编程

近年来，在数字经济迅速发展的背景下，越来越多的企业开始建立健全业务系统，借助数字化工具提升管理效率，驱动业务发展，促进业绩增长。在这一过程中，和许多新技术一样，低代码（Low-code）开发被推上了"风口"。

### 6.5.1 低代码核心理念

**低代码**是一种可视化的应用开发方法，用较少的代码、以较快的速度来交付应用程序，将代码开发做到自动化，也称为零代码。

低代码核心理念见图 6.32。

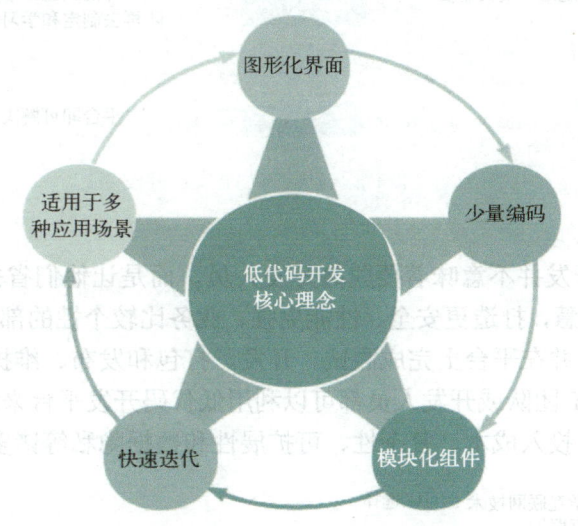

图 6.32 低代码核心理念

1）图形化界面：低代码开发平台通常提供了可视化的拖放式界面，使开发人员可以通过图形化方式创建和定制应用程序的用户界面、工作流程和功能。这消除了编写大量代码的需求。

2）少量编码：尽管被称为低代码，但低代码平台仍需要一定程度的编码，通常使用简单的脚本或配置。这相对于传统的手动编码方法来说难度要小得多，从而降低了技术门槛。

3）模块化组件：低代码平台通常包括丰富的预构建模块和组件，如数据库连接、表单生成、报告生成、工作流管理等。开发人员可以轻松地将这些组件集成到应用程序中，而无须从头开始开发。

4）快速迭代：低代码方法支持快速迭代和原型开发，开发人员可以快速构建原型并进行测试，然后根据反馈进行调整。这有助于更快地交付应用程序。

5）适用于多种应用场景：低代码技术适用于各种应用场景，包括企业应用、移动应用、Web 应用、工作流应用等。

**1. 低代码开发与传统项目开发对比**

传统的代码编程技术是很难跟上时代发展的，而低代码开发的宗旨就是将编程的大部分复杂性隐藏在低代码平台底层,使开发者可以将精力聚焦在自己的业务上,加速应用开发与部署。图 6.33 展示了低代码开发与传统项目开发对比。

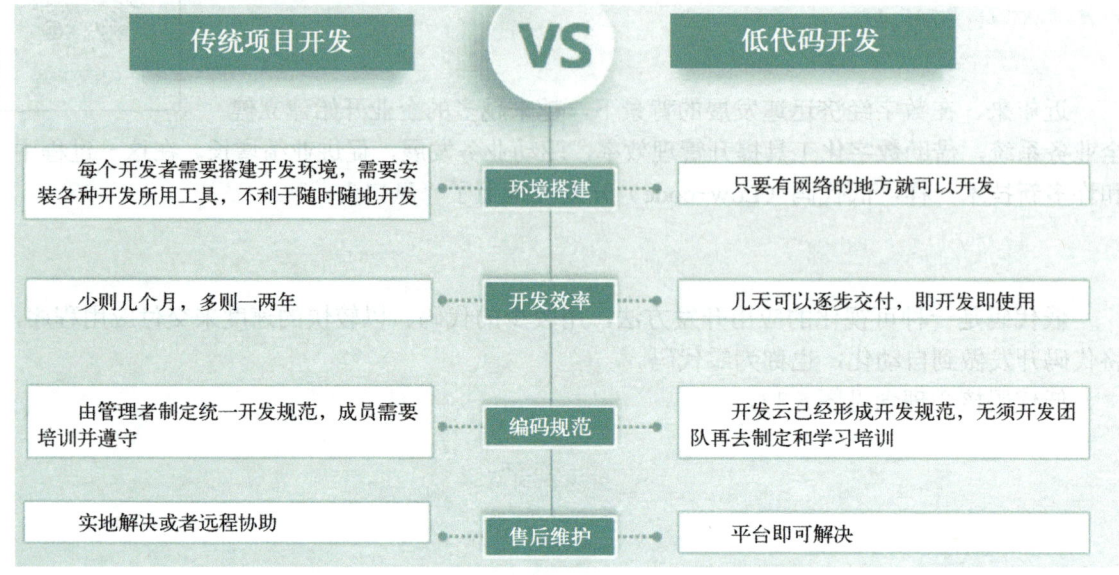

图 6.33　低代码开发与传统项目开发对比

### 2. 低代码开发能力要求

实际上,低代码开发并不意味着要脱离开发人员,而是让他们省去 80%开发工作,剩下 20%空间去重点发挥智慧,打造更安全、性能更强、业务比较个性的部分。而且只需一个账号即可开发一系列应用,并在平台上完成测试、开发、打包和发布、维护等全部操作。

各行各业的企业 IT 团队或开发人员都可以利用低代码开发平台来实现业务创新和生产力提升,应对开发时间、投入成本、复杂性、可扩展性和数据隐私等诸多挑战(见图 6.34)。

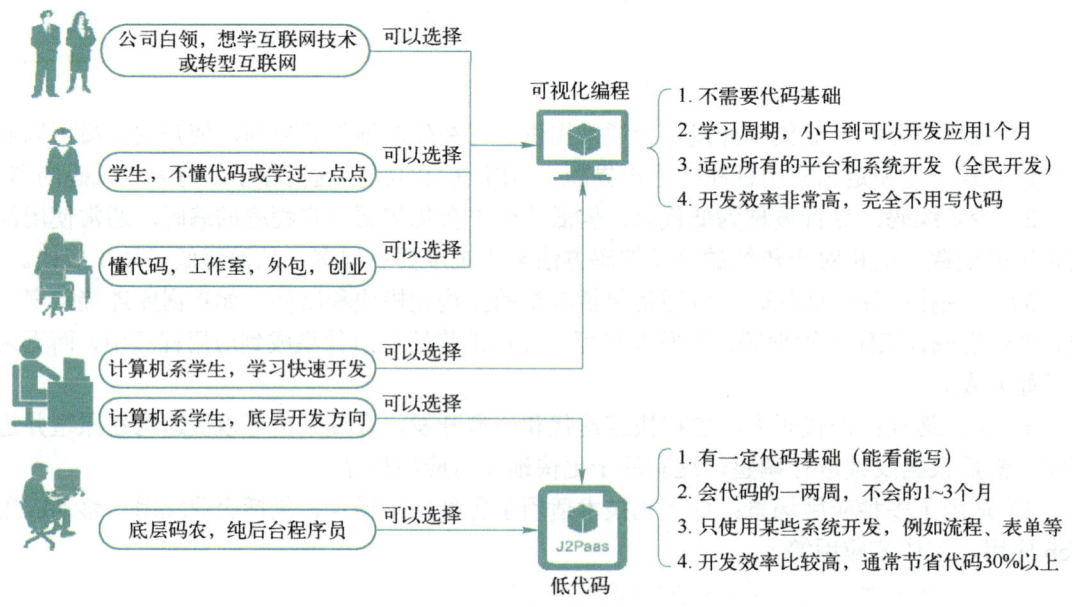

图 6.34　低代码开发能力要求

## 6.5.2 低代码开发特点

需求火热的低代码开发究竟有哪些技术特点呢？具体见图 6.35。

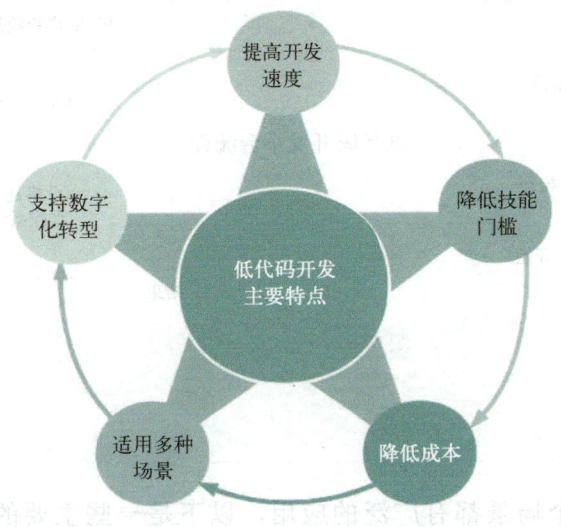

图 6.35 低代码开发特点

1）提高开发速度：低代码开发的速度远超传统开发方式。据统计，低代码开发的效率是传统开发方式的 5 倍。即使是开发经验丰富的程序员也无法使用传统编码方式超越低代码的开发速度。

2）降低技能门槛：低代码开发平台彻底打破了只有专业程序员才能开发软件的传统局限，普通业务人员也可以开发应用。

3）降低成本：低代码开发可以帮助企业节省聘请专业开发人员的成本，缩短开发时间，降低后期维护成本，减少整体资金投入。

4）适用多种场景：低代码适用于许多不同类型的应用程序，从企业管理到客户关系管理（CRM）和更多领域。

5）支持数字化转型：低代码有助于组织实现数字化转型，加速业务流程的自动化和优化。随着数字化浪潮的推进，企业商业模式创新促使企业从管理转向运营、部门管理转向场景化运营，商业生态重构让未来企业运营模式也会更加关注从生产转向服务，从分销转向用户，突破企业管理边界与上下游连通。企业需要新的数字技术工具把企业组织、管理、经营等行为由线下搬到线上，实现企业运营管理的业务在线。低代码配置灵活和复用性高的特点，更贴合企业数字化转型所需的快速开发和敏捷迭代的业务创新。

低代码技术已经在企业和组织中广泛应用，帮助它们更快地构建和交付应用程序，以满足不断变化的业务需求。这对于加速创新和适应市场竞争至关重要。

## 6.5.3 低代码开发流程

低代码开发流程见图 6.36。

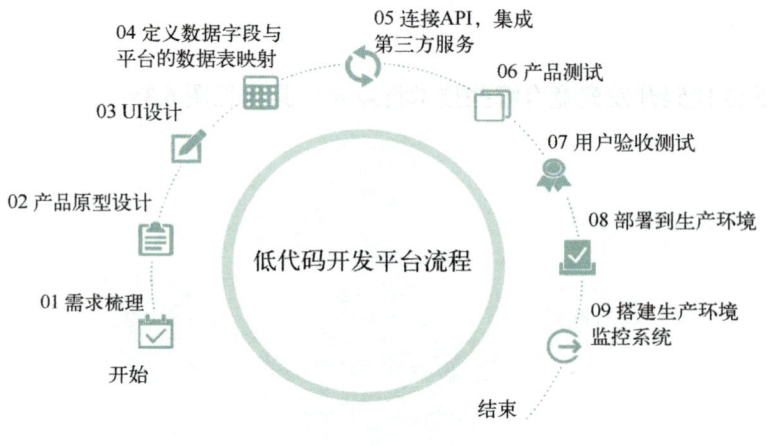

图 6.36　低代码开发流程

### 6.5.4　低代码应用场景

低代码技术在各个场景都有广泛的应用，以下是一些主要的低代码应用场景（见图 6.37）。

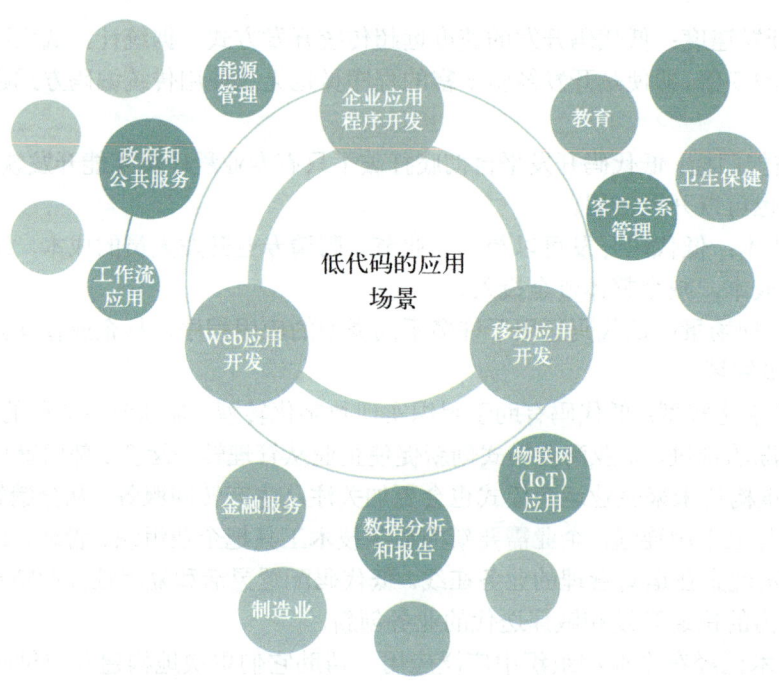

图 6.37　低代码应用场景

1）企业应用程序开发：企业可以使用低代码平台快速构建内部应用程序，用于员工管理、项目管理、库存追踪、客户关系管理等。这有助于提高内部流程的效率和可见性。

2）移动应用开发：低代码技术可用于创建移动应用，包括 iOS 和 Android 应用。这使企业能够更轻松地与客户互动，提供移动服务和移动销售渠道。

3）Web 应用开发：低代码平台支持 Web 应用程序的快速构建，用于在线销售、电子商务、博客、新闻门户、在线学习等各种网站和应用。

4）工作流应用：低代码工作流平台可用于创建、自动化和优化各种工作流程，如审批流程、报销流程、合同管理等。这有助于提高生产力和减少手动操作。

5）客户关系管理：低代码客户关系管理系统可以帮助企业管理客户信息、销售管道和客户互动。这有助于改进客户关系和提供更好的客户服务。

6）数据分析和报告：低代码工具可以用于创建自定义数据分析和报告应用程序，帮助企业更好地理解其数据并做出决策。

7）物联网（IoT）应用：低代码技术可用于构建物联网应用程序，监控连接到互联网的设备，如智能家居、智能城市解决方案、工业自动化等。

8）教育：学校和教育机构可以使用低代码平台创建教育应用程序，用于在线学习、课程管理和学生成绩追踪。

9）金融服务：金融机构可以使用低代码技术创建应用程序，用于客户账户管理、在线银行、金融交易、风险评估和合规性报告。

10）卫生保健：医疗机构可以使用低代码平台创建医疗记录管理系统、预约系统、患者监测和医疗设备管理应用。

11）制造业：制造业可以利用低代码平台来构建生产计划、库存管理、质量控制和供应链管理应用，以优化生产流程。

12）能源管理：能源公司可以使用低代码技术创建能源监控和管理应用，以提高能源效率和可持续性。

13）政府和公共服务：政府部门可以使用低代码来改进公共服务，如建设许可证、城市规划、税务管理等。

上述只是低代码技术的一部分应用领域，它可以在各个行业中提供快速开发和部署应用程序的解决方案。通过减少编码工作量，降低技术门槛，有助于企业更快地满足不断变化的需求。

### 6.5.5　低代码市场

低代码的市场规模足够大，每年都在高速增长。在企业数字化转型浪潮下，需要超级庞大的新业务场景应用。低代码技术是数字化转型过程中降本增效趋势下的必然产物，能缓解甚至解决庞大的市场需求与传统的开发生产力引发的供需关系矛盾问题，使企业在应用开发市场上受益。

同时，国内互联网厂商数字化布局低代码产品在孵化推进。从低代码应用方向角度来说，不同企业规模/类型的应用趋势亦不尽相同（见图 6.38）。

### 6.5.6　AI 大模型与低代码的融合

AI 大模型与低代码技术的融合代表了两种强大的数字化工具的结合，有望在应用开发和自动化中带来革命性的效益。以下是 AI 大模型与低代码的融合方式和优势（见图 6.39）。

图 6.38 低代码服务商图谱

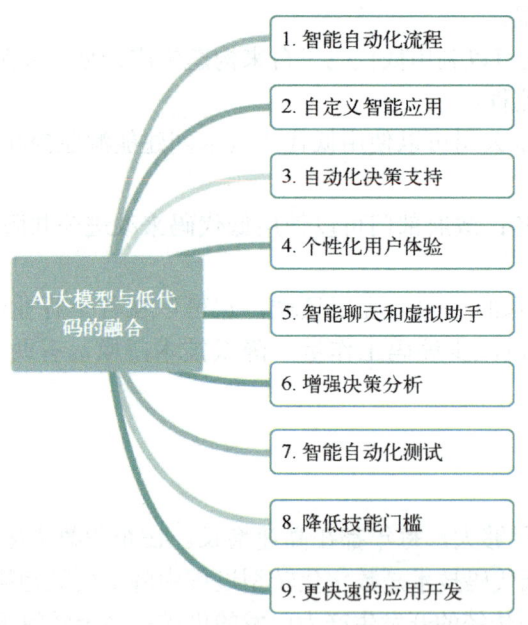

图 6.39 AI 大模型与低代码的融合方式和优势

1）智能自动化流程：AI 大模型可以与低代码平台结合，使应用程序能够更智能地处理数据和任务。这意味着应用程序可以具备自动决策、自适应性和自动学习的能力，以更好地适应不断变化的环境。

2）自定义智能应用：利用低代码的可视化界面和 AI 大模型的强大数据分析能力，企业可以更轻松地创建自定义的智能应用程序，用于数据挖掘、预测分析、自然语言处理和计算机视觉等领域。

3）自动化决策支持：AI 大模型可以与低代码工作流程引擎集成，提供数据驱动的自动决策支持。这有助于企业更智能地管理和优化业务流程。

4）个性化用户体验：结合 AI 大模型的能力，低代码应用程序可以为每个用户提供个性化的体验，包括内容推荐、用户界面定制和自动化反馈。

5）智能聊天和虚拟助手：低代码平台可以创建用于客户支持、虚拟助手和智能聊天应用的界面，而 AI 大模型则可以提供自然语言处理和对话管理的能力。

6）增强决策分析：AI 大模型可以在低代码应用中用于数据分析，帮助企业从海量数据中提取洞察和趋势，以更好地支持战略决策。

7）智能自动化测试：AI 大模型可以用于低代码应用程序的自动化测试，识别问题和错误，减少测试时间和成本。

8）降低技能门槛：低代码平台与 AI 大模型的融合可以降低开发的技能门槛，使更多非技术人员能够创建智能应用，推动数字化转型。

9）更快速的应用开发：结合低代码和 AI 大模型，企业可以更快速地开发和部署智能应用，加速创新和响应市场需求。

## 6.6 量子计算

作为电子计算机的最前沿应用，人工智能始终存在算力不足的隐忧。ChatGPT 问世数月后，OpenAI 总裁奥尔特曼曾公开表示，其并未鼓励更多用户注册 OpenAI。2023 年 11 月，OpenAI 甚至宣布暂停 ChatGPT Plus 付费订阅新用户的注册，以确保现有用户拥有高质量体验。显然，作为全球性能最强的 AI，ChatGPT 已遇到算力等方面的瓶颈。在此背景下，讨论量子计算机在人工智能领域的应用就成为一种颇具潜力的未来解决方案。

人工智能领域的算法，大部分属于并行计算的范畴。例如，AlphaGo 在下围棋的过程中，需要同时考虑对手在不同位置落子后的应对招数，从中找到最有可能赢得棋局的下法。这就需要计算机优化并行计算的效率来实现。而量子计算机擅长并行计算，因为它可以同时计算和存储"0"和"1"两种状态，无须像电子计算机那样消耗额外的计算资源，譬如串联多个计算单元，或将计算任务在时间上并列。计算任务越复杂，量子计算就越具备优势。

### 6.6.1 量子计算概述

**1. 量子计算的概念**

说到量子计算首先要讲一下量子力学的概念。量子力学和相对论一起构成了现代物理学的理论基础。量子力学指出，世界的运行并不确定，我们最多只能预测各种结果出现的概率，一个物体可以同时处于两个相互矛盾的状态中。**量子计算**就是一种遵循量子力学的规律调控数据的过程。

**2. 量子计算基本原理**

量子力学态叠加原理使得量子信息单元的状态可以处于多种可能性的叠加状态，从而导致量子信息处理从效率上相比于经典信息处理具有更大潜力。普通计算机中的 2 位寄存器在某一时间仅能存储 4 个二进制数（00、01、10、11）中的一个，而量子计算机中的 2 位量子位（Qubit）寄存器可同时存储这 4 种状态的叠加状态。随着量子位数的增加，对于 n 个量子位而言，量子信息可以处理 2 种可能状态的叠加，配合量子力学的并行性，可以展现比传统计算机更快的处理速度。

传统计算机的理论模型是通用图灵机，量子计算机的理论模型是用量子力学规律重新诠释的通用图灵机。量子计算机只能解决传统计算机所能解决的问题，但是由于量子力学叠加性的存在，某些已知的量子算法在处理问题时速度远远快于传统的计算机。

（1）量子位

量子位是量子计算的理论基石。在常规计算机中，信息单元用二进制的 1 个位来表示，它不是处于"0"态就是处于"1"态。在二进制量子计算机中，信息单元称为量子位，它除了处于"0"态或"1"态外，还可处于叠加态。

叠加态是"0"态和"1"态的任意线性叠加，它既可以是"0"态又可以是"1"态，"0"态和"1"态各以一定的概率同时存在。通过测量或与其他物体发生相互作用而呈现出"0"态或"1"态。任何两态的量子系统都可用来实现量子位，例如氢原子中的电子的基态（Ground State）和第 1 激发态（First Excited State）、质子自旋在任意方向的+1/2 分量和-1/2 分量、圆偏振光的左旋和右旋等。

一个量子系统包含若干粒子，这些粒子按照量子力学的规律运动，称此系统处于态空间的某种量子态。这里所说的态空间是指由多个本征态（Eigenstate）（即基本的量子态）所张成的矢量空间，基本量子态简称基本态（Basic State）或基矢（Basic Vector）。态空间可用希尔伯特空间（线性复向量空间）来表述，即希尔伯特空间可以表述量子系统的各种可能的量子态。为了便于表示和运算，狄拉克提出用符号"$|x\rangle$"来表示量子态，$|x\rangle$ 是一个列向量，称为 ket；它的共轭转置（Conjugate Transpose）用"$\langle x|$"表示，$\langle x|$ 是一个行向量，称为 bra。一个量子位的叠加态可用二维希尔伯特空间（即二维复向量空间）的单位向量来描述。

（2）叠加原理

把量子考虑成磁场中的电子。电子的旋转可能与磁场一致，称为上旋转状态，或者与磁场相反，称为下旋状态。如果我们能在消除外界影响的前提下，用一份能量脉冲将下自旋态翻转为上自旋态，那么，我们用一半的能量脉冲，将会把下自旋状态制备到一种下自旋与上自旋叠加的状态上（处在每种状态上的概率为二分之一）。$n$ 个量子位可以承载 $2^n$ 个状态的叠加状态。而量子计算机的操作过程被称为幺正演化，幺正演化将保证每种可能的状态都以并行的方式演化。这意味着量子计算机如果有 500 个量子位，则量子计算的每一步会对 $2^{500}$ 种可能性同时做出了操作。$2^{500}$ 是一个巨大的数，它比地球上已知的原子数还要多（这是真正的并行处理，当今的经典计算机的并行处理器仍然是一次只做一件事情）。

### 3. 量子计算机

量子计算机是一类遵循量子力学规律进行高速数学和逻辑运算、存储及处理量子信息的物理装置。当某个装置处理和计算的是量子信息，运行的是量子算法时，它就是量子计算机。量子计算机的特点主要有运行速度较快、处置信息能力较强、应用范围较广等。与一般计算机比较，信息处理量愈多，对于量子计算机实施运算也就愈加有利，也就更能确保运算具备精准性。量子计算机的计算基础是量子位（见图 6.40）。

图 6.40 量子计算机

## 6.6.2 量子计算与人工智能

人工智能发展的三大基石为大数据、算法以及计算能力。事实上,随着数据信息爆发式的发展,计算能力或将成为未来人工智能发展的最大瓶颈,这就需要量子计算机来帮助我们处理未来海量的数据。

此外,就是热耗散的问题。对于经典计算机器件,热耗散不可避免,而且集成度越高,热耗散越严重。但对于量子计算机来说,原理上保持可逆计算,没有热耗散。

量子计算能够让人工智能加速,一个亿亿次的经典计算需要一百年,但用一个万亿次的量子计算可能只需要 0.01s 的时间。量子计算机将重新定义什么才是真正的超级计算能力。同时,量子计算机也将有可能解决人工智能快速发展带来的能源问题。

业界普遍认为量子计算将有可能给人工智能带来革命性的变化。目前,量子计算主要应用于机器学习提速,基于量子硬件的机器学习算法,能加速优化算法和提高优化效果。

量子计算机的计算能力将使人工智能的学习能力和处理速度实现指数级加速,能够轻松应对大数据时代的挑战。

我们有理由相信,人工智能在量子计算的作用下,将会为我们开启一个全新的时代。

## 6.6.3 大模型与量子计算的未来

近年来,大模型技术的发展迅猛,广泛应用于各个行业。百度近期发布了一个在量子领域的大模型,这是大模型技术的又一重大突破。

**1. 技术原理**

百度量子领域大模型的工作流程可以分为以下几个步骤:

1)数据预处理:首先需要将量子数据转换成合适的格式,并进行相应的预处理,以便模型的学习和训练。

2)模型训练:采用深度学习等算法对预处理后的数据进行训练,从中学习量子数据的特征和规律。

3)量子态生成:根据训练好的模型,生成新的量子态,这些量子态具有与原始数据相似但不等同的特征。

百度量子领域大模型的技术创新点在于:它采用了全新的量子神经网络架构,这一架构有助于更好地捕捉量子数据中的特征和规律，提高模型的生成能力和准确性。同时，该模型还具有高度的扩展性和灵活性，可以轻松地适应不同的量子计算应用场景。

**2. 应用场景**

百度量子领域大模型在商业实践中有许多应用场景。例如，在加密通信领域，该模型可以通过生成新的量子密钥，为信息安全提供更强的保障。在物质模拟和优化领域，该模型可以用于研究分子的量子力学行为，从而加速新材料的研发进程。此外，在人工智能领域，该模型可以为机器学习提供更准确、更高效的算法和模型，推动人工智能技术的进一步发展。

## 6.7 多智能体

多智能体系统是由多个智能体组成的集合，它的目标是将大而复杂的系统建设成小的、彼此相互通信和协调的、易于管理的系统。多智能体技术已成为人工智能领域中最为重要的研究方向，有着极大的研究价值与应用价值。

### 6.7.1 多智能体概述

**1. 智能体的概念**

智能体概念

智能体（Agent）是分布式人工智能（Distributed AI，DAI）领域的一个基本术语，被认为是一个物理或抽象的、能在一定环境下运行的实体，它能作用于自身和环境，并对环境做出反应。智能体具有知识、目标和能力。知识主要包括领域知识、通信知识、控制知识等。目标根据变化情况分为静态目标和动态目标，目标可以通过算法编入或显示给定，或通过通信获得。能力是指智能体具有推理、决策、规划和控制等的能力。

智能体具有以下特点：

1）自治性：智能体能根据外界环境的变化，自动地对自己的行为和状态进行调整，具有自我管理和自我调节的能力，而不是仅仅被动地接受外界的刺激。

2）反应性：能对外界的刺激做出反应的能力。

3）主动性：对于外界环境的改变，智能体能主动响应。

4）社会性：智能体具有与其他智能体或人进行合作的能力，不同的智能体可根据各自的意图与其他智能体进行交互，以达到解决问题的目的。

5）进化性：智能体能积累或学习经验和知识，并修改自己的行为以适应新环境。

**2. 多智能体的概念**

多智能体（Multi-Agent System，MAS）是指多个单智能体间的相互协作和协调来共同完成一项任务。

**3. 多智能体优势**

1）在多智能体系统中，每个智能体具有独立性和自主性，能够解决给定的子问题，自主地推理和规划并选择适当的策略，并以特定的方式影响环境。

2）多智能体系统支持分布式应用，所以具有良好的模块性，并且易于扩展性、设计灵活简单，克服了建设一个庞大的系统所造成的管理和扩展的困难，能有效降低系统的总成本。

3）在多智能体系统的实现过程中，不追求单个庞大的复杂体系，而是按面向对象的方法构成多层次、多元化的智能体，其结果降低了系统的复杂性，也降低了各个智能体问题求解的复杂性。

4）多智能体系统是一个讲究协调的系统，各智能体通过互相协调去解决大规模的复杂问题；多智能体系统也是一个集成系统，它采用信息集成技术，将各子系统的信息集成在一起，完成复杂系统集成。

5）在多智能体系统中，各智能体之间相互通信，彼此协调，并行地求解问题，因此能有效地提高问题的求解能力。

6）多智能体技术打破了人工智能领域仅仅使用一个专家系统的限制，在多智能体环境下，各领域的不同专家可以协作求解单个专家无法很好解决的问题，提高了系统解决问题的能力。

7）智能体是异质的和分布式的。它们可以是不同个人和组织，采用不同的设计方法和计算机语言开发而成。

8）处理是异步的。由于各智能体是自治的，每个智能体都有自己的进程，按照自己的运行方式异步地进行。

智能体结构

## 6.7.2 多智能体应用

目前多智能体系统已在飞行器的编队控制、传感器网络、数据融合、多机械臂协同装备、并行计算、多机器人合作控制、交通车辆控制、网络的资源分配等领域广泛应用（见图6.41）。

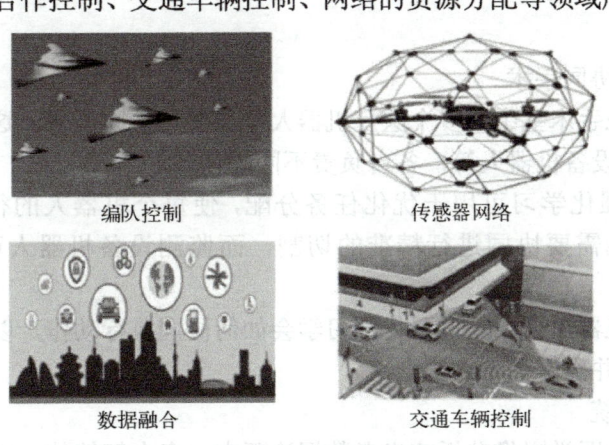

图 6.41 多智能体应用

**1. 多智能体协同控制**

1）协作机器人：一组机器人需要共同协作来完成任务，例如在仓库中搬运货物。智能体需要学习有效的路径规划、避障和货物分配策略。

2）无人驾驶车队：多辆无人车辆需要在城市环境中协同行驶，共享交通信息以避免拥堵，并协同规划最优路径。

**2. 竞争和对抗性环境**

1）多智能体游戏：在实时战略游戏中，团队成员需要协同作战，学习团队战术和策略以击败对手。

2)金融市场交易:多个交易算法在股票市场中竞争,需要学习适应市场波动的最佳交易策略。

**3. 电力系统和能源管理**

1)智能电网:多个能源节点(如太阳能、风能)需要协同学习以平衡电力供需,优化电力传输和储存。

2)能源市场:多个能源生产者和消费者在能源市场中协同学习,以实现最优的能源分配和交易。

**4. 社交机器人和人机协同**

1)社交机器人团队:多个机器人需要协同学习以理解和响应用户的需求,实现更自然和协调的交互。

2)人机协同系统:人类与智能体协同工作,例如在紧急情况下共同操控无人机执行搜索和救援任务。

3)协调专家系统:对于复杂的问题,采用单一的专家系统往往不能满足要求,需要通过多个专家系统协作,共同解决问题。利用多智能体技术,可实现多专家系统的协调求解。

**5. 环境监测和控制**

1)环境监测网络:传感器网络需要协同学习以实时监测气象、空气质量等环境参数。

2)环境保护:多个智能体协同进行环境保护任务,例如清理海洋垃圾或监测野生动植物的数量。

**6. 医疗领域**

(1)医疗机器人协同手术

① 场景描述:在手术室中,多个医疗机器人可能参与协同手术。这些机器人可能包括外科手术机器人、监测设备机器人等,各自负责不同的任务。

② 任务分配:强化学习可用于优化任务分配,使每个机器人的行动更加有效。例如,外科手术机器人可能需要协同进行精准的切割,而监测设备机器人可能负责实时监测生命体征。

③ 协同动作:机器人需要通过强化学习学会如何协同执行动作,以最小化手术时间、最大限度地减少创伤,并确保手术的安全性。

(2)合作诊断系统

① 场景描述:在医学影像分析或患者数据诊断中,多个智能体(可能是计算机程序或机器学习模型)协同工作,共同完成疾病的诊断任务。

② 多模态数据分析:医学数据通常包括多种模态,如影像、生化标志物和病历资料。智能体需要协同学习,以综合多模态信息,提高对疾病的准确性。

③ 知识共享:智能体可以通过学习来共享医学知识,尤其是在罕见病例或跨领域疾病的诊断中。合作学习可以帮助智能体更好地理解和解释复杂的医学数据。

**7. 交通领域**

1)智能交通系统:智能交通系统可以利用多智能体算法来调整路网,比如调整红绿灯时间,来改善交通状况,帮助减少交通拥堵。

2）自动驾驶：自动驾驶可以使用多智能体算法，通过将道路状况和其他智能交通系统信息（如可用车道数、交通流量、出租车的可用数量）嵌入到智能车辆的自动导航系统，使其可以安全灵活地运行，从而有效改变驾驶模式，提高准确性。

8. 工业领域

1）智能机器人：在智能机器人中，信息集成和协调是一项关键性技术，它直接关系到机器人的性能和智能化程度。一个智能机器人应包括多种信息处理子系统，如二维或三维视觉处理、信息融合、规划决策以及自动驾驶等。各子系统是相互依赖、互为条件的，它们需要共享信息、相互协调，才能有效地完成总体任务，其目标是用来结合、协调、集成智能机器人系统的各种关键技术及功能子系统，使之成为一个整体以执行各种自主任务。利用多智能体系统，将每个机器人作为一个智能体，建立多智能体机器人协调系统，可实现多个机器人的相互协调与合作，完成复杂的并行作业任务。

2）柔性制造：多智能体技术应用在柔性制造领域，可表示制造系统，并为解决动态问题的复杂性和不确定性提供新的思路。如在制造系统中，各加工单元可看作智能体，从而使加工过程构成一个半自治的多智能体制造系统，完成单元内加工任务的监督和控制。多智能体技术可用于制造系统的调度、制造过程中的分布式控制。

### 6.7.3 大模型时代的智能体

**1. LLM 和智能体可以相互成就**

人们越来越意识到智能体和人工智能的发展是密不可分的。最近大模型在人工智能应用领域的重大突破，更是让人们看到智能体新的发展机会；特别是像 ChatGPT 这样基于 Transformer 架构的大型语言模型（LLM）改变了智能体能力的各种可能性。它们首次为智能体装备了拥有广泛任务能力的"大脑"，从推理、规划和决策到行动都展现出智能体前所未有的能力。基于 LLM 的智能体将有可能深刻地影响人们生活工作的方式。因此有必要在新的背景下系统地审视智能体这个领域。

LLM 因为其出色的自然语言理解、处理和生成能力，可以很容易地完成回答问题、写文章、生成创意内容、帮助编程等多种任务，也在很多推理、规划和决策任务上表现出色。但 LLM 还只是被动的工具，并且它们依赖简单的执行过程，所以无法直接当智能体使用。智能体机制可以弥补这个问题，它具有主动性，特别是在与环境的交互、主动决策和执行各种任务方面。另外智能体通过挖掘 LLM 的潜在优势可以进一步增强决策制定，特别是使用人工、环境或模型来提供反馈，使得智能体可以具备更深思熟虑和自适应的问题解决机制，超越了 LLM 现有技术的局限。可以说，智能体是真正释放 LLM 潜能的关键，它能为 LLM 核心提供强大的行动能力；而另一方面 LLM 能提供智能体所需要的强大引擎。可以说 LLM 和智能体可以相互成就。

**2. 基于 LLM 的智能体的构建**

智能体根据设定的目标，确定好需要的履行特定角色，自主观测感知环境，根据获得的环境状态信息，检索历史记忆以及相关知识，通过推理规划分解任务并确定行动策略，并反馈作用于环境，以达成目标。在这个过程中智能体持续学习，像人类一样不断进化。可以基于 LLM 来构建一个智能体，充分地利用 LLM 的各种能力来驱动不同的组成单元（见图 6.42）。

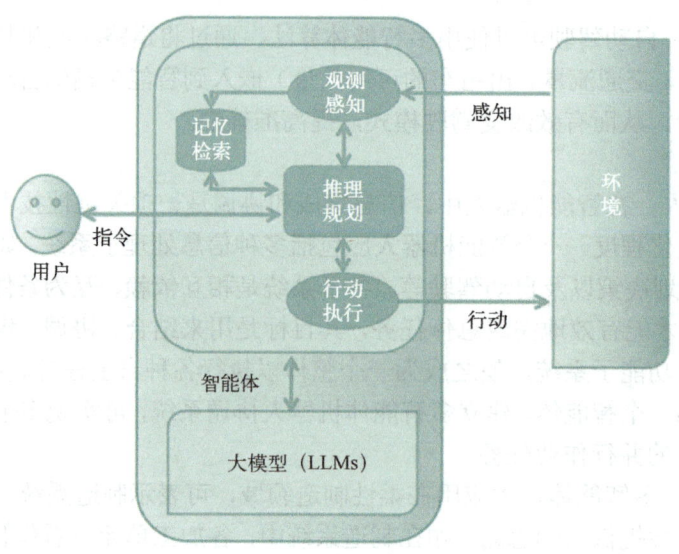

图 6.42 基于 LLM 的智能体结构

具体而言,智能体本身包括观测感知模块、记忆检索、推理规划和行动执行等模块。这些模块的编排可以选择像 Langchain 或 LlamaIndex 这样的框架来实现。智能体呈现强大能力的关键在于智能体系统形成反馈闭环,使得智能体可以持续地迭代学习,不断地获得新知识和能力。反馈除了来自环境外,还可以来自人类和语言模型。智能体不断积累必要的经验来增强改进自己,以显著提高智能体的规划能力并产生新的行为,这些行为能够越来越适应环境并符合常识,以更加完满地完成任务。

智能体的一个典型的工作流程如下。智能体获得用户指令,分析确定智能体需要扮演的角色,同时对目标进行初步分解。智能体观测感知环境,获得环境状态信息,根据需要从历史记忆和知识储备中检索相关信息,将智能体放入一个动态环境中,使其能够回顾过去的行为并通过推理对任务进行分析并规划未来的动作,确定执行策略。行动执行模块负责将智能体的决策转化为具体对环境的输出,控制影响环境的未来状态,完成用户设置的目标。在这个过程中的不同阶段,基于 LLM 的智能体通过提示等方式与 LLM 交互获得必要的资源和相关结果。

**3. 大模型让智能体学会与人类合作**

在大模型加持下,智能体不光能听懂人话,还能学会相互合作或与人合作。

图 6.43 展示了"共享信息"能力:Alice 向 Bob 分享自己找到的目标物体的位置信息。

图 6.43 "共享信息"能力

图 6.44 展示了"向他人的行为提出建议"的能力：除了 Alice 和 Bob 互相分享自己的位置外，Bob 还根据自己所掌握的信息向 Alice 提出了具体的行动建议。

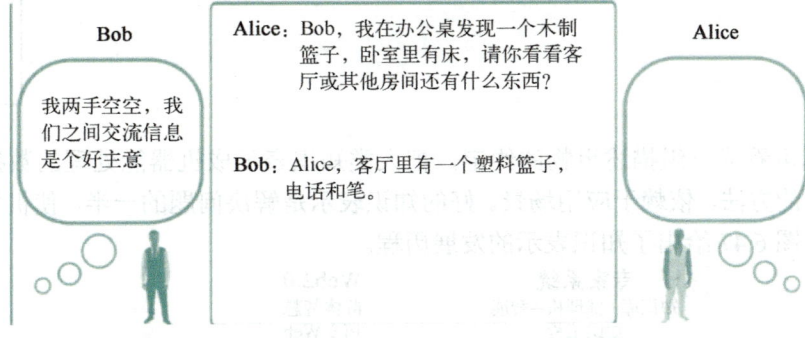

图 6.44 "向他人的行为提出建议"的能力

图 6.45 展示了"向他人提出请求并回应请求"的能力：Bob 发现了新的目标物体，于是他请求 Alice 帮忙取走这个目标物体，Alice 在随后的行为中确实帮忙取走了这个物体。

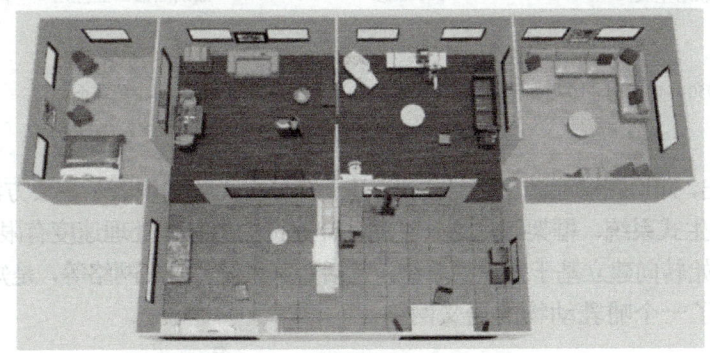

图 6.45 "向他人提出请求并回应请求"的能力

图 6.46 展示了智能体与人类的合作，通过与人类交流划分了探索空间，从而快速完成了任务。

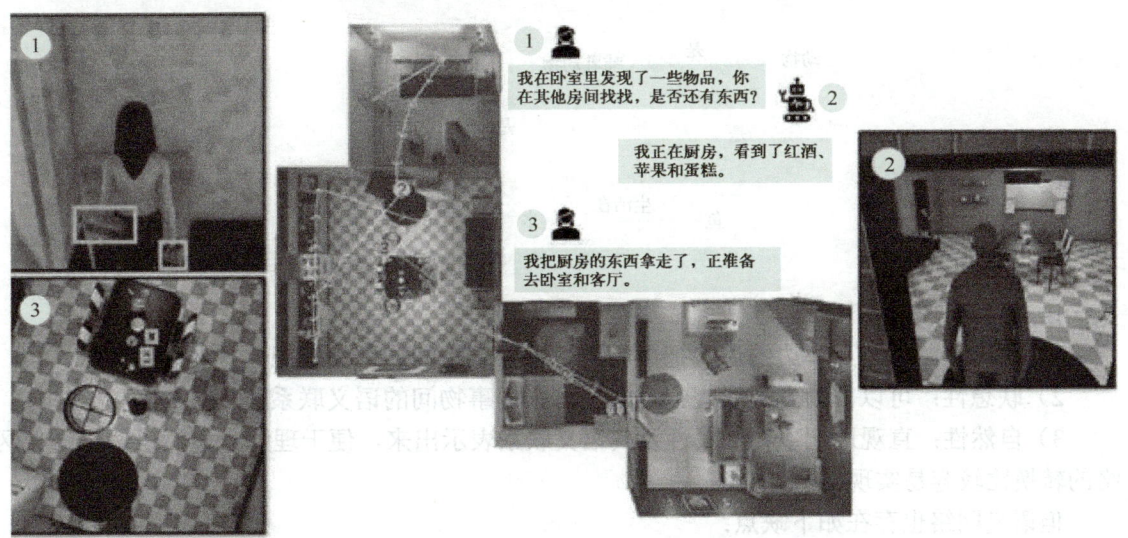

图 6.46 智能体与人类合作

## 6.8 知识图谱

知识图谱

### 6.8.1 知识图谱诞生

知识表示可看成一组描述事物的约定,把人类知识表示成机器能处理的数据结构。知识表示没有统一的方法,依赖于应用场景。好的知识表示是解决问题的一半,使机器具备理解和解释的能力。图 6.47 给出了知识表示的发展历程。

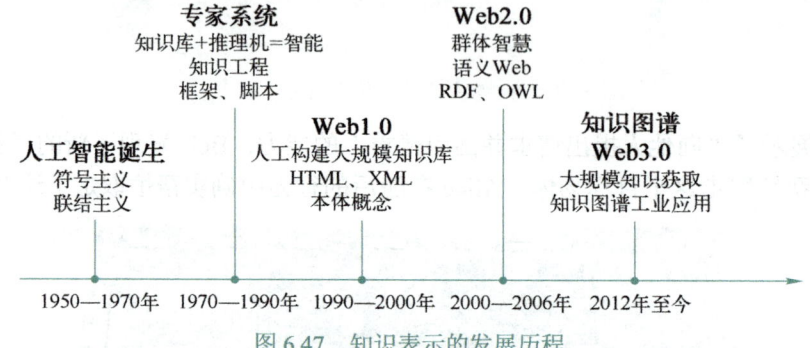

图 6.47 知识表示的发展历程

从图 6.47 看出,知识图谱起源于符号主义,基于符号主义的知识表示主要方法包括:命题逻辑、一阶谓词逻辑、产生式系统、框架等。这一时期,计算机的内存和处理速度有限,计算难度指数级增长,人工智能开始转向建立基于知识的系统,包括专家系统、语义网络等,是知识图谱的萌芽期。

图 6.48 展示了一个哺乳动物的语义网络。

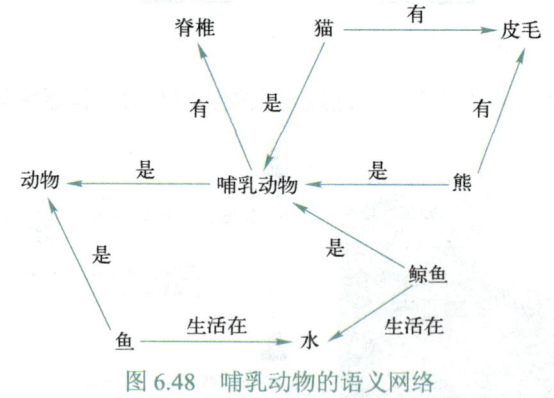

图 6.48 哺乳动物的语义网络

语义网络具有以下优点。

1)结构性:以节点和边的形式把事物属性以及事物间的语义联想显式地表示出来。

2)联想性:可以作为人类联想记忆模型,强调事物间的语义联系。

3)自然性:直观地把事物的属性及其语义联系表示出来,便于理解,自然语言与语义网络的转换比较容易实现。

但语义网络也存在如下缺点:

1)非严格性:无公认的形式表示体系,具体知识完全依赖处理程序的解释形式;推理无法保证其正确性；在逻辑上可能不充分，不能保证不存在二义性。

2）处理上的复杂性：语义网络表示知识的手段多种多样，虽然灵活性很高，但同时也由于表示形式的不一致使得对其处理的复杂性提高，对知识的检索也就相对复杂，要求对网络的搜索要有强有力的组织原则。

2016 年图灵奖得主蒂姆·伯纳斯-李（Tim Berners-Lee）提出了语义网络。语义网络经历了 Web1.0，Web2.0，Web3.0 三个时代。

Web1.0，是以编辑为特征，网站提供给用户的内容是网站编辑进行编辑处理后提供的，用户阅读网站提供的内容。这个过程是网站到用户的单向行为，Web1.0 时代的代表站点为新浪、搜狐、网易三大门户，强调的是文档互连。

Web2.0 强调用户生成内容，易用性，参与文化和终端用户互操作性。

Web3.0 是以主动性、数字最大化、多维化等为特征的，以服务为内容的第三代互联网系统，目前只是概念，强调的是个性网页。

知识图谱技术的成熟催生 Web3.0 的到来（见图 6.49）。

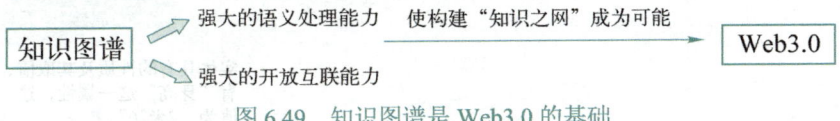

图 6.49 知识图谱是 Web3.0 的基础

## 6.8.2 知识图谱基本原理

**1．知识图谱概念**

知识图谱本质上是语义网络，利用节点和关系所组成的图，为真实世界的各个场景直观地建模（见图 6.50）。

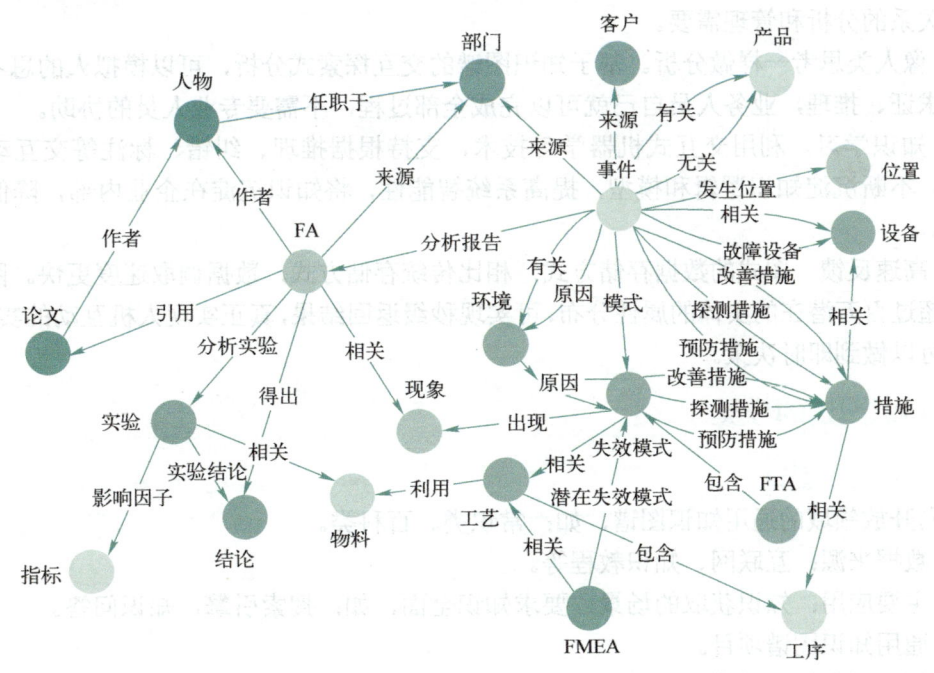

图 6.50 知识图谱示例

知识图谱以结构化三元组的形式存储现实世界中的实体以及实体之间的关系，表示为 $G=(E, R, S)$，其中 $E = (e_1, e_2, \cdots, e_{|E|})$ 表示实体集合；$R = (r_1, r_2, \cdots, r_{|R|})$ 表示关系结合；$S$ 包含于 $E \times R \times E$，表示知识图谱中三元组的集合（见图 6.51）。

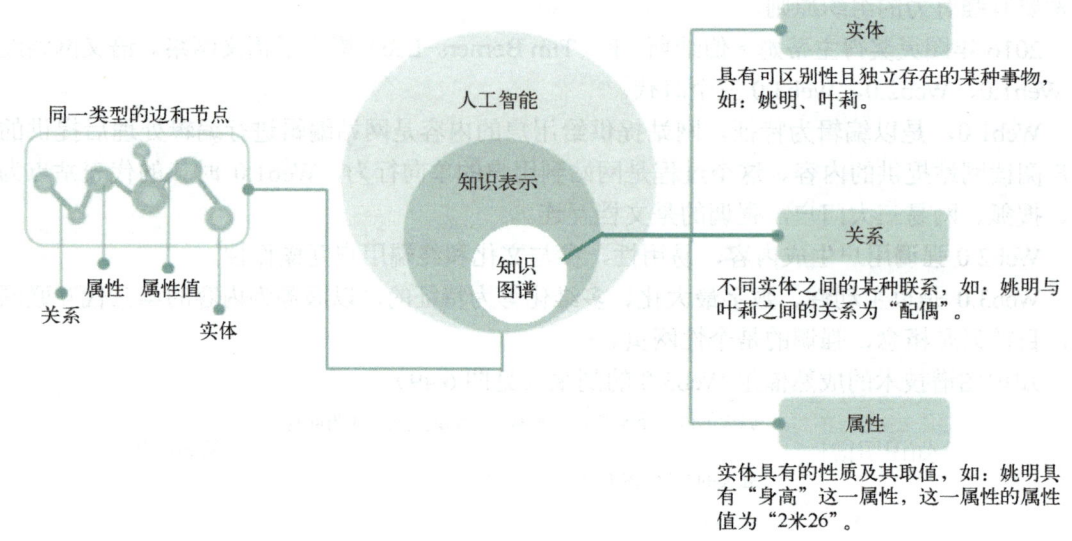

图 6.51　知识图谱结构

### 2. 知识图谱特点

相比传统知识表示方法，知识图谱的优势在于：

1）关系的表达能力强。传统数据库通常通过表格、字段等方式进行读取，而关系的层级及表达方式多种多样，且基于图论和概率图模型，可以处理复杂多样的关联分析，满足企业各种角色关系的分析和管理需要。

2）像人类思考一样做分析。基于知识图谱的交互探索式分析，可以模拟人的思考过程去发现、求证、推理，业务人员自己就可以完成全部过程，不需要专业人员的协助。

3）知识学习。利用交互式机器学习技术，支持根据推理、纠错、标注等交互动作的学习功能，不断沉淀知识逻辑和模型，提高系统智能性，将知识沉淀在企业内部，降低对经验的依赖。

4）高速反馈。图式的数据存储方式，相比传统存储方式，数据调取速度更快。图数据库可计算超过百万潜在的实体的属性分布，可实现秒级返回结果，真正实现人机互动的实时响应，让用户可以做到即时决策。

## 6.8.3　知识图谱的分类

### 1. 通用知识图谱

面向开放领域的通用知识图谱，如：常识类、百科类。
1）数据来源：互联网、知识教程等。
2）主要应用：知识获取的场景，要求知识全面，如：搜索引擎，知识问答。
3）通用知识图谱项目。
① 面向语言知识图谱：

WordNet：155327 个单词，同义词集 117597 个，同义词集之间有 22 种关系链接。
② 事实性知识图谱：
Cyc：23.9 万个实体，1.5 万个属性关系，209.3 万个事实三元组。
Freebase：4000 多万实体，上万个属性关系，24 多亿个事实三元组。
DBpedia：400 多万实体，48293 个属性关系，10 亿个事实三元组。
YAGO2：960 万实体，超过 100 个属性关系，1 亿多个事实三元组。
互动百科：800 万词条，5 万个分类。

**2．行业知识图谱**

面向特定领域的行业知识图谱，如：金融、电信、教育等。
1) 数据来源：行业内部数据。
2) 主要应用：行业智能商业和智能服务，要求精准如：投资决策、智能客服等。
3) 行业知识图谱项目。
① Kinships：人物亲属关系，104 个实体，26 种关系，10800 个三元组。
② UMLS：医疗领域，医学概念间关系，135 个实体，49 种关系，6800 个三元组。

## 6.8.4 知识图谱应用场景

依托知识图谱在多源异构数据融合处理与应用方面的优势，形成会思考推理、能学习优化的 AI "大脑"，构建企业专业知识网络，打破信息孤岛；提供面向业务的智能化服务，改变传统交互方式，提高知识获取即时性、全面性、准确性与便捷性。图 6.52 显示了知识图谱应用场景。

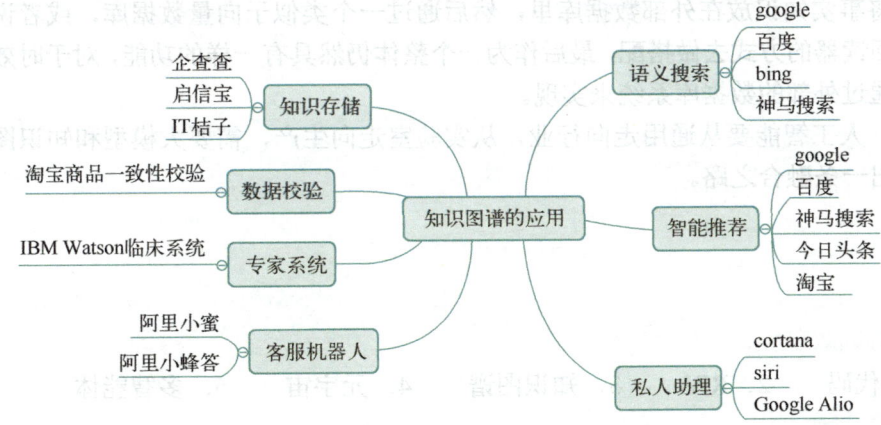

图 6.52　知识图谱应用场景

## 6.8.5 大模型与知识图谱

两者本质上都是一种知识库。在实时性和时效性上面临的挑战一致，都需要面对事实性错误、时效性以及知识更新的问题。

知识图谱是知识的结构化表达，通过三元组与图网络建立起知识体系，结构清晰，查询简单，便于理解。大模型是利用海量语料，经过神经网络和深度学习大规模训练后，形成的巨量参数的语言模型，具有上下文感知能力，深层语义表示能力较强，主打通用性。

**1. 知识图谱在一定时期内，不会被大模型替代**

一是知识图谱是在现阶段有意义的，因为神经网络目前无法解决或者非常难以解决事实性准确的问题。目前 GPT-4 胡编乱造的情况还是很严重的，远远达不到完美解决的阶段，例如它会一本正经地解释，贾宝玉为什么要葬花。

二是通用大模型的工业化落地，需要行业知识。真正落地到很多行业应用的时候，也需要有专业领域知识的支撑，大模型训练语料里最为致命的一点是专业知识在大语料里的占比非常少，很难在训练里面把专业知识给学习出来，所以它需要一个具体的应用领域的专业知识，至少短期内还是需要的。概率空间网络（不管是原来的深度学习还是现在的大模型）与知识库或者知识图谱的结合是后续在行业实践的关键。

**2. 相互促进，你中有我，我中有你**

首先，作为新生事物的大模型可以服务于传统知识谱图的构建。大模型可以帮助完成数据标注和数据增强，加速知识图谱的落地。无论是文本知识还是多模态知识都可以利用大模型，大幅提升知识抽取的效率，使得零样本、少样本、开放知识抽取成为可能。大模型在部分领域拥有领域常识，可以辅助完成视图的半自动化设计，为知识融合扫清障碍，进一步协助更好完成知识更新。

其次，利用知识图谱中的知识构建测试集，可对大模型的生成能力进行各方面评估，降低事实性错误的发生概率，不再出现"宝玉葬花""金莲倒拔垂杨柳"的笑话。

最后，可以由知识图谱在大模型中引入指定约束，适度控制内容生成，提高大模型在行业场景中的适应能力。

**3. 实际应用并不需要过分地将很多的事实性知识放在模型里面**

可以将事实知识放在外部数据库里，然后通过一个类似于向量数据库，或者说以向量近邻检索的阅读器的方式去做搭配，最后作为一个整体仍然具有一样的功能，对于时效性和验真性就完全通过外部的数据库系统来实现。

总之，人工智能要从通用走向行业，从实验室走向生产，需要大模型和知识图谱进一步携手，走出一条融合之路。

# 习题 6

**一、名词解释**

1. 低代码　　2. RPA　　3. 知识图谱　　4. 元宇宙　　5. 多智能体

**二、单选题**

1. 在元宇宙中可以拥有一个虚拟（　　），无论与现实身份是否相关。
   A. 身份　　　B. 朋友　　　C. 沉浸式　　　D. 低延迟
2. 在元宇宙当中拥有（　　），可以进行跨域、多维社交，无论在现实中是否认识。
   A. 身份　　　B. 朋友　　　C. 沉浸式　　　D. 低延迟
3. 能够（　　）在元宇宙的体验当中，一切皆有可能：娱乐、工作。
   A. 身份　　　B. 朋友　　　C. 沉浸　　　　D. 低延迟
4. 元宇宙中的一切都是同步发生的，（　　）能够消除失真感。
   A. 身份　　　B. 朋友　　　C. 沉浸　　　　D. 低延迟

5. "元宇宙提供多种丰富内容、真正意义的自由，实现非现实追求。"指的是元宇宙的（　　）特征。
  A．多元化　　　　B．随地　　　　C．经济系统　　　　D．文明

6. "可以使用任何设备登录元宇宙，随时随地沉浸其中，扩大用户群体。"指的是元宇宙的（　　）特征。
  A．多元化　　　　B．随地　　　　C．经济系统　　　　D．文明

7. （　　）是一种机器学习方法，它允许智能体通过与环境的交互来学习最优策略。
  A．强化学习　　　B．迁移学习　　　C．深度学习　　　D．机器学习

8. RPA架构三大核心产品不包括（　　）。
  A．机器人　　　　B．设计器　　　　C．控制器　　　　D．运算器

9. 以下说法错误的是（　　）。
  A．深度学习是根据所有历史数据，推测将来某一事件发生的概率。
  B．强化学习是针对某些只与上一时刻相关的问题，根据本时刻与上一时刻的状态和动作，推断下一时刻某动作发生的概率。
  C．迁移学习的目标是找到一个策略，即在每个状态下选择动作的方式，以最大化期望累积奖励。
  D．深度强化学习是通过上一时刻的深度学习预测模型和本时刻的模型，推断出下一状态采取某个动作的概率，是前面两者的结合，每次训练模型都用到了上次模型。

10. （　　）将在一个任务上训练过的模型用在第二个相关的任务中重复使用。
  A．强化学习　　　B．迁移学习　　　C．深度学习　　　D．机器学习

11. 迁移学习方法不包括（　　）。
  A．样本迁移　　　B．模型迁移　　　C．特征迁移　　　D．方法迁移

12. 低代码核心理念不包括（　　）。
  A．图形化界面　　B．快速迭代　　　C．少量编码　　　D．适用场景少

13. 智能体具有与其他智能体或人进行合作的能力，不同的智能体可根据各自的意图与其他智能体进行交互，以达到解决问题的目的。这一特性是智能体的（　　）特性。
  A．自治性　　　　B．社会性　　　　C．进化性　　　　D．反应性

14. 智能体能积累或学习经验和知识，并修改自己的行为以适应新环境。这一特性是智能体的（　　）特性。
  A．自治性　　　　B．社会性　　　　C．进化性　　　　D．反应性

15. 智能体的体系结构不包括（　　）。
  A．用户　　　　　B．智能体　　　　C．工作环境　　　D．协调器

16. 多智能体系统的体系结构不包括（　　）。
  A．网络结构　　　B．树形结构　　　C．联盟结构　　　D．黑板结构

三、判断题

1. 知识图谱以结构化四元组的形式呈现。（　　）

2. 深度学习是利用海量的数据使模型达到稳健的程度，仅靠有限的数据量来训练模型必然是不稳健的，通常很容易导致过拟合，泛化能力差。（　　）

3. 迁移学习的核心问题是，找到新问题和原问题之间的相似性，才可以顺利地实现知识

的迁移。（　　）

4. 智能体可以离开其工作环境。（　　）
5. 在实际应用中，智能体的工作环境往往不是一成不变的。（　　）

### 四、填空题

1. （　　）将在一个任务上训练过的模型用在第二个相关的任务中重复使用。
2. （　　）就是一种遵循量子力学的规律调控数据的过程。
3. （　　）系统是多个智能体组成的集合，它的目标是将大而复杂的系统建设成小的、彼此相互通信和协调的、易于管理的系统。
4. （　　）被认为是一个物理或抽象的、能在一定环境下运行的实体，它能作用于自身和环境，并对环境做出反应。
5. 知识图谱起源于（　　）主义。

### 五、简答题

1. 简述 RPA 兴起的原因。
2. 元宇宙存在的价值是什么？
3. 元宇宙与大模型一体两面为什么密不可分？
4. 简述 RPA 存在的意义。
5. 阐述强化学习的基本原理。
6. 举例说明迁移学习的使用场景。
7. 简述多智能体的优势。

# 第 7 章　人工智能应用

人工智能应用已经深入到日常生活的方方面面，通过本章的学习，读者可以了解人工智能在交通、电商、建筑、制造、医疗、农业、教育等领域的应用案例，激发创新创业的热情。我们期待着未来智能化的世界，相信人工智能将有力地助推人类社会的进步和发展。

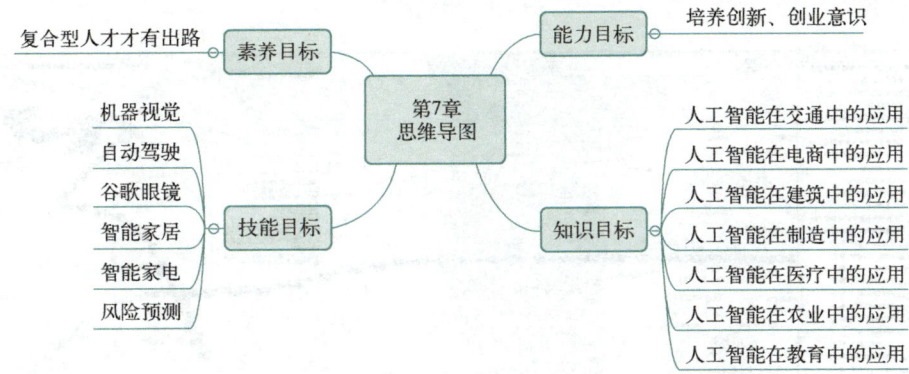

## 7.1　交通+AI

随着人工智能在交通领域的应用深入，智能汽车可以简单地理解为网联汽车+自动驾驶+个性化服务。未来的汽车不仅仅是一个交通工具，更是一个会听、会看、会说、会驾驶、会思考、会学习的机器人。

网联汽车

### 7.1.1　网联汽车

**1. 网联汽车概念**

网联汽车可理解为车与车（V2V）、车与人（V2P）、车与非机动车（V2D）、车与网络中心、智能交通系统等服务中心通过一定的设备进行的联接（V2I），甚至是车与住宅、办公室以及一些公共基础设施的联接（V2H），可以实现车内网络与车外网络之间的信息交换，全面解决人、车、外部环境之间的信息交流问题（见图7.1）。

网联汽车的特点在于大部分的应用系统位于网络上（如通信网络、卫星与广播等）而非汽车内。

**2. 网联汽车的基本功能**

1）卫星定位导航与车况自检测，还可以对车辆性能与车况进行自动监测（见图7.2），实现多地、远程专家会诊等。

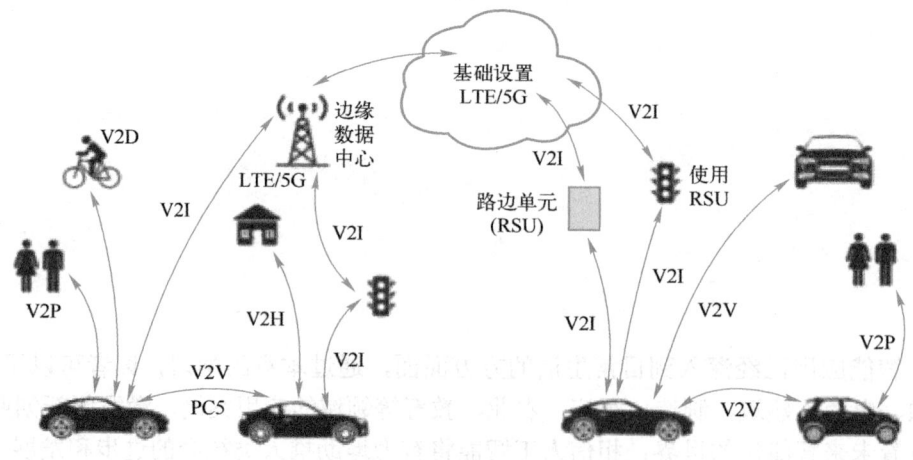

图 7.1 网联汽车

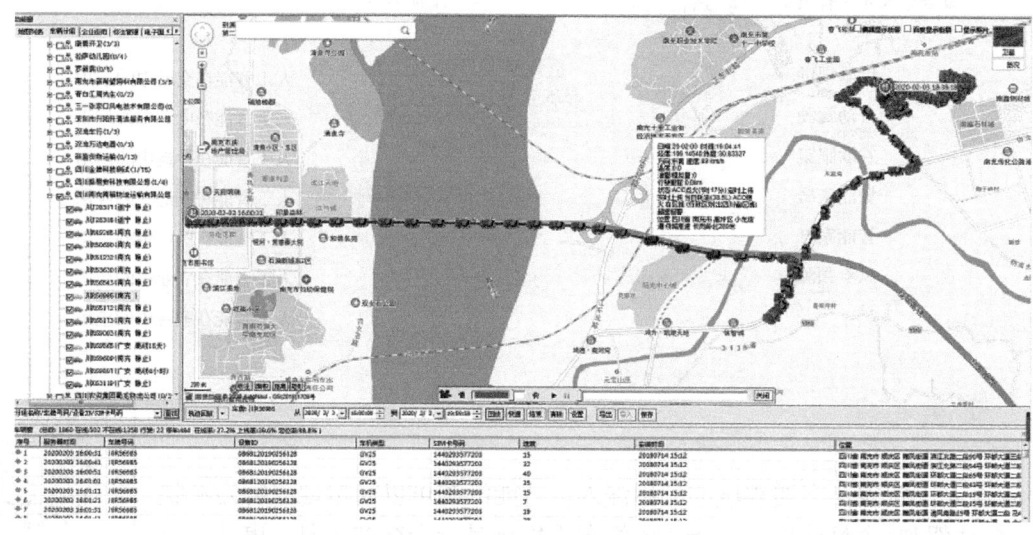

图 7.2 汽车轨迹监控

2）交通信息预报与娱乐系统。通过 GPS 全球卫星定位系统，结合行车路线，做电子地图与语音导航相结合的路况报道，如交通拥堵，交通事故警告，路线指引，提前预报前方路口的车速限制及交通违法摄像头的安装情况，以确保安全行车（见图 7.3）。

图 7.3 交通信息预报

3）道路救援与车辆应急预警系统。行车过程中，如果发生车祸或车辆出现故障，驾驶员可通过紧急呼叫按键，自动联系紧急服务机构（119、120 等急救机构）或汽车服务站，以获得道路救援。

**3．智能汽车**

智能汽车是指通过搭载先进的电控系统，采用 AI、信息通信、大数据、云计算等新技术，具备半自动或全自动驾驶功能，从简单交通运输工具向智能移动载体变化的新型汽车。

**4．智能网联汽车**

智能网联=智能汽车+网联汽车。

智能网联汽车是指搭载先进的车载传感器、控制器、执行器等装置，并融合现代通信与网络技术，实现车与车、路、人、云等的智能信息交换、共享，具备复杂环境感知、智能决策、协同控制等功能，可实现安全、高效、舒适、节能行驶，并最终实现无人操作的新一代汽车。

目前，智能网联汽车的大潮已经以磅礴之势席卷全球，各大巨头纷纷加入赛道角逐，而这一切才刚刚开始。在 5G 时代以及更久以后的 6G 时代，智能汽车将会有更大的想象空间与故事格局。汽车产业制高点的竞争，已从传统汽车技术与制造的比拼，进入智能汽车新技术、新业态、新模式的新赛道，车企需要全新的运营思维与能力。作为智能汽车各项前沿技术整合、链接、融合的纽带，车联网在整个智能汽车系统中扮演相当关键的角色。

## 7.1.2 自动驾驶

自动驾驶是智能汽车的关键组成部分。

**1．自动驾驶概述**

图 7.4 是自动驾驶汽车的一些应用场景。

自动驾驶

图 7.4 自动驾驶汽车应用场景

1）自动驾驶概念。自动驾驶汽车依靠人工智能、视觉计算、雷达、监控装置和全球定位系统协同合作，让计算机可以在没有任何人类主动操作的情况下，自动安全地操作机动车辆。

2）自动驾驶发展。自动驾驶已有数十年的历史，近几年的发展已接近实用化，如：无人出租、干线物流配送、港口装卸、矿山运载车、无人零售车、无人战车等。

3）自动驾驶分级。虽然自动驾驶汽车产业发展如火如荼，但目前仍有一个问题还没有最终答案，那就是自动驾驶汽车什么时间能够真正商用，成为我们日常生活的组成部分。从现实来看，目前没有任何一种实用的方式可以在自动驾驶汽车广泛部署前验证其安全性。另一个关键问题是，自动驾驶汽车上路前应该有多"安全"？即使自动驾驶汽车事故率远低于人类驾驶员，人们还是接受不了将生命安全交给一个自己不了解的机器人。

汽车工程协会（SAE）根据不同路况，提出了自动驾驶分级标准，根据道路适应性将自动驾驶分为六个级别（Level 0～Level 5）。图7.5展示了自动驾驶分级标准。

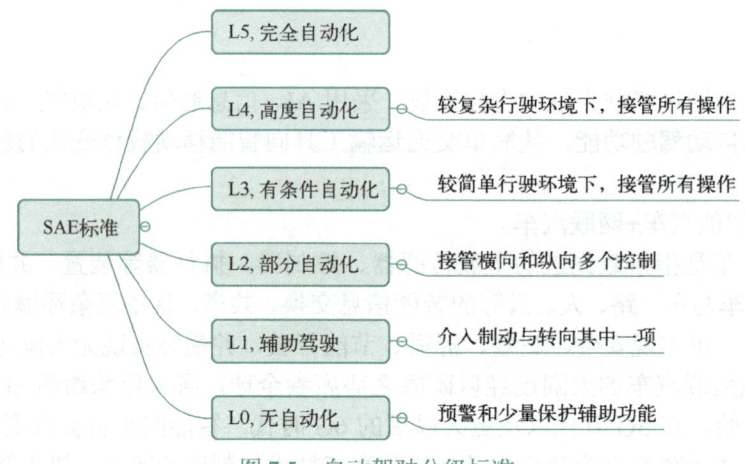

图7.5  自动驾驶分级标准

在SAE分级标准中的L4自动驾驶车辆将在未来5年出现，而完全无人驾驶汽车（L5以上）的应用则将在10年以后，原因是目前存在很大的阻碍。一方面，L5意味着自动驾驶系统操作车辆不会受到任何环境限制，但真实世界中很多区域都是非结构化道路，也没有明显的车道或交通标志，为自动驾驶系统的构建带来了更大的困难。另一方面，构建一个可以验证故障安全措施的系统，保证车辆在出现故障时依然有安全措施保证乘客的安全，需要预知软件可能出现的各种情况及相关后果。

**2. 自动驾驶汽车结构**

自动驾驶汽车使用视频摄像头、雷达传感器以及激光测距器来了解周围的交通状况，并通过一个详尽的地图（通过有人驾驶汽车采集的地图）对前方的道路进行导航，其结构主要由四个子系统构成（见图7.6）。

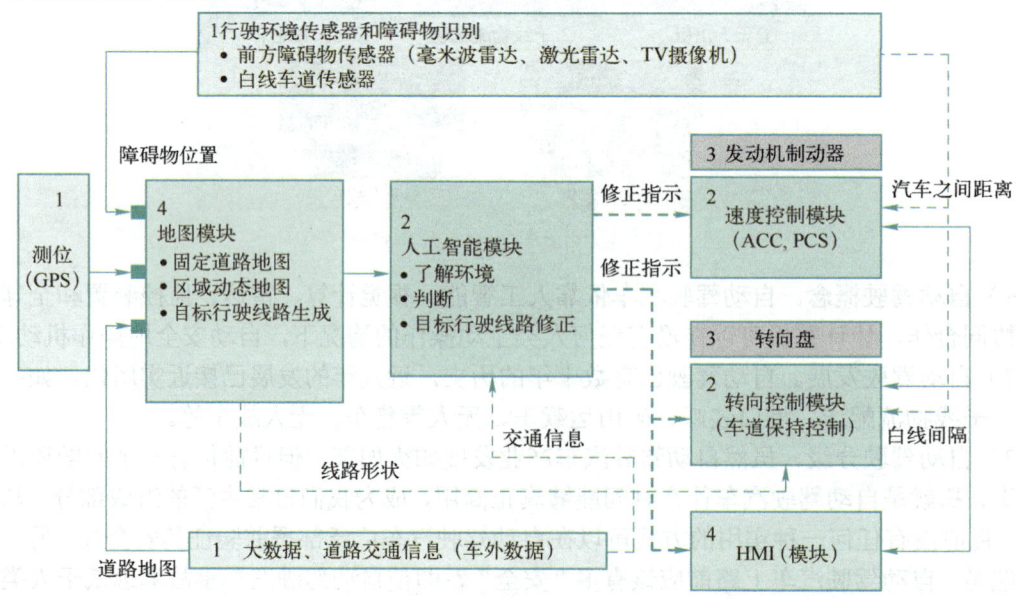

图7.6  自动驾驶汽车结构

1）环境感知子系统。

① 利用传感器、摄像头、雷达、激光测距仪感知行驶环境和对障碍物进行识别。

② 使用 GPS 和高精度地图确定自身位置。

③ 从云端车载大数据库接收道路交通信息，对行驶环境和障碍物识别信息进行过滤，按需接收感知到的信息。以自动巡航为例，需要感知路况、交通标识、语音、图像、周围车况等。

2）决策与路径规划子系统。感知获取的信息大都是静态的，并不具有动态的时空关系，而且它们仅仅是信息，从大脑的角度未对这些信息赋予特别的意义。

所以我们需要对获得的信息加入理解，进行信息融合，才能将其变成对决策有用的内容。例如步行到火车站需要 40min，而最近的一班去上海的火车在 30min 以后启程，那么可以预测步行是无法赶上火车的。又例如，车站在马路对面，但有隔离带，只能通过 50m 以外的人行道才能走到马路对面。又如身上仅有 500 块钱，去上海的机票要 700 元，则无法购买机票去上海。诸如此类。我们将自己对世界的理解加入到客观的信息中，因此对客观信息赋予了更深的意义，这些信息可以让我们对未来情况有一个预测，并能够知道做出怎样的行为大概率会有怎样的结果。

任何决策都是有代价的。所以需要设定一个决策目标，用来对比各类可能的结果。例如将目标设定为花钱最少，长途汽车票价更便宜，哪怕汽车比火车所用时间更多，也会选择长途汽车。或综合考虑时间和成本，按单位时间的成本做计算，可能火车比汽车更加划算。又或者预算多点，我的选择虽然只有火车，但是也可以在商务座以及二等座之间做选择。

以自动巡航为例，有三种决策方案：加速、减速、匀速（见图 7.7）。

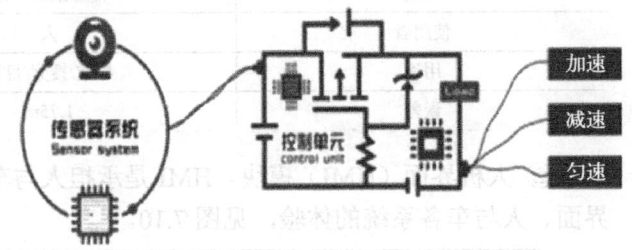

图 7.7 自动巡航原理

3）底层控制子系统。底层控制子系统构成见图 7.8。通过决策有了任务目标，剩下的就是按照这个目标去做了。

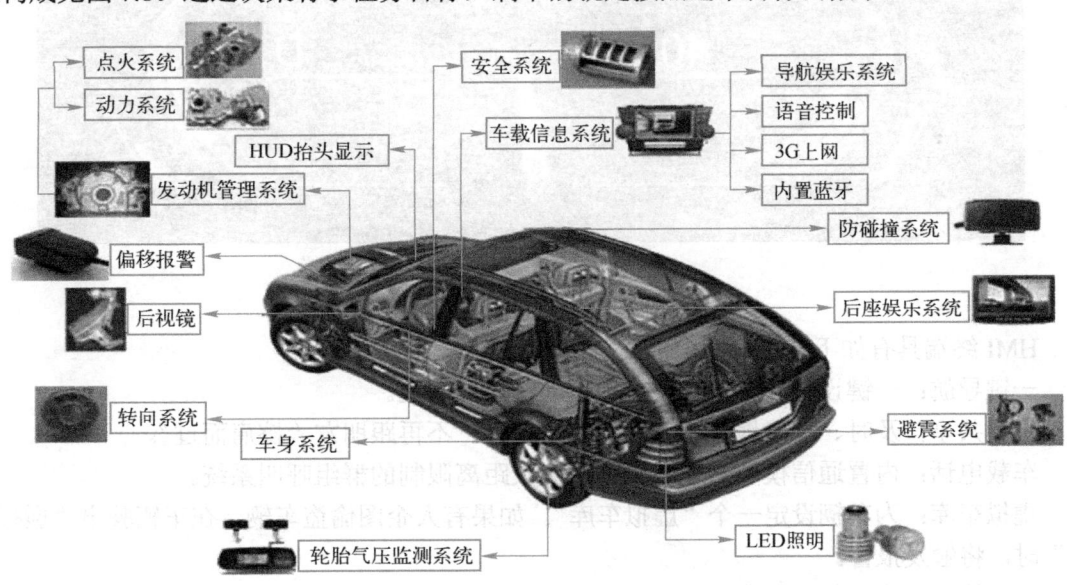

图 7.8 底层控制子系统构成

以自动巡航为例,决策为"加速"时,就执行"动力系统",决策为"减速"时,就执行"制动系统"(见图7.9)。

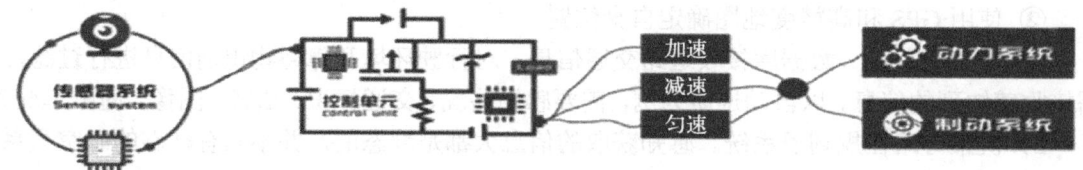

图7.9 制动系统工作原理

4)服务子系统。

① 地图模块。地图模块由道路地图和局部动态地图构成。它可根据 GPS 和障碍物信息,输出目前道路线形信息、车辆周围障碍物信息、道路空间信息、目标行驶轨迹等。电子地图与地图模块的对比见表7.1。

表7.1 电子地图与地图模块的对比

| 对比 | 导航电子地图 | 动态高清地图 |
| --- | --- | --- |
| 所属 | 信息娱乐系统 | 车载安全系统 |
| 使用者 | 人 | 计算机 |
| 用途 | 导航/搜索/目视 | 定位/感知/规划 |
| 误差 | 1.75m | 0.25m |

② 人机界面(HMI)模块。HMI 是承担人与车之间有效信息交互的载体,侧重的是人与界面、人与车各系统的体验,见图7.10。

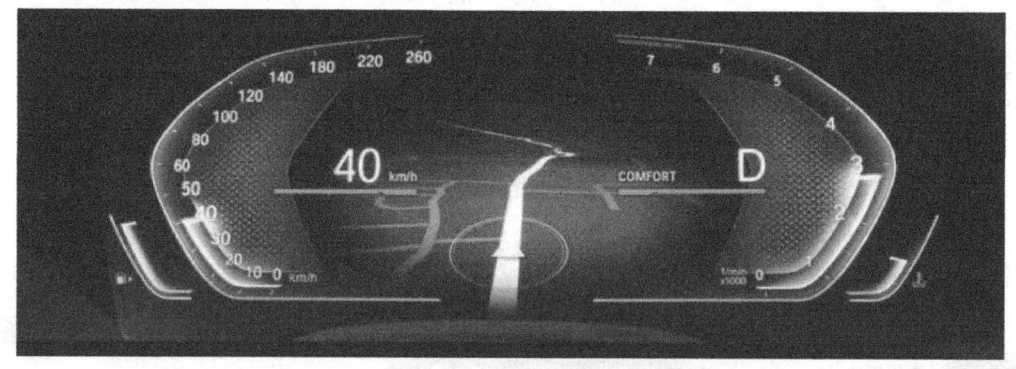

图7.10 HMI 体验

HMI 终端具有如下功能。

一键导航:一键设计导航路线,无须手动输入目的地。

位置共享:及时、准确地分享各自的位置信息,不再跟朋友"擦肩而过"。

车载电话:内置通信模块的车载电话,突破距离限制的群组呼叫系统。

虚拟车库:为车辆设定一个"虚拟车库"。如果有人企图偷盗车辆,在车辆驶出"虚拟车库"时,将触发报警。

历史轨迹:为您保存行车轨迹并直观地显示在地图上。

一键报警：触发一键报警按键，客服中心会掌握客户信息，及时为您提供报警救援措施。

经验路线：根据行程自绘路线，标记旅途信息。

专业咨询：拨打专家热线，为您提供 24 小时专业知识的解答。

道路救援：拨打救援电话，首先会接通 24 小时客服中心，此时 24 小时客服中心地图会显示被救援车辆的准确位置，客服人员了解现场基本状况后，根据实际情况查询到离被救援车辆最近的 4S 店等最恰当的相关救援机构后，立即帮助您联系，并进行最快的救援工作。

行车影像：实时录拍、保存道路途经影像。

倒车影像：倒车时，车后的状况更加直观可视，倒车亦如前进般自如、自信。

### 3. 自动驾驶辅助系统

自动驾驶辅助系统利用安装在车上的各式各样传感器，在汽车行驶过程中随时感应周围环境，收集数据，进行静态、动态物体的辨识、侦测与追踪，并结合导航仪地图数据，进行系统的运算与分析，从而预先让驾驶者察觉到可能发生的危险，有效增加汽车驾驶的舒适性和安全性。因此也被视作实现无人驾驶的前提。

1）定速巡航系统。定速巡航系统（Cruise Control System，CCS）是车辆可按照一定的速度匀速前进，无须踩油门，需要减速时，踩刹车即可自动解除（见图 7.11）。自适应巡航系统（Adaptive Cruise Control，ACC）在定速巡航功能之上，还可根据路况保持预设跟车距离以及随车距变化自动加速与减速，刹车后不能自动起步。全速自适应巡航系统（Adaptive Cruise Control，ACC）相较于自适应巡航系统，全速自适应巡航的工作范围更大，刹车后可自动起步。所谓"放脚不放手"的原理，只控方向盘不控车速。

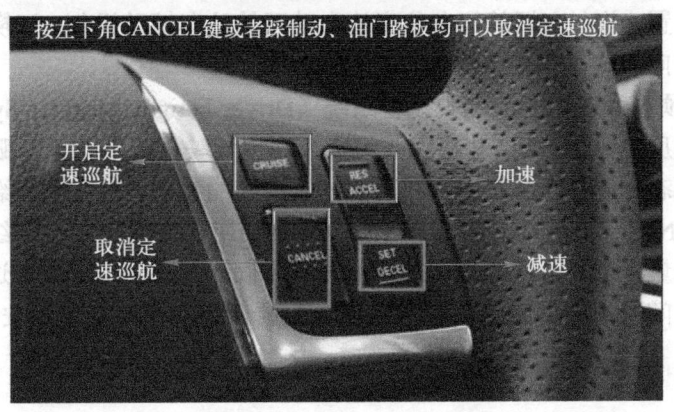

图 7.11　定速巡航系统

定速巡航功能可以大大缓解驾驶员长时间驾驶疲劳。

2）车道偏离/保持系统。车道偏离警示系统包括并线辅助和车道偏离预警，并线辅助也叫盲区监测，是辅助我们并线的，只能做到提醒，不能完成并线。车道偏离预警，大部分以摄像头作为眼睛，摄像头实时监测车道线，偏移时以图像、声音、震动等形式提醒司机，见图 7.12。

图 7.12　车道偏离/保持系统

3）智能刹车辅助系统。智能刹车辅助系统包括机械刹车辅助系统和电子刹车辅助系统（EBA）。机械刹车辅助系统也称 BA 或 BAS，是在普通刹车加力器基础上修改而成，在刹车力量不大时，起到加力器作用，随着刹车力量增加，加力器压力室压力增大。BAS 是 EBA 电子紧急刹车辅助装置的前身，EBA 利用传感器感应驾驶者对刹车踏板踩踏的力度、速度，通过计算机判断其刹车意图。若属于紧急刹车，EBA 指导刹车系统产生高油压发挥 BAS 作用，使刹车力快速产生，缩短刹车距离；对于正常情况刹车，EBA 通过判断不予启动 BAS。

4）自动泊车系统。自动泊车（AP）系统包括超声波探测车位、摄像头识别车位、切换泊车辅助档。超声波探测车位自带超声波传感器，探测出适合的停车空间，摄像头识别车位摄像头自动检索停车位置，并在空闲的停车位旁边自动开始驻车辅助操作，切换泊车辅助档自动接管方向盘来控制方向，将车辆停入车位。

5）疲劳驾驶预警系统。疲劳驾驶预警系统（Driver Fatigue Monitor System，DFMS），基于驾驶员生理图像反应，由 ECU 和摄像头组成，利用驾驶员面部特征、眼部信号、头部运动特性等推断疲劳状态，并进行报警提示和采取相应措施的装置，对驾乘者给予主动智能的安全保障。夜视系统（Night Vision System，NVS），主要使用热成像技术，即红外线成像技术：任何物体都会散发热量，不同温度的物体散发的热量不同。夜视系统可收集这些信息，再转变成可视的图像，把夜间看不清的物体清楚地呈现在眼前，增加夜间行车的安全性。

### 7.1.3　智能交通概述

#### 1. ITS 概念

智能交通系统（Intelligent Transportation System，ITS）是将先进的信息技术、通信技术、传感技术、控制技术以及计算机技术等有效地集成运用于整个交通运输管理体系，而建立的一种在大范围内、全方位发挥作用的、实时、准确、高效、综合的运输和管理系统。

智能交通

#### 2. ITS 作用

ITS 通过人、车、路的和谐、密切配合提高交通运输效率，缓解交通阻塞，提高路网通过能力，减少交通事故，降低能源消耗，减轻环境污染。主要功能包括交通信号控制、交通监视、交通信息动态显示、交通诱导、电子收费、交通运输安全报警、闯红灯违章监测、交通事故快速勘查等。

**3. ITS 组成**

ITS 由三大块组成：交通大数据、交通信息处理、交通信息服务。

1）交通大数据：通过传感器技术和通信技术的应用，ITS 能够收集大量的交通数据，包括交通流量、车辆位置等信息。这些数据被存储在大数据平台中，实现共性数据的汇聚和共享，为交通管理和决策提供支持。

2）交通信息处理：利用信息处理技术，对收集到的交通数据进行深入的分析和处理。这包括数据挖掘和大数据分析技术，从海量数据中提取有用信息，支持交通决策和预测。

3）交通信息服务：基于处理后的数据，ITS 能够提供各种交通信息服务，包括但不限于动态导航服务、车辆安全救援服务、个性化智能交通诱导服务等。这些服务通过智能交通系统平台提供，旨在改善人们的出行质量，建立安全、高效的地面运输系统。

通过这些组成部分的协同作用，ITS 能够有效地解决城镇化进程中出现的交通拥堵、环境污染、交通事故频发等问题，提高交通系统的效率、可持续性、安全性和环保性。

## 7.1.4 人工智能在交通中的其他应用

在交通领域，人工智能不仅能够管理实时的交通数据，还能通过对历史数据的深度挖掘和梳理，形成多维度的综合交通管理策略，缓解交通阻塞，减少交通事故，提高路网通过能力，提升通行效率，降低能源消耗，减轻环境污染。

**1. 先进的交通管理系统（ATMS）**

ATMS 主要是给交通管理者使用的，用于检测控制和管理公路交通，在道路、车辆和驾驶员之间提供通信联系。它将对道路系统中的交通状况、交通事故、气象状况和交通环境进行实时的监视，依靠先进的车辆检测技术和计算机信息处理技术，获得有关交通状况的信息，并根据收集到的信息对交通进行控制，如信号灯、发布诱导信息、道路管制、事故处理与救援等（见图 7.13）。

图 7.13　交通管理系统

**2. 先进的公共交通系统（APTS）**

APTS 的主要目的是采用各种智能技术促进公共运输业的发展，使公交系统实现安全便捷、经济、运量大的目标。如通过个人计算机、闭路电视等向公众就出行方式和时间、路线及车次选择等提供咨询，在公交车站通过显示器向候车者提供车辆的实时运行信息（见图7.14）。在公交车辆管理中心，可以根据车辆的实时状态合理安排发车、收车等计划，提高工作效率和服务质量。

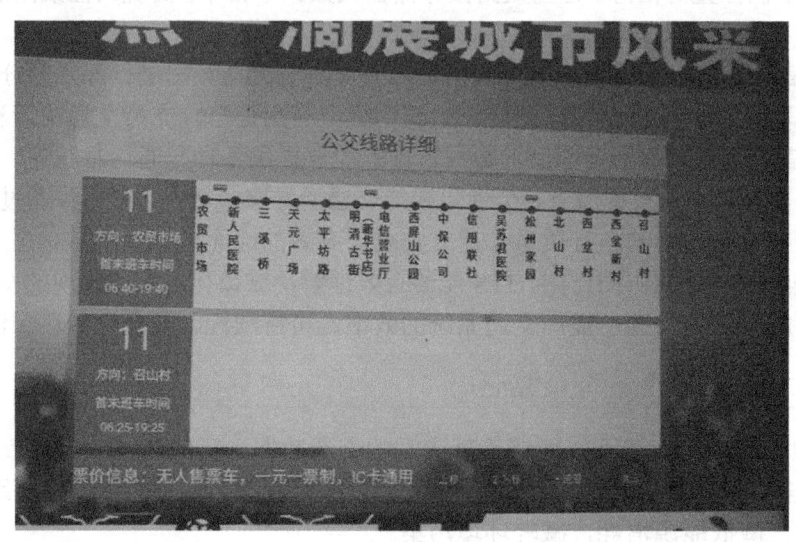

图 7.14　智能公交站牌

**3. 电子收费系统（ETC）**

ETC 通过安装在车辆挡风玻璃上的车载器与在收费站 ETC 车道上的微波天线之间的微波专用短程通信，利用计算机联网技术、车牌识别技术与银行进行后台结算处理，从而达到车辆通过路桥收费站不需停车就能交纳路桥费的目的，且所交纳的费用经过后台处理后分配给相关的收益业主（见图7.15）。在现有的车道上安装电子不停车收费系统，可以使车道的通行能力提高 3～5 倍。

图 7.15　电子收费系统

**4. 疲劳驾驶检测**

疲劳驾驶是指驾驶员长时间持续驾驶后，生理和心理机能失调，而在客观上出现驾驶技能下降的现象。如果睡眠质量不佳或睡眠时间不足，即使是短时间的驾驶也会导致疲劳驾驶。当驾驶员出现不断地眨眼、眼皮沉重、不断地打哈欠、眼睛黯淡无神、不停地点头等现象时，则表明驾驶员已经进入到疲劳状态（见图7.16）。

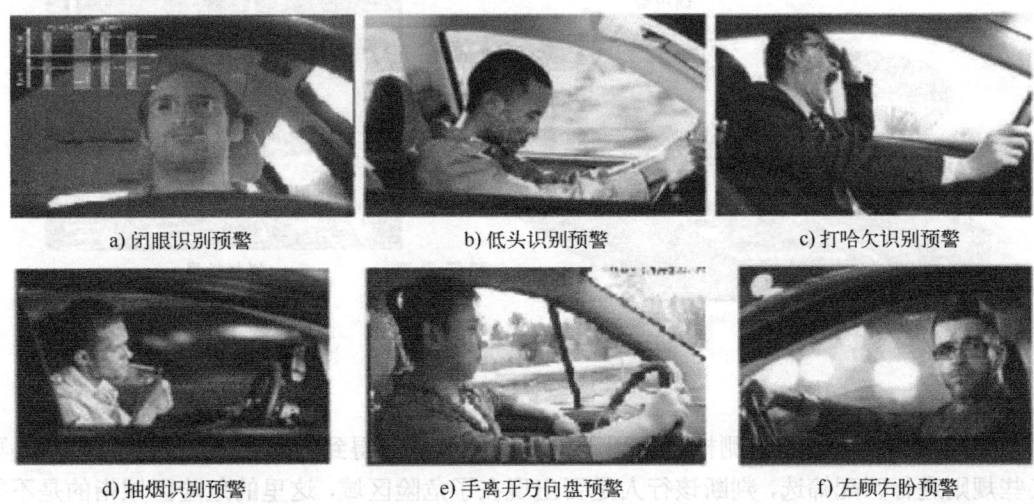

图7.16 疲劳驾驶检测

**5. 玩手机检测**

开车时打电话、看手机会严重干扰驾驶员的注意力（见图7.17），发生车祸的风险比正常驾驶时高4倍以上。目前，对于驾驶员行车途中玩手机行为检测的研究主要集中在基于手机信号进行检测。由于很难分辨是驾驶员在打电话还是乘客在打电话，基于手机信号的方式会有很多误检。因此，基于机器视觉的驾驶员玩手机行为检测，一是利用安装在车内挡风玻璃上的摄像头采集驾驶员的视频数据，基于视频数据进行玩手机行为检测，提高行车安全；二是基于车外摄像头的驾驶员玩手机行为检测方法，利用安装在车外，如天桥、灯杆等位置的摄像头采集驾驶员的图像数据，通过检测驾驶员的行车姿势和手部状态（手部位于头部中下部及手部姿态为抓握状）共同判断驾驶员的打电话行为。这种方法可用于交通部门对驾驶员行车途中玩手机这一违规行为进行取证，作为处罚依据。

图7.17 驾驶员打电话、看手机检测

**6. 行人闯红灯检测**

摄像机内置行人检测及人数判断模块，通过对视频图像的逐帧处理来实现红绿灯识别、行人的检测、追踪，判断行人是否存在闯红灯的行为，实时输出检测结果（见图7.18）。

图 7.18 行人闯红灯检测

### 7. 行人横穿马路检测

首先需要有一个行人检测模型,用于检测行人位置,得到行人在图中的坐标之后,再基于某些规则进行匹配筛选,判断该行人是否出现在了危险区域,这里的危险区域指的是不能通行的马路。当行人坐标出现在该区域时,直接发出预警,提醒驾驶员注意行人。行人横穿马路指不走斑马线,逆行,或翻越栏杆(见图 7.19)。

图 7.19 行人横穿马路检测

### 8. 车速检测

目前,国内外常用的车速检测技术有雷达、红外、激光、超声波、磁性测速等。随着人工智能技术的成熟,基于视频的方法也开始广泛应用于车速检测,基于视频的车辆检测技术也将是未来实时交通信息采集和处理技术的发展方向。

该方法通过闭路电视系统或数字照相机、摄像机来进行现场数据采集,采用视频识别技术和数字化技术分析交通数据。通过对连续视频图像的分析,跟踪超速车辆行为过程。首先标定两条基线,然后跟踪两线内的汽车行驶轨迹和时间,最后计算车速,见图 7.20。

图 7.20 基于视频的车速检测

此种检测方法对检测路口的光线变化较敏感,因此算法优劣是影响检测效果的根本。

### 9. 车型识别

车型识别系统是智能交通系统的核心部分,被广泛应用于公路自动收费管理系统,可为高速公路收费站提供收费依据。现在高速公路收费站的收费标准往往是按照车的载重量或者座位数划分,通过判断车型(大型、中型和小型汽车)来收取相应的费用,也可为车辆管理部门提供必要的帮助。例如,稽查刑侦部可以利用对车标的识别搜索违章车辆、嫌疑车辆和肇事逃逸车辆;车标识别还可以为车辆管理部门提供车辆信息,便于统计车辆。因此,随着我国机动车数量迅速增加、交通压力越来越大、机动车辆管理难度越来越大,研究车型自动识别系统对机动车辆的合理管理、打击利用套牌车进行犯罪活动,提高人民的生活水平具有重要的意义(见图 7.21)。

图 7.21 车型识别

车型识别主要依靠视频图像和计算机视觉理论来实现。车型识别是在无法识别车牌的情况下发挥作用。车型识别包括两个方面:粗粒度车型识别和细粒度车型识别。

粗粒度车型识别只能简单识别大卡车、轿车、公交车等粗粒度信息,仅凭这些粗粒度数据分析,在如今智能交通中无法做到对车辆的精准识别和追踪。

细粒度车型识别能够识别车辆具体型号、制造商、生产年份等有效信息,实现对车辆的精确识别。在车辆相关的违法犯罪案件中,公安部门首先需要收集受害者对有关车辆的特征描述,然后从交通图像数据库中检索出大量可疑车辆,最后进行对比锁定嫌疑车辆,耗费了大量人力物力和时间。而通过细粒度车型识别技术能够精准识别车辆的有效信息,然后对车辆进行在线或离线检索和识别,不仅节省了人力资源,而且可以显著提高交通执法的效率。此外,通过将识别得到的信息与车管所车辆注册的信息进行对比,可以快速锁定假牌、套牌车,这可以极大地提高有关车辆刑事案件的侦破效率,尤其在车牌信息不明的情况下,细粒度车型信息显得尤为重要。

### 10. 路面检测

随着汽车数量的增加,一方面,人们出行更加便利,另一方面,公路的健康也因车载的加重、恶劣的天气、自然老化等因素的影响而越来越差。路面裂缝、坑洼、路面障碍物、路面积水是路面病害的初期表现形式,同时也是路面最常见的病害,因此对上述病害进行检测在路面病害检测中占据着主要位置（见图 7.22）。传统的人工检测方法不仅耗时、费力、准确率低而且安全性低。因此，自动路面检测识别系统的研究对于确保交通的安全具有重要意义。

a) 路面裂缝检测

b) 坑洼检测

c) 路面障碍物检测

d) 路面积水检测

图 7.22　常见路面病害检测

11．智能井盖检测

随着城市化进程的加快，市政公用设施建设也随之迅速发展，并在城市建设过程中修建了大量的地下管道，如下水道、天然气管道、自来水管道等，同时路面也出现数不胜数的井盖。近年来，由于对井盖管理缺乏有效的实时监控手段，当路面出现井盖丢失、损坏、松动时，如无法及时获得修复，易造成井盖所处位置的道路交通存在安全隐患，严重影响市民出行安全，造成不良的社会影响。因此，如何监测市政井盖缺失情况已成为各地政府及市政设施管理部门亟待解决的问题。

目前对井盖检测的方法可分为两大类：利用红外线、无线传感器、声控传感器等非图像传感器检测井盖是否缺失，利用图像处理技术，采集井盖缺失路面的二维或者三维图像，并对这些图像进行特征分析，从而判断井盖是否缺失，但这两类方法均需先定位含有井盖的路面位置，再通过分析判断井盖是否缺失、损坏和松动。

12．停车位检测

随着城市机动车保有量迅猛提高，交通拥堵、停车困难、乱停乱放、事故纠纷、车辆安全、环境污染等交通相关的问题日益严重，特别是"停车困难"日益成为制约城市经济与社会发展的"瓶颈"，如何改善交通的现状及解决停车困难的问题受到了民众的极大关心。

在众多的停车问题中，路边停车问题尤为突出。合法停车位严重不足导致机动车的乱停乱放。目前管理单位还是依靠大量人工管理，导致停车资源不能有效使用和扩大投资再利用，也经常出现人为管理上的矛盾和收费舞弊行为，甚至引发不和谐的社会负面影响。

停车位检测主要功能：

（1）车位检测功能

车辆驶入车位时，自动检测是否有车辆驶入车位，对车位占用信息进行实时采集。

（2）停车记录检测

在停车时，同时记录驶入车位的停车时间、离开时间。

（3）数据上传功能

检测到车辆驶入停车位后，相关数据通过网络实时传送到后端平台。

（4）诱导同步功能

检测到车辆驶入停车位后，自动关联到路边诱导屏，实时更新停车位余位信息。

（5）手持终端同步功能

检测到车辆驶入停车位后，信息自动同步到路边收费人员所在手持终端。

（6）差别化收费

不同路段、不同时间收费有所区分，甚至支持免费停车时段和停车车辆。

（7）满足公安交警对车辆的监控和管理

能够协助公安交警执法，对黑车、套牌车、违章车、涉案车、盗抢车、肇事逃逸、改装车、报废车、未年检车等进行监督管理，甚至与110联动。

13．自适应信号灯

自适应交通信号控制系统需要考虑到路网的整体交通状况，对路网中某一区域内的信号控制进行协同，给出交叉路口之间信号控制的协调方案，保证整个区域的交通畅通，此时不再根据单个交叉路口的交通流做出优化配时，而是根据区域内所有交叉路口的交通流信息进行协调优化，使得信号配时能够适应交通流的变化，从而提高路网整体的性能，提高路网吞吐量。

自适应信号灯控制引出了一个名词"绿波带"，其实就是在指定的交通线路上，当规定该路段的车速后，要求信号控制机根据路段距离，把该车流所经过的各路口绿灯起始时间，做相应的调整，以确保该车流到达每个路口时，正好遇到绿灯。

14．团雾检测

团雾检测本身并不难，难在团雾分布零散，无法做到整体全域的监控，这就使团雾出现了检测难、预警难、保障难的三难问题。传统的能见度检测仪造价高、施工难，是导致现在高速公路未能进行能见度实时监测的主要原因。基于监控视频的能见度检测是一个很好的解决方案，可以在现在高速公路已有监控系统的基础上实现能见度的实时监测，这将有效解决能见度的实时预警（见图7.23）。

15．动态限速

高速公路动态限速系统包含用于监控与管理的中心监控模块及沿高速公路依次设置多个路段限速子系统，路段限速子系统还包括天气状况检测模块。动态限速系统有两种使用场景：

图 7.23 团雾检测场景

1)异常天气动态限速。根据高速公路相应路段的实时数据实现高速公路动态限速,既能够降低异常天气时高速公路的事故发生率,又能够保证高速公路的通行效率。

2)交通标志识别。通过实时、准确地识别驾驶环境中的交通标志,将标志的信息及时传递给驾驶员,从而规范驾驶员的行为,帮助他们安全驾驶。目前,基于视频的实时、动态的交通标志识别技术研究还不成熟。限速标志是目前世界各国采取的最普遍的一种车速控制方式,是交通标志的重要组成部分。但驾驶员在行车过程中并不总能及时、准确地看清限速标志内容,因此通过计算机自动识别限速标志以辅助安全驾驶非常必要。限速标志具有鲜明的特征,由白底、红圈、黑色数字组成,常设立在需要限制车辆速度的路段的起点。通过对场景中限速标志的颜色、形状以及位置信息进行分析,在 RGB 颜色空间分别进行限速标志的红色颜色特征分割,结合标志的设置位置信息实现标志的检测;对检测的目标区域与模板库的标准模板进行相似度计算的匹配,辅之以目标中的数字进行字符切分与识别,完成限速标志的识别(见图 7.24)。

图 7.24 交通标志识别

## 7.2 电商+AI

电商是指在互联网上以电子交易方式进行交易活动和相关服务活动，是传统商业活动各环节的电子化、网络化。随着人工智能的发展，电商企业正在探索如何利用 AI 提高品牌竞争力和顾客忠诚度，如推荐系统、智能客服、价格预测、欺诈检测、仓储管理等。本节将从体验电商、垂直电商、高效电商、服务电商等几个角度探讨人工智能在电商中的应用。

### 7.2.1 体验电商

从消费者的角度来看，购物体验品质是电子商务平台不容忽视的方面之一。消费者对购物环境和购物体验的要求不断提高，因此，电子商务平台不仅需要提供更多种类的优质商品，也需要进行后续的优质体验服务，例如更快更便捷的配送服务，更加周到的售后服务。良好的购物体验可以建立电子商务平台的声誉和品牌形象，从而增加消费者的购买忠诚度和促进业务发展。

体验电商

**1. 虚拟试衣 APP**

线上购物一大痛点在于无法直接抚摸、触碰到商品，消费者对于商品的认知来源于拍摄图片，无法即刻试穿试用。尤其是服装的网销，受尺码不统一和图片色差的影响，会导致退换货的问题。

而人工智能技术的迅猛发展正在逐渐解决这些难题。搭配虚拟试衣 APP 吸引用户的核心在于，如何在浩瀚的网络服装库中找出特定用户可能会感兴趣的单品，唤起他们搭配的欲望，并推动下单。

当前主要采用的是大量展示明星同款的方式来吸引用户关注单品并进行搭配。而人工智能在这一类虚拟试衣中的应用则可以帮助 APP（见图 7.25）快速准确地了解到用户的服装偏好，使得优先呈现给用户的，是他们真正感兴趣的风格和产品。

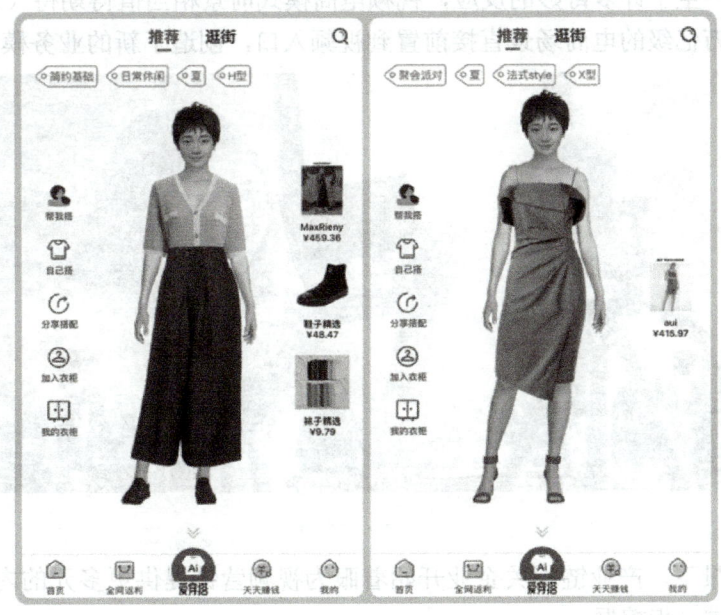

图 7.25　虚拟试衣 APP

虚拟试衣 APP 的技术原理：
1）识别图像中与身体各个部位相对应的区域。
2）检测已识别身体部位的位置。
3）生成试穿衣服的扭曲图像。
4）将扭曲图像应用于具有最少产生伪影的人物图像。

通过虚拟试衣对是否合身进行考量的难点在于，既需要对消费者的身体进行建模，又需要对服装进行建模，两者匹配之后才能看出来实际效果。当前大部分"合身型"虚拟试衣 APP 采用的是用户输入身体测量数据的方式对标准模特的身材进行调整。而这样的缺点在于数据测量和输入的前期工作较为烦琐，且不是完全精准。也有部分 APP 探索通过手机拍照的方式进行推测性建模，但由于不同人拍照的角度存在差异，使得预测建模十分困难。

2. 智能搭配

当你选择了一款上衣后，在纠结下半身该如何穿搭时，可以用手机拍张照片，上传后系统会自动识别、分析、处理这张图片中的各类元素，比如识别出上衣是黑色的蕾丝衫，系统会给出相应的裤子或裙子的搭配。

"智能搭配"首先要具备理解图片的能力，也就是图像内容识别，还要理解"搭配因素"。搭配因素包括流行趋势，即不同时节、不同地域的流行单品的变化，除此之外还有流行单品的面料、材质、外观颜色和风格等商品因素，这个"智能搭配"能为用户找到更多可搭配的款式，形成候选集，最终帮用户找到更"贴心"的搭配。

3. 视频电商

对于许多人来说，电商购物和观看视频这两件事还在两条平行线上，没有交集。但是近两年，无论是直播还是短视频行业的发展已经趋于成熟，由此衍生了【视频+电商】的组合模式。两者碰撞，产生了许多奇妙的反应，视频电商模式前景相当值得期待（见图 7.26）。视频与电商的链接将万亿级的电商场景直接前置到视频入口，创造了新的业务模式。

图 7.26　视频电商

在这样的背景下，产业链相关企业开始着眼为视频营销提供更多元的内容营销形式，视频的商业价值被进一步挖掘。

视频电商融入 AI 技术可以识别出明星、物体、品牌、手机、场景等，使机器像人类一样理解视频的内容，并发现其中有趣的点，结合用户行为反馈衍生出多维度标签分类。到了逻辑层和应用层，可以用核心组件和视频应用将这些点进行商业化的变现。用户在视频中的所思所困都在智能识别后得到解答，智能识别不再是曲高和寡的未来高冷科技，而是应用在最普通的日常视频观看中，明星同款、最近潮物，随手圈出，同款几秒立现。

视频电商带来更多的互动体验，比如用户在观看视频时，想要购买剧中明星的同款产品，观众主动触发识别，在感兴趣的物体上画框，后台 AI 系统即可直接自动识别视频内的明星、同款产品。用户还可以直接查阅热剧中某个演员还演过什么剧，可以在这个明星的脸上用鼠标拖拽一个圈，接着这个圈会开始实时跟踪视频中脸的移动轨迹，识别出此明星并显示相关介绍、代表作、代言品牌、相关图片等。除了给予品牌精准曝光，通过一键购买直接转化更多商业变现，这也是内容赋予电商的智能属性。

## 7.2.2 垂直电商

垂直电商

### 1. 个性化营销

相较于体验电商，垂直电商侧重于满足某一类用户群体的个性化需求，通过专业化的运营和差异化的商品，让消费者产生更多情感上的交互，从而产生平台所无法复制的用户忠诚度和黏性。随着社会的进步和消费观念的升级，后者个性化的服务无疑更能俘获消费者的心。

2017 年，美图公司推出了以美妆业务为主的美图美妆平台。这个平台基于 AI 和大数据，给用户提供皮肤测试功能，以及从"虚拟世界的变美"到"现实世界的变美"的一站式服务。用户只要在素颜状态下，在光照稳定的室内打开美图美妆，然后单击主页面下方的"皮肤测试"，根据语音提示平视镜头拍照即可检测皮肤问题，生成一份肤质分析报告。

对于用户来说，能够解决问题的服务才是好服务，通过"AI 皮肤测试"功能了解肤质，在得到分析报告后，平台会根据肤质推荐合适的商品，用户进而完成精准购买，显然比在千挑万选中寻找适合自己的商品要方便得多。

### 2. 精准营销

在人工智能时代，企业都会发现营销越来越难做了。一方面是因为在当下企业面对的竞争品牌实在太多，在与同类产品竞争用户的时候，往往会花费很多的资源；另外一方面则是消费者对企业营销的审美疲劳，基本都不再买企业营销的账了，企业宣传了半天，结果发现消费者一脸漠视。面对这样的状况，企业想要缩减成本，提升营销效果，精准营销应运而生。

1）定位用户群体。精准营销首要的是确定用户兴趣，精准定位目标用户人群。传统营销中，需要人工判断用户是否是营销活动的目标用户，但由于人力有限以及主观性，无法对用户进行准确的特征判断。精准营销通过社交媒体、网络的营销数据来识别用户的行为，对其进行全面分析，实现对用户群体的精确细分，帮助品牌精准覆盖目标用户群体（见图 7.27）。

2）精准营销概念，精准营销依托推荐技术，在精准定位的基础上建立个性化的顾客沟通服务体系，最终实现可度量的、低成本的可扩张之路。精准营销内容见图 7.28。

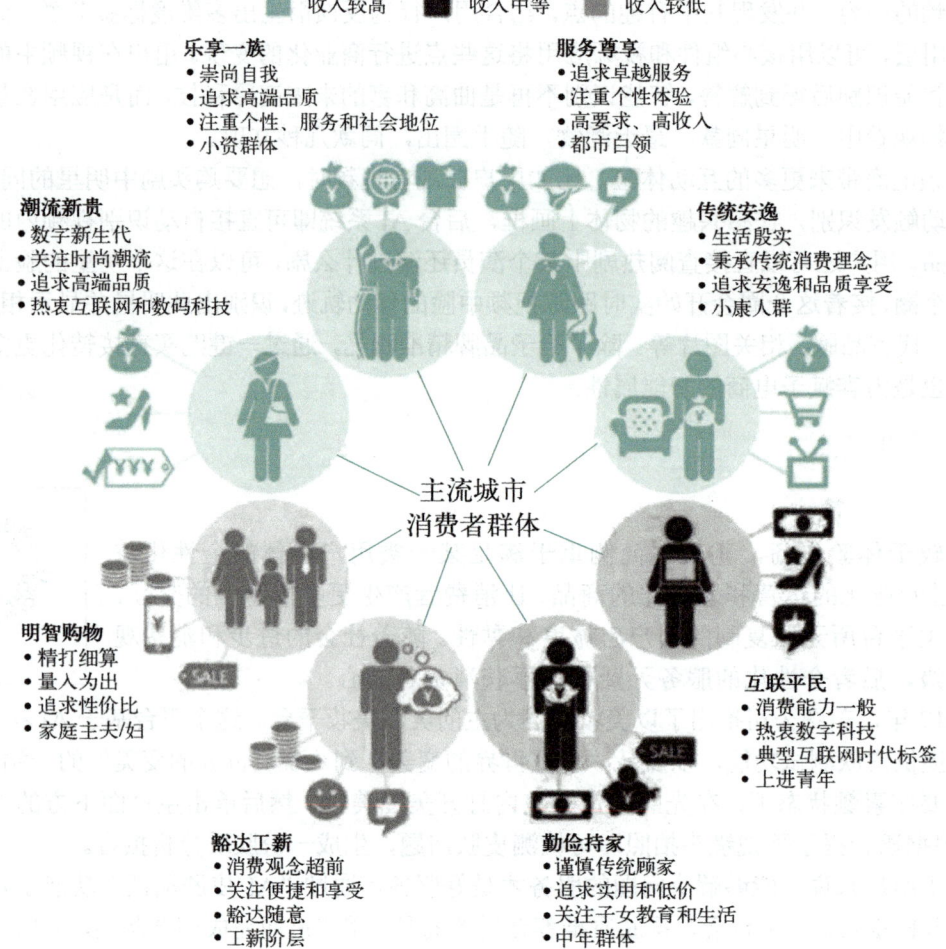

图 7.27 目标用户群体

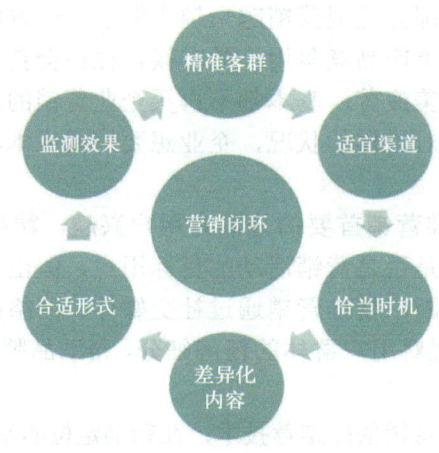

图 7.28 精准营销内容

3）精准营销意义。

① 精准营销就是通过可量化的精确的市场定位技术突破传统营销定位只能定性的局限，对市场进行准确区分，保证有效的市场、产品和品牌定位。

② 精准营销借助先进的大数据技术、网络通信技术及现代高度分散物流等手段保障和顾客的长期个性化沟通，使营销达到可度量、可调控等精准要求。同时摆脱了传统广告沟通的高成本束缚，使企业低成本快速增长成为可能。

③ 精准营销的系统手段保持了企业和客户的密切互动沟通，从而不断满足客户个性需求，建立稳定的企业忠实顾客群，实现客户链式反应增殖，从而保证企业长期稳定高速发展。

④ 精准营销借助现代高物流使企业摆脱繁杂的中间渠道环节及对传统模块式营销组织机构的依赖，实现了个性关怀，极大降低了营销成本。

### 7.2.3 高效电商

**1. 零库存**

高效电商

人工智能的强大功能之一在于能帮助企业完成一些通常难以手动完成的工作。比如，在管理商品库存方面，根据消费需求或商品销售的淡旺季周期，人工智能可以协助企业将商品库存维持在不同水平。同时，人工智能还可以通过分析诸如零售商、节假日销售数据、消费者购买偏好、竞争对手销售数据、退（换）货数量、消费者评论点赞等数据，帮助企业将商品库存维持在最合适的水平。

**2. 动态定价**

在京东的"智慧供应链"战略中，消费者最关心的就是商品价格问题。京东推出的动态定价算法的基础是对商品、消费者信息、价格的精准研判。具体来说，动态定价算法通过持续地数据输入和机器学习训练，使商品的净利润和销售额目标达到平衡的状态，并计算出一个最科学合理的价格，从而促进交易效率的大幅度提升。与此同时，动态定价算法通过对各个要素（例如折扣力度、促销门槛、消费者分类等）的综合建模进行判断，制定出最优的促销策略。

2016 年，亚马逊就已经上线了自动定价功能。京东推出的动态定价算法有个很明确的指标——货存周转天，既要考虑卖家的成本和营收，又要符合消费者的预期，所以京东定价比亚马逊做得更好。随着社会的发展，消费者对品质的追求也越来越高。京东要做的是在保证品质的同时给消费者提供合理的价格。

当然，除了京东，淘宝等知名电商平台也已经开始采取自动定价策略，这可以在很大程度上提升商品定价的科学合理性，从而使消费者购买到真正物美价廉的商品，是一件非常有益的事情。

**3. 挖掘客户价值**

面对日新月异的新媒体，许多企业通过对粉丝的公开内容和互动记录分析，将粉丝转化为潜在用户，激活社会化资产价值，并对潜在用户进行多个维度的画像分析。大数据可以分析活跃粉丝的互动内容，设定消费者画像各种规则，关联潜在用户与会员数据，关联潜在用户与客服数据，筛选目标群体做精准营销，进而可以使传统客户关系管理结合社会化数据，丰富用户不同维度的标签,并可动态更新消费者生命周期数据,保持信息新鲜有效。

**4. 发现新市场与新趋势**

做好营销的前提是对市场的把握。市场的不确定性因素太多,如何把握,是传统营销面临的挑战。基于大数据的分析与预测,对于企业家提供洞察新市场与把握经济走向都是极大的支持,如谷歌的电影票房预测准确率能达到 90%(依据广告片,近一段时间平均票房等进行预测)。

## 7.2.4 服务电商

**1. 智能客服**

买家寻求的是完美的购物体验,希望他们的问题可以得到答复。人工智能技术让聊天机器人更加真实,更加智能。人工智能聊天机器人的反应类似于人类,而且与人类的对话也越来越自然(见图 7.29)。

服务电商

图 7.29 智能客服

**2. 经营客户**

人工智能的营销目标是从经营商品向经营顾客过渡(见图 7.30)。

图 7.30 人工智能营销目标

经营产品:本质上是先经营产品,再进行销售,企业是工厂的代理。为了代理产品,往往是把产品卖给所有用户。

经营顾客:本质上是围绕用户找产品,企业是用户的代理。为了代理用户,往往是围绕一个用户群体提供整个体系的各种产品。

经营产品和经营顾客的区别见表 7.2。

表 7.2  经营产品和经营顾客的区别

| 区别 | 经营产品 | 经营顾客 |
| --- | --- | --- |
| 经营逻辑 | 销售商 | 供应商 |
| 运营目标 | 转化率 | 连接能力 |
| 品类策略 | 产品定位清晰 | 品类界限打破 |
| 营销目的 | 认知和记忆 | 关系和了解 |

**3．智慧物流**

智慧物流是指通过智能软硬件、物联网、大数据等智慧化技术手段，实现物流各环节精细化、动态化、可视化管理，提高物流系统智能化分析决策和自动化操作执行能力，提升物流运作效率的现代化物流模式。

智慧物流活动见图 7.31。

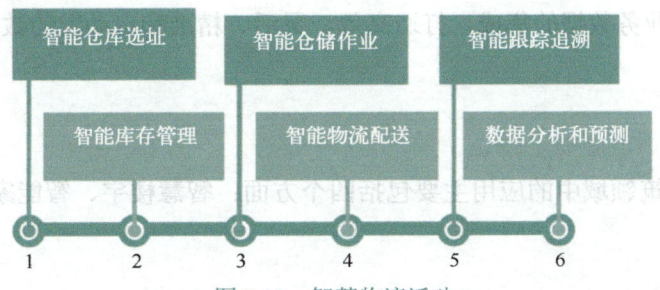

图 7.31  智慧物流活动

1）智能仓库选址。对于企业仓库选址的优化问题，AI 技术能够根据现实环境的种种约束条件（如顾客、供应商和生产商的地理位置、运输经济性、劳动力可获得性、建筑成本、税收制度等）进行充分的优化，给出接近最优解决方案的选址模式。因为 AI 能够减少人为因素的干预，使选址更为精准，所以物流企业的成本能够大幅降低，企业的利润大幅上涨。

2）智能库存管理。目前各大电商平台最担心的是能不能跨渠道对库存进行管理。库存短缺是电商的"噩梦"。一旦库存真的短缺，电商就需要花费几天甚至十几天的时间来补充，这会使电商的收益受到非常严重的影响。

当然，库存积压也是电商不想看到的事情，这不仅会大幅度增加业务风险，还会消耗一定的资本，从而导致净利润的降低。

在瞬息万变的市场中，对库存周转率进行精准预测面临诸多挑战，其中最主要的一个就是需求和竞争的频繁变化。因此，为了使应对效率得以大幅度提升，电商必须采取相应的措施，从而准确地把握需求和分析竞争。

在 AI 的助力下，电商可以对订单数量进行精准预测。因为 AI 可以识别影响订单数量的关键因素，并监控这些关键因素发生变化对库存周转产生的影响。

把 AI 融入电商库存规划中，这样做的好处是可以让电商更加精准地预测库存需求。使库存周转率得以大幅度提升，从而将因库存短缺和库存积压造成的损失降到最低。

3）智能仓储作业。货物储运集装化主要体现在，智能仓储作业中大部分的货物都已经通过托盘实现了标准单元化的点到点运输和存储，减少了运输环节且提高了物资的周转率。仓储作业自动化体现在，智能仓库中的所有运作流程全部由自动机器设备完成，如京东无人仓库中已经投入使用的 Delta 型自动分拣机、6-AXIS 智能拆码垛机器人、飞马搬运 AGV、京东智能安防巡检车等，完全摆脱了人工劳动力，节约了大量劳动力成本且提高了作业安全性。作业管理智能化表现在，在智能算法的驱动下，仓库内各个自动化设备在运作中可以井井有条且相互配合，并且可以根据特殊情况及时做出相应的反应，大大提高了仓储作业的运作效率。

4）智能物流配送。智能物流配送系统实现物流过程中的运送、包装、储存、装卸搬运等环节的一体化和智能物流系统的层次化，可以帮助企业智能化调度订单、精确定位、统计结算、合理减少配送成本和人工成本。

5）智能跟踪追溯。智能跟踪追溯主要通过运用物联网技术，将商品的生产、流通和消费过程与相关信息的采集、传输、处理和查询过程有机联系起来做到信息流与商流相统一，从而实现商品的来源可查、去向可追、责任可究。

6）数据分析和预测。基于人工智能的物流与供应链系统结合其数据的智能分析有利于企业建立和完善信息化智能供应链，并且智能信息将为会成为供应链内外部的物资数据基础，从而实现业务流程和业务数据的集成，打造高效、灵活、精准和自动发的数据智能物资供应链。

## 7.3 建筑+AI

人工智能在建筑领域中的应用主要包括四个方面：智慧楼宇、智能家居、智能家电、智能建筑工地。

### 7.3.1 智慧楼宇

**1. 智慧楼宇的产生背景**

国内高层建筑不断兴建，它的特点是高度高、层数多、体量大，面积可达几万 $m^2$ 到几十万 $m^2$。这些建筑都是庞然大物，内部有大量的设备。为了提高设备利用率，合理地使用能源，加强对建筑设备状态的监控等，自然地就提出了智慧楼宇的概念（见图 7.32）。

智慧楼宇

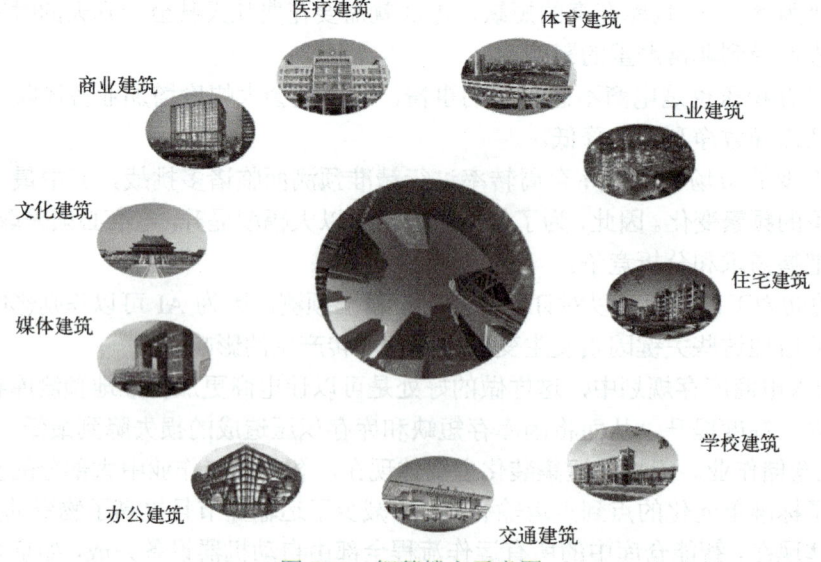

图 7.32 智慧楼宇示意图

智慧楼宇兴起的另一个原因是智慧城市的兴起。智慧城市发展是建立在完备的网络通信基础设施、海量的数据资源,以及多领域数据平台等综合信息化、数字化、智能化建设基础上的城市发展的必然阶段。

智慧城市的应用系统包括:智慧物流、智慧建筑、智慧政府、智慧社会管理体系、智慧交通、智慧健康保障、智慧安居服务、智慧文化服务等。

在智慧城市中,智慧楼宇扮演着重要的角色。智慧城市将各个智慧楼宇连接起来,形成一个智能化的城市网络。通过信息共享、资源优化和智能决策,智慧城市可以提供更加便捷、高效和可持续的生活环境。智慧城市与智慧楼宇的融合将进一步推动智能建筑的发展,实现城市和建筑的协同发展。

**2. 智慧楼宇的概念**

智慧楼宇以人工智能为核心,深度融合物联网、云计算、大数据等技术,基于统一的楼宇智能化综合管理平台,实现楼宇内安防、能源、消防、楼控等多场景的可视化与精细化管理,通过融合智能检测、智能识别、智能预警等能力,实现楼宇、设备、人员等全方位管控、设备设施互联互通,真正做到可视、可析、可控、可建、可管,向人们提供安全、高效、便捷、节能、环保、健康的环境。

**3. 智慧楼宇的发展**

智慧楼宇发展经历了自动化管理、数字化管理、智能化管理三个阶段(见图 7.33)。

图 7.33 智慧楼宇发展历程

(1)自动化管理阶段

20 世纪 70 年代,人们开始将自动化控制系统应用于建筑中,通过集成传感器、执行器和控制器,实现对建筑内部环境的自动调节,提高建筑的舒适度和能源使用效率。

(2)数字化管理阶段

随着计算机技术的发展,智慧楼宇进入了第二个阶段。在这个阶段,建筑开始引入数字化管理系统,实现对建筑设备和运行状态的监控和管理。通过数据采集、远程监控和分析处理,建筑管理员可以实时了解建筑的运行状况,并进行相应的调整和优化。数字化管理系统的引入不仅提高了建筑的效率和安全性,还为后续的智能化应用奠定了基础。

(3)智能化管理阶段

随着物联网和人工智能技术的快速发展,智能建筑进入了第三个阶段。在这个阶段,建筑不仅具备了自动化和数字化的能力,还能够提供更加智能化的服务。例如,建筑可以通过人脸识别技术实现门禁管理,通过语音识别技术实现智能语音助手,通过大数据分析实现智能化的能源管理等。智能化服务系统的引入让建筑变得更加智能、便捷和人性化。

随着科技的不断进步,智慧楼宇将会在提高舒适度、节能减排、提供智能化服务等方面发挥越来越重要的作用。

**4. 智慧楼宇的构成**

智慧楼宇的构成是一个复杂而完整的系统,由多个组件和技术构成(见图7.34)。

图 7.34 智慧楼宇构成

(1)基础设施

1)建筑结构:智慧楼宇的建筑结构包括建筑物的外观、内部空间划分和楼层结构。

2)电力系统:智慧楼宇的电力系统是基础设施的重要组成部分,包括电力供应、电力配电、电力负载管理等。

3)通信网络:智慧楼宇需要建立稳定可靠的通信网络,包括有线网络、WiFi 网络等,用于数据传输和设备互联。

(2)感知与采集

1)传感器:智慧楼宇通过部署各种传感器来感知环境和设备状态,例如温度传感器、湿度传感器、光照传感器等。

2)视频监控:智慧楼宇通过安装摄像头进行实时监控和录像,用于安全监控和事件识别。

3)人员识别:智慧楼宇可以通过人脸识别、指纹识别等技术对人员进行身份识别和访问控制。

(3)智能控制

1)照明控制:智慧楼宇可以通过智能照明系统实现自动化控制和能源管理,例如根据光照强度调节灯光亮度。

2)空调控制:智慧楼宇可以通过智能空调系统实现自动化调节和能源管理,例如根据温度和湿度设定自动调节空调。

3)智能门锁:智慧楼宇可以通过智能门锁实现安全和便捷的门锁管理,例如密码锁、指纹锁等。

(4)数据分析与管理

1)数据采集与存储:智慧楼宇通过数据采集与存储系统将传感器采集到的各种数据进行收集和储存。

2）数据分析与处理：智慧楼宇通过数据分析与处理系统对采集到的数据进行分析和处理，提取有用信息。

3）远程监控与管理：智慧楼宇可以通过远程监控与管理系统实现对楼宇各个设备和系统的实时监控和远程管理。

4）大数据分析应用：智慧楼宇可以通过大数据分析应用实现数据的深入挖掘和价值发现，用于优化楼宇的运营和管理。

**5. 智慧楼宇的特点**

（1）智能化

作为管控对象的建筑物本身更加智能化。建筑物内部被植入智能芯片，使其功能发生质的飞跃，由原来的被动静止结构转变为具有能动智能的工具，具备前所未有的感知功能。如普通的传感器只能对接收的信息进行简单的变换，而带智能芯片的传感器，能对信息进行复杂的计算处理，并自行做出一些动作。

（2）信息化

智慧楼宇完全呈现物联网的整体架构，充分发挥物联网开放性的基本特点，并且最上层以云计算技术实现了楼宇的整体管理和控制，智慧楼宇提供全方位的信息交换功能，帮助智慧楼宇内部与外部保持信息交流畅通。传统的楼宇智能化系统是自成一体的独立封闭系统，而物联网智能楼宇是开放的，具有无限扩展性和连通性。

（3）可视化

智慧楼宇中的所有传感器、摄像头、智能水电气表、消防探头等全部连网，它们采集的数据以可视化的形式清晰明了地呈现给用户，让用户对楼宇内状态有更加直观的感受。

（4）安全防范

智慧楼宇系统为了加强大厦、小区的安全技术防范，专门设置了由电子计算机控制和管理的火灾防范、电视监控、防盗报警等系统，以完成多层次、全天候的防灾、防盗、防非法入侵任务。

**6. 人工智能在智慧楼宇中的应用**

智慧楼宇的应用场景主要包括商业、住宅、医疗、教育、交通等领域。在商业领域，智慧楼宇可以实现商场、写字楼等商业建筑的智能化管理和运营；在住宅领域，智慧楼宇可以提供智能家居、智能安防等服务，为居民提供更加舒适、安全的居住环境；在医疗领域，智慧楼宇可以实现医院的智能化管理和医疗服务，提高医疗质量和效率；在教育领域，智慧楼宇可以提供智能化教学和管理服务，为学生提供更好的学习环境；在交通领域，智慧楼宇可以实现智能停车、智能交通等服务，提高城市交通效率。人工智能在智慧楼宇中的应用体现在以下方面。

（1）智能设备管理

在传统的楼宇管理中，设备的维护和管理往往是一项烦琐的工作。然而，借助人工智能技术，可以实现对设备的智能监测，以及预测性维护。通过对设备的数据进行实时分析，人工智能技术可以发现潜在的故障迹象，并提前采取措施进行维修。同时，人工智能技术还可以提供设备的自主诊断功能，帮助工作人员快速、准确地解决问题。这种智能设备管理不仅能提高设备运行的效率和可靠性，也减少了维修成本和停机时间。

(2) 智能安全监控

在智慧楼宇中，人工智能技术可以广泛应用于安全监控领域。利用机器学习算法，人工智能技术可以实现对监控摄像头拍摄到的图像或视频的智能分析。例如，通过分析人脸特征进行人员识别，从而实现门禁控制和员工考勤等功能。此外，人工智能技术还能够识别异常行为、监测安全隐患，并发送预警信息，提高楼宇的安全性。通过引入人工智能技术，楼宇管理人员可以更加高效地应对各种安全风险，提升整体安防水平，见图 7.35。

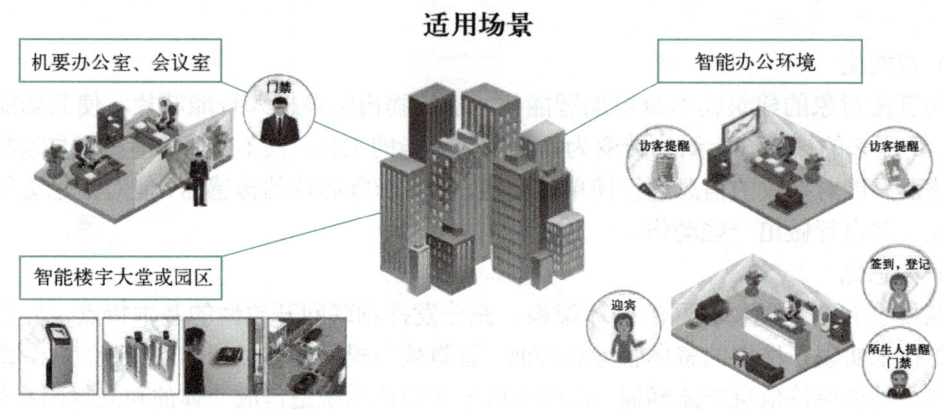

图 7.35 智慧楼宇人员管理

(3) 智能能耗管理

能耗管理一直是智慧楼宇中的重要环节。而人工智能技术的应用可以使能耗管理更加智能化和精确化。人工智能技术可以通过实时监测建筑物内各种设备的用电情况以及室外环境条件，优化能源的分配和使用。通过机器学习和数据分析，人工智能技术可以预测能耗峰谷，并制定相应的控制策略，以实现能耗的最优化。另外，人工智能技术还可以通过智能电表等设备实现对不同区域的用电情况进行监控和管理，从而减少能源浪费，降低能耗成本。

(4) 智慧楼宇运营管理

智慧楼宇的运营管理离不开大量的数据分析和决策支持。而人工智能技术的应用可以提供精准的数据分析和智能化的决策支持。通过对各类数据的采集和处理，人工智能技术可以帮助楼宇管理人员进行运营状态的实时监测和管理，从而提高楼宇的可持续发展能力。此外，人工智能技术还可以根据历史数据和趋势进行预测分析，为楼宇的长远规划和决策提供参考，进一步提升楼宇的运营水平。

## 7.3.2 智能家居

随着人类生活水平的提高和科技的不断发展，智能家居逐渐进入了千家万户的生活，成为人们眼中的新时尚。那么，什么是智能家居，它又是由哪些部分构成的呢？本节将从智能家居的概念、体验、构成、未来等多个角度进行阐述。

智能家居

**1. 智能家居概念**

智能家居是以住宅为平台，利用综合布线技术、网络通信技术、安全防范技术、自动控制技术、音视频技术将与家居生活有关的设施集成,构建高效的住宅设施与家庭日程事务的管理系统,提升家居安全性、便利性、舒适性、艺术性,并实现环保节能的居住环境,见图7.36。

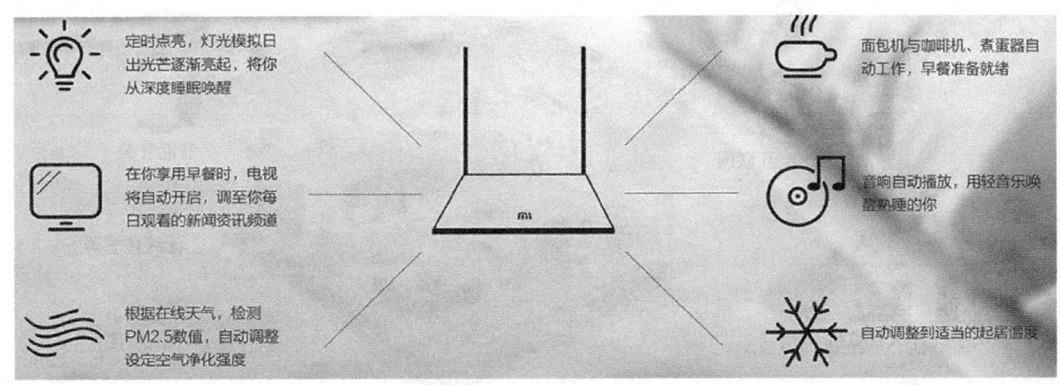

图7.36 智能家居示意图

**2. 智能家居体验**

(1)回家的时候

不需要下车开门,车上的感应装置自动把大门打开。随即家里中控后台收到大门传过来的信息,把家里该开的灯全打开,并根据当天天气环境判断是否需要打开窗户、空调或暖气。

(2)用晚餐的时候

通过手机提前调好适宜的温度和亮度,根据自己的心情选好背景音乐,然后尽情地享受丰盛的晚餐。

(3)晚饭后休闲的时候

吃完一顿美味晚餐后,拿出手机简单操作几下就可以把客厅的电视打开并调到最喜欢的频道。电影模式一键点开,柔和的灯光、舒适的温度、关好的窗帘,安静地享受私人时光。

(4)洗浴的时候

电影结束的时候,通过智能手机提前把浴室的灯打开,热水调好温度并放满,甚至把背景音乐选好播放,一整天的疲劳瞬间释放……

(5)起床的时候

到了早上预定的起床时间,窗帘将自动慢慢打开,清晨的第一缕阳光将你唤醒。灯光渐渐调整至舒适的亮度,适当的延迟时间后,背景音乐自动打开并收听早间新闻。

(6)离开家的时候

只需手指轻轻一按,启动离家模式场景,此时安防报系统自动进入布防状态。

关闭背景音乐、窗帘及室内所有灯光。同时感应传感器自动开启车库,并在车离开后自动关闭车库门。

(7)远程监控

只要智能手机在手,不管离家多远,家里的情况全知晓。

**3. 智能家居构成**

智能家居是指利用先进的物联网技术,将家庭中的各种设备如家电、门锁、灯具等通过手机、平板电脑、电视等设备进行控制,实现智能化、自动化、便捷化的生活状态(见图7.37)。

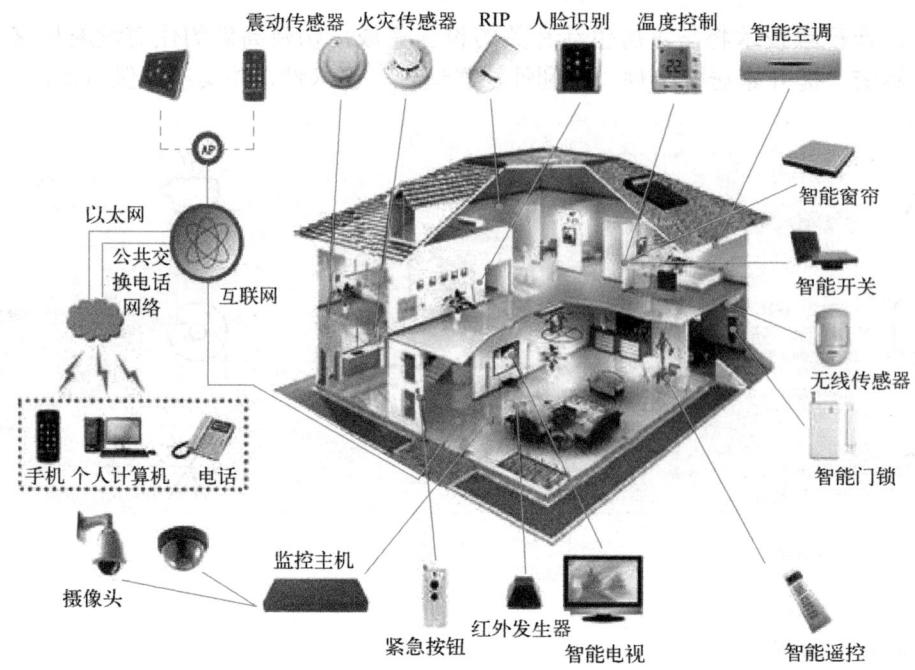

图 7.37 智能家居构成

（1）智能照明控制系统

智能照明控制系统主要包含智能灯泡、灯带以及各种灯。

通过灯光控制随时控制家里灯光的场景，可以调节亮暗度、颜色、开关，达到最佳的灯光效果。

利用先进电磁调压及电子感应技术，对供电进行实时监控与跟踪，自动平滑地调节电路的电压和电流，降低照明电路中不平衡负荷所带来的额外功耗，降低灯具和线路的工作温度，达到优化供电的目的。

（2）智能窗帘

智能窗帘是带有一定感知、调节、控制功能的电动窗帘，能根据室内环境状况自动调节光线强度、空气湿度、平衡室温等，有智能光控、智能雨控、智能风控三大突出的特点。与普通窗帘相比，智能窗帘更具有科技感。智能窗帘系统具有多种操控方式，比如电动、远程、遥控等，只需轻轻一按就能控制窗帘的开启或关闭，还可在中途停止，满足用户的不同需求。

（3）智能指纹锁

指纹锁顾名思义，有手就能开锁，最直观的优点就是便利，而智能指纹锁的优点可不止如此。它能够连接云端的 APP，可以实现对门锁的远程操控，一键即可开门，所有远程数据都经过云端加密传输，极好地保障了用户信息安全。还配备了多种功能：开门信息提醒、自动滑盖、手机远程控制、指纹开锁、密码开锁、临时密码、多重报警机制、多设备联动……你能想到的一切关于指纹锁的可能，它都做到了。

（4）智能家居安防系统

智能家居安防系统为智能家居住户提供基础的家庭安保系统，分为前端探测器，智能家庭控制器，网络信号传输系统，控制中心控制系统等。值得一提的是，安保系统的前端探测器，可分为门磁、窗磁、煤气探测器、烟感探测器、红外探头、紧急按钮等。

（5）智能家电控制系统

智能家电控制系统，可通过手机、面板和语音控制家中的空调、电视等，能自动感知住宅空间状态和家电自身状态、家电服务状态，自动控制及接收住宅用户在住宅内或远程的控制指令；同时，智能家电作为智能家居的组成部分，能够与住宅内其他家电和家居、设施互联组成系统，实现智能家居功能。

（6）智能监控系统

智能监控系统是应用光纤、同轴电缆或微波在闭合的环路内传输视频信号，从摄像到图像显示和记录构成独立完整的系统。它能实时、形象、真实地反映被监控对象，不但极大地延长了人眼的观察距离，而且扩大了人眼的机能。它可以在恶劣的环境下代替人工进行长时间监视，让人能够看到被监视现场的实际发生的一切情况，并通过录像机记录下来。同时报警系统设备对非法入侵进行报警，将产生的报警信号输入报警主机，报警主机触发监控系统录像并记录。

（7）家庭影院系统

家庭影院系统是在家庭环境中搭建的一个接近影院效果的可欣赏电影、享受音乐的系统。家庭影院系统可让家庭用户在家欣赏环绕影院效果的影碟片，聆听专业级别音响带来的音乐，并且支持卡拉 OK 娱乐。

### 7.3.3 智能家电

智能家电就是将微处理器、传感器技术、网络通信技术引入家电设备后形成的家电产品，具有自动感知住宅空间状态和家电自身状态、家电服务状态，能够自动控制及接收用户在住宅内或远程的控制指令。

智能家电

（1）智能炉灶

智能炉灶完全颠覆了传统的火候掌控方法，由计算机来精确调节火力，把烹饪者从烦琐的火力调节工作中解放出来，不必担心烧焦、火灾等情况的发生（见图 7.38）。

（2）智能冰箱

智能冰箱配备了摄像头和图像识别系统，可以对冰箱里的所有食材进行识别、记录和分类。用户可以通过智能手机远程查看冰箱里的食物，决定做什么饭菜。用户还可以通过冰箱上的液晶大屏查询菜谱，通过网络商城购买新鲜的优质食材（见图 7.39）。

图 7.38　智能炉灶

图 7.39　智能冰箱

（3）智能料理秤

除了火候和新鲜食材，各种食材的配比对于烹饪出一道美味同样至关重要。尽管食谱上清楚地罗列着各种食材的分量和配比，但是我们却无法判断自己手中的食材到底是多了还是少了。传统的电子秤可以提供一些帮助，但还远远不够。食谱上的分量不一定就是用户最终想要的，一旦用户想要多做一点或者少做一点，就不得不重新计算所有食材的分量。

智能料理秤可以很好地解决这个问题（见图7.40）。智能料理秤同样内置了海量菜谱，用户只需在料理秤上选择相应的菜谱和食材，然后将选择的食材放在秤台上，它便会自动计算出其他食材所需的分量。

（4）智能变频抽烟机

智能变频抽烟机拥有尖端温度感应系统，可根据用户炒菜过程中随温度变化而产生的油烟变化自动调节风量，避免炒菜过程中频繁换档，达到节能目的。同时也增大压强，解决了公共烟道排烟困难的问题。

（5）智能洗碗机

图 7.40　智能料理秤

智能洗碗机采用360°高效静漂技术，利用高速水流，实现全方位深度漂洗，不必担心餐具被化学物品二次污染。独有的零耗能余热烘干技术，借助高温漂洗后的腔体余热，将餐具快速烘干，确保餐具零污染。

### 7.3.4　智能建筑工地

建筑工地智能方案在现代建筑施工中起着至关重要的作用。随着科技的不断进步和发展，人们对建筑施工安全、效率和环境保护的要求也越来越高。因此，引入智能方案已经成为现代建筑工地的一个趋势。

1）建筑设计：AI在建筑设计领域可以帮助建筑师在早期设计阶段进行复杂的计算，并提供精确的实时数据，使设计更加便捷高效。AI可以预测建筑物在不同环境条件下的表现，如透光性、通风性和能耗等（见图7.41）。

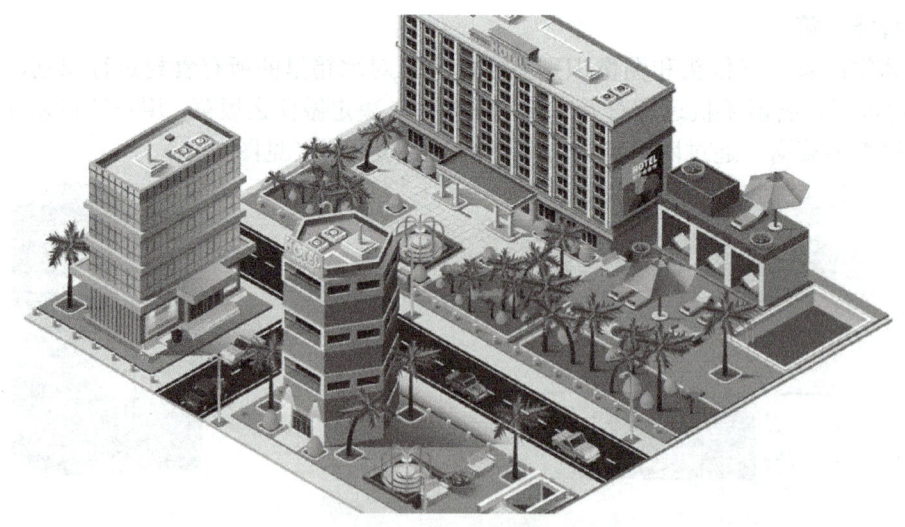

图 7.41　智能建筑设计

2）施工计划：在建筑施工中，时间是最重要的资源。利用 AI 技术，可以开发出智能的施工计划系统，帮助建筑管理人员计划和优化整个施工过程。例如，在闲置设备和人力资源方面，AI 可以预测未来施工的需求，同时还可以根据天气预报和其他因素进行调整，从而最大限度地优化施工进度和成本。

3）预防成本超支：在大型项目中容易出现成本超支的情况，将 AI 技术运用到项目中，可以根据项目的规模等各方面因素以及建筑团队的能力水平，来预算成本是否会超支。并且 AI 还能够帮助员工远程访问各项培训材料，帮助快速提高技能，间接加快项目交付进程。

4）自动化施工：自动化施工是 AI 在建筑方面最令人激动的应用之一。可以设想，未来施工过程将由无人机、机器人和自动化设备完成。例如，无人机可以在危险的高处安装钢结构，机器人可以进行砌墙、涂料和装修工作。通过自动化施工，可以降低工人在高风险岗位上的伤亡率，同时提高效率和工作质量（见图 7.42）。

图 7.42 智能抹灰机

5）建筑安全监控：AI 可以应用于建筑工地的安全监控，通过智能摄像头、传感器等技术手段，实时监测工地环境和工人行为，预防安全事故（见图 7.43）。

图 7.43 建筑安全监控

6）建筑能源管理：AI 可以通过对建筑能源使用数据的分析，优化能源使用效率，降低建筑能源消耗。

7）建筑知识管理：AI 可以通过知识图谱和自然语言处理技术，实现对建筑知识的管理和应用。通过构建建筑领域的知识图谱，AI 可以将分散的建筑知识整合起来，并通过自然语言处理技术实现对知识的检索和应用，为建筑师和设计师提供更准确和有效的建筑知识支持。

8）混凝土缺陷检测：如果不及时处理，混凝土结构中非常小的裂缝、泄漏和凹痕可能会在以后造成大问题。计算机视觉系统与相机和无人机技术相结合，非常适合识别和报告这些类型的缺陷。在建筑物的图像上使用这些技术可以帮助施工经理通过预测未来状况、支持投资规划以及分配有针对性的维护和维修资源来提高建设和维护效率（见图 7.44）。

图 7.44　混凝土缺陷检测

AI 在建筑施工中的应用，为建筑行业带来了惊人的进步。从建筑设计到施工计划和自动化施工，AI 技术正在帮助建筑师、工人和管理人员更高效、更安全地工作。未来，随着技术的进一步发展，AI 还将在建筑行业的其他方面进行更广泛的应用，也会对建筑行业产生重要的影响。

## 7.4　制造+AI

AI 技术广泛应用于制造的各个环节。

### 7.4.1　四次工业革命

人类发展历史上的四次工业革命见图 7.45。

图 7.45　四次工业革命

（1）第一次工业革命

第一次工业革命是从 18 世纪 60 年代开始于英国的一场技术革命，它以蒸汽机的发明和广泛应用为标志。这一革命标志着机器代替手工劳动的时代的来临，从而开创了工厂制度和大规模生产的先河。此次革命不仅是技术上的变革，更是社会关系的重构，工业资本主义迅速崛起。

（2）第二次工业革命

第二次工业革命在 19 世纪中后期兴起，被称为"电气时代"。它以电力、石油化工业和内燃机的发展为标志，带来了工业生产和交通运输的巨大变革。这一时期也见证了科学和技术的飞速发展，电力、通信和交通等领域都取得了突破性进展。

（3）第三次工业革命

第三次工业革命又称为第三次科技革命，是涉及信息技术、新能源技术、生物技术等多个领域的信息控制技术革命。这一时期的标志性进展包括原子能、电子计算机、空间技术和生物工程的发明和应用。第三次工业革命对人类社会的经济、政治、文化和生活方式产生了深远的影响。

（4）第四次工业革命

第四次工业革命是工业 4.0 的时代，也被称为智能化时代。在这个时代，信息技术的升级创新与应用成为推动产业变革的核心。第四次工业革命以物联网、人工智能和大数据为基础，将制造业与数字技术深度融合，实现生产过程的智能化和高效化。

第四次工业革命的到来，彻底改变了人类社会的面貌，带来了巨大的经济、科技和文化变革。它们推动了人类社会的进步和发展，也带来了挑战和机遇。

## 7.4.2 智能制造

智能制造是"基于新一代信息通信技术与先进制造技术深度融合，贯穿于设计、生产、管理、服务等制造活动的各个环节，具有自感知、自学习、自决策、自执行、自适应等功能的新型生产方式"。它把制造自动化的概念更新，扩展到柔性化、智能化和高度集成化。

智能制造

**1. 智能制造的三种基本范式**

在长期实践的过程中形成了智能制造的三种基本范式（见图 7.46）。

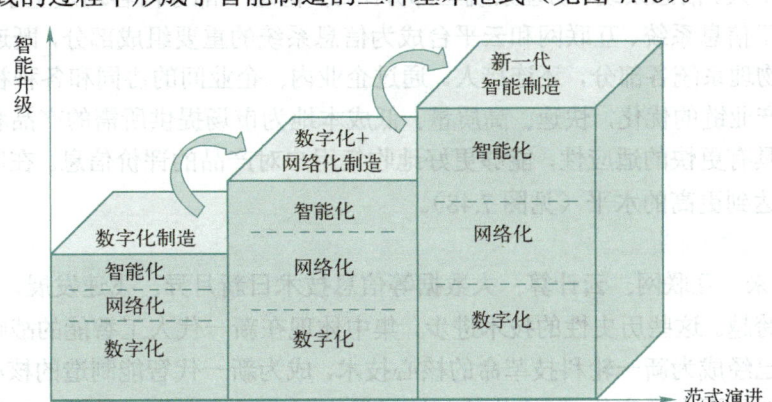

图 7.46　智能制造范式

第一范式：数字化制造，智能化、网络化占比较低。
第二范式：数字化+网络化制造，智能化占比较低，数字化、网络化占比较高。
第三范式：第一代智能制造，强调智能化占比。

## 2. 数字化制造

数字化制造是智能制造的第一种基本范式，也可称为第一代智能制造。与手动机床相比，数控机床发生的本质变化是在人和机床实体之间增加了数控系统。操作者只需根据加工要求，将加工过程中需要的刀具与工件的相对运动轨迹、主轴速度、进给速度等按规定的格式编成加工程序，计算机数控系统即可根据该程序控制机床自动完成加工任务。与传统制造系统相比，数字化制造系统最本质的变化是从原来的"人—物理"二元系统发展成为"人—信息—物理"三元系统（见图7.47）。

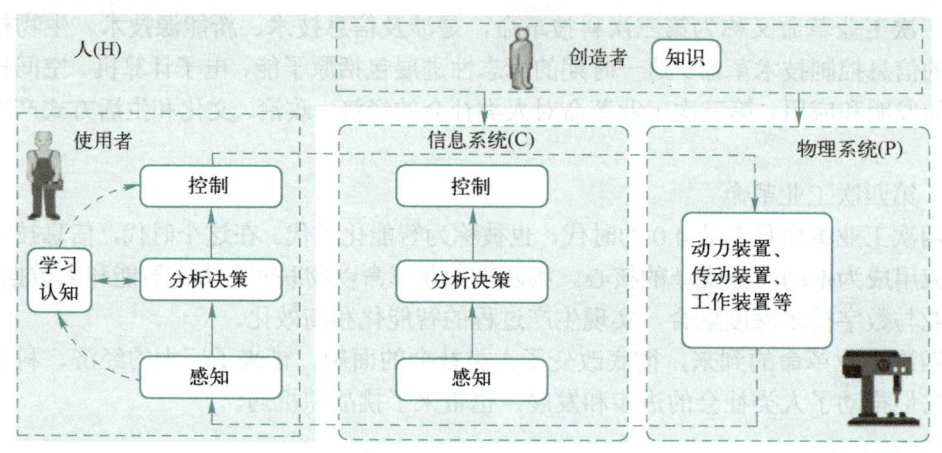

图 7.47　数字化制造

需要说明的是，数字化制造是智能制造的基础，制造技术与数字技术、网络技术的密切结合重塑制造业的价值链，推动制造业从数字化制造向数字化+网络化制造的范式转变。

## 3. 数字化+网络化制造

与数控机床相比，互联网+数控机床增加了传感器，增强了对加工状态的感知能力，更重要的是，它实现了设备的互联互通，实现了机床状态数据的采集和汇聚，数字化+网络化制造系统仍然是基于人、信息系统、物理系统三部分组成，但这三部分内容均发生了根本性的变化。最大的变化在于信息系统、互联网和云平台成为信息系统的重要组成部分，既连接信息系统各部分，又连接物理系统各部分，还连接人。通过企业内、企业间的协同和各种社会资源的共享与集成，实现产业链的优化，快速、高质量、低成本地为市场提供所需的产品和服务。使得企业对市场变化具有更快的适应性，能够更好地收集用户对产品的评价信息。在制造柔性化、管理信息化方面达到更高的水平（见图7.48）。

## 4. 新一代智能制造

21世纪以来，互联网、云计算、大数据等信息技术日新月异、飞速发展，迅速普及应用，形成了群体性跨越。这些历史性的技术进步，集中体现在新一代人工智能的战略性突破上。新一代人工智能已经成为新一轮科技革命的核心技术，成为新一代智能制造的核心技术。新一代智能制造，相对于面向数字化+网络化的制造又发生了本质性变化（见图7.49）。

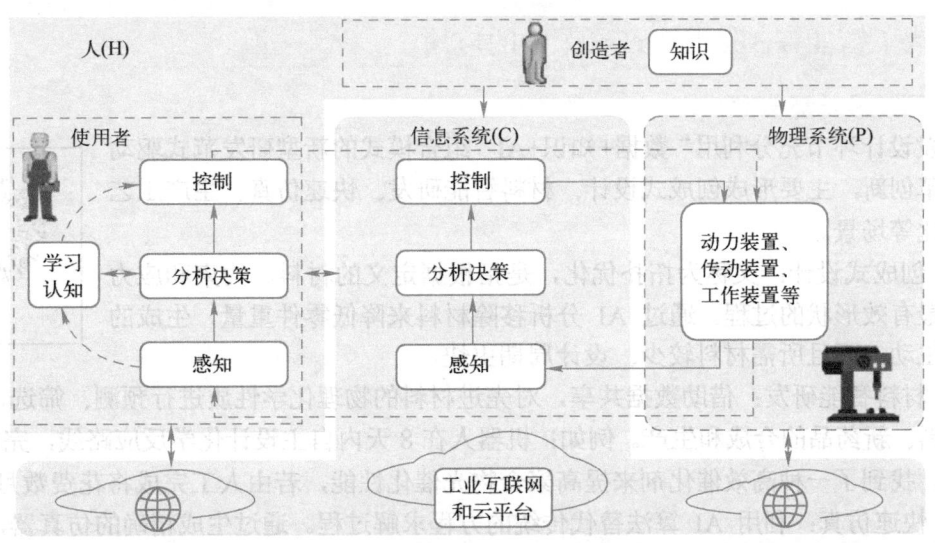

图 7.48　数字化+网络化制造

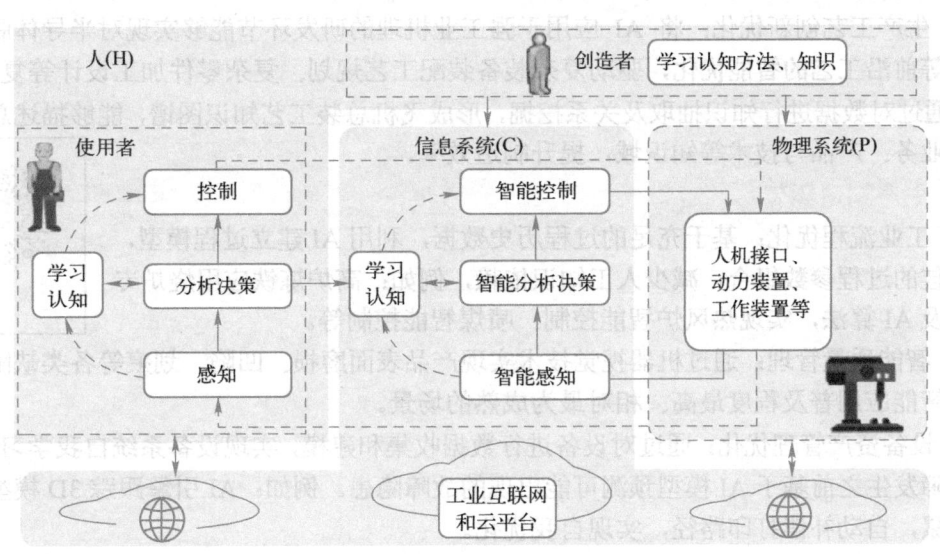

图 7.49　新一代智能制造

新一代智能制造通过新一代人工智能技术赋予信息系统强大的"智能"，从而带来三个重大技术进步。一是从根本上提高了制造系统建模的能力，也极大提高了处理制造系统复杂性、不确定性问题的能力，实现了制造系统的优化。二是使信息系统拥有了学习认知能力，使制造知识的产生、利用、传承和积累效率均发生革命性变化，显著提升了知识作为核心要素的边际生产力。三是形成了人机混合增强智能，使人的智慧与机器的智能均得以充分发挥并相互启发地增长，极大释放了人类智慧的创新潜能，极大提升了制造业的创新能力。人和信息系统的关系发生了根本性的变化，即从"授之以鱼"变成了"授之以渔"。

## 7.4.3 人工智能在制造业生产环节中的应用

**1. 研发设计环节**

研发设计环节充分利用"数据+知识+AI"组合模式的新型研发范式驱动产业变革创新，主要形成创成式设计、材料智能研发、快速仿真、生产工艺创新优化等场景。

研发设计环节

1）创成式设计：又称为拓扑优化，是指根据定义的材料、约束和应力来确定最有效形状的过程。通过 AI 分析移除材料来降低零件重量，生成的外观更生动，而且所需材料较少、设计周期更快。

2）材料智能研发：借助数据共享，对先进材料的物理化学性质进行预测、筛选，从而加快新材料、新药品的合成和生产。例如：机器人在 8 天内自主设计化学反应路线，完成了 688 个实验，找到了一种高效催化剂来提高聚合物光催化性能，若由人工完成将花费数月时间。

3）快速仿真：利用 AI 算法替代传统的方程求解过程。通过生成精确的仿真器，将所有科学领域的仿真加速数百至数十亿倍。例如：在汽车风洞仿真环节加入 AI 技术，使原本需要花费一周的仿真时间缩短至不到 1s。

4）生产工艺创新优化：将 AI 应用于强工业机理的研发环节能够实现对半导体制造、生物制品等前沿工艺的智能优化，驱动复杂装备装配工艺规划、复杂零件加工设计等复杂工艺。例如：通过对数据进行知识抽取及关系挖掘，形成飞机总装工艺知识图谱，能够描述总装制造人员、业务、产品与技术等知识域，提升制造效率。

**2. 生产制造环节**

1）工业流程优化：基于充足的过程历史数据，利用 AI 建立过程模型，寻找最佳的过程参数组合，减少人工知识依赖，例如：高炉炼铁应用烧炉专家知识及 AI 算法，实现热风炉智能控制、喷煤智能控制等。

生成制造环节

2）智能质量管理：通过机器视觉技术实现产品表面磨损、凹陷、划痕等各类缺陷的检测是工业智能应用普及程度最高、相对最为成熟的场景。

3）设备资产管理优化：通过对设备进行数据收集和建模，实现设备系统自我学习和进化，并在故障发生之前基于 AI 模型预测可能出现的故障隐患。例如：AI 引擎跟踪 3D 模型，通过经验积累，自动补偿打印路径，实现自我优化。

4）智能排产：通过一套综合的 AI 算法得到一组最佳生产结果来满足复杂的生产场景，实现生产计划的最优求解。例如：智能排程系统基于 MES 基础数据进行系统建模，并得出最优解，得到高效智能的排产计划。

5）智能安全识别：利用高精度摄像头和传感器进行图像与视频采集，并利用深度学习算法建模，从而实现对车间内的立体化安全防护。例如：AI 监测可以通过人脸和安全帽的对比识别快速检测出人员是否有佩戴安全帽。

6）能耗与排放优化：通过实时采集能源消耗数据，构建能耗分析模型，预测消耗需求，分析影响能源效率的相关因素，优化设备能效。

经营管理环节

**3. 经营管理环节**

1）智能管理决策：通过在商业智能（BI）平台中加入 AI 技术，基于全局性数据开展智能分析实现更精准的事件识别、用户推荐、客户生命价值预测、风险识别与管理等。

2）智能财务管理：利用 AI 能够识别字体模糊、印刷错位、褶皱的票据，进一步减轻企业财务管理人员的工作负担，极大提升企业财务管理的效率。

3）供应链优化：汇集交货期、库存管理、选择运输工具、天气等各类可能影响物流供应链的因素，建立供应链模型，优化物流路径。

**4. 服务环节**

1）智能产品服务：通过对产品增加感知、分析、控制功能，实现产品可监测、可控制、可优化，有效提高产品的功能灵活性、易扩展性、安全性和可管理性，并基于多个互联的智能产品构成智能生态。例如，可以在车辆驾驶系统中融入大量 AI 技术，并通过提供在线功能升级、动力性能调整、系统远程检测维护等各类服务，使新技术的更新迭代速度达到普通车企的三倍以上。

服务环节

2）智能运维服务：基于数据分析提供运维优化等各类服务，正在成为制造业的核心价值来源，一些工业企业数字化服务部分的营业额甚至超过产品生产销售本身的营收。例如，提供具有自主驾驶功能的各类工程机械，并提供设备预测性维护等"产品+服务"以及各类信贷、保险等基于平台+数据分析的新型盈利模式。

### 7.4.4 人工智能在制造业中的其他应用场景

（1）工业质检

制造业产品质量检查是重要任务，如仪表板集成测试、金属板表面控伤、汽车车身检测、纸币印刷质量检测、流水线生产检测等。机器视觉自动化设备可以代替人工不知疲倦地进行重复性的工作，且在一些不适合于人工作业的危险工作环境或人工视觉难以满足要求的场合，机器视觉可替代人工视觉（见图 7.50）。

（2）视觉分拣

工业上有许多需要分拣的作业，采用人工的话，速度缓慢且成本高，如果采用工业机器人的话，可以大幅降低成本，提高速度。但是，一般需要分拣的零件是没有整齐摆放的，机器人面对的是一个无序的环境，需要机器人本体的灵活度、机器视觉、软件系统对现实状况进行实时运算等多方面技术的融合，才能实现灵活的抓取（见图 7.51）。

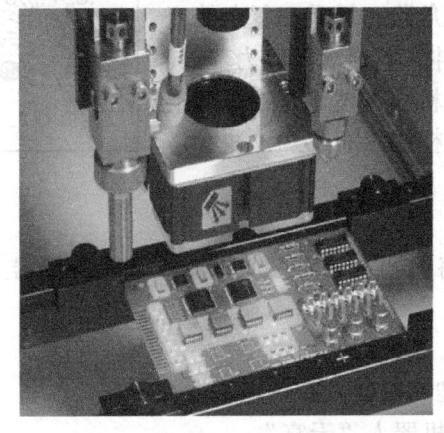

图 7.50 工业质检

图 7.51 视觉分拣

### (3) 故障预测

在制造流水线上，有大量的工业机器人。如果其中一个机器人出现了故障，当人感知到这个故障时，可能已经造成大量的不合格品，从而带来不小的损失。如果能在故障发生以前就检测到，可以有效做出预防，减少损失。

基于人工智能技术，通过在工厂各个设备加装传感器，对设备运行状态进行监测，并利用神经网络建立设备故障的模型，则可以在故障发生前进行预测，将可能发生故障的工件替换，从而保障设备持续无故障运行。

### (4) 预防性维护

对磨损、撕裂、故障，通过人工智能发出潜在故障的警告信号，甚至可以预见疲劳。还可以使用人工智能精确预测资产（如机械）的剩余使用寿命，提高机械和资产的总体寿命。

### (5) 人工智能辅助设计

像汽车制造商、飞机制造商这样的大型设计公司正在使用基于人工智能的设计技术，使创造性的机器或零件或装置设计不受人类设计师思维的限制（见图7.52）。

图 7.52　人工智能辅助设计

## 7.4.5　机器人

### 1. 机器人概念

机器人是一种能够半自主或全自主工作的智能机器。机器人具有感知、决策、执行等基本特征，可以辅助甚至替代人类完成危险、繁重、复杂的工作，提高工作效率与质量，服务人类生活，扩大或延伸人的活动及能力范围。

随着人们对机器人技术智能化本质认识的加深，机器人技术开始源源不断地向人类活动的各个领域渗透，人们研制出各式各样的具有感知、决策、行动和交互能力的机器人产品。

机器人

### 2. 机器人分类

根据机器人应用场景不同，国际机器人联合会将机器人分为工业机器人和服务机器人，共16个小类（见图7.53）。

### 3. 常见的机器人

图7.54显示了三种服务机器人：送餐机器人、迎宾机器人和扫地机器人。

图7.55显示了我国登月机器人"玉兔"，空间站机器人"天宫"。

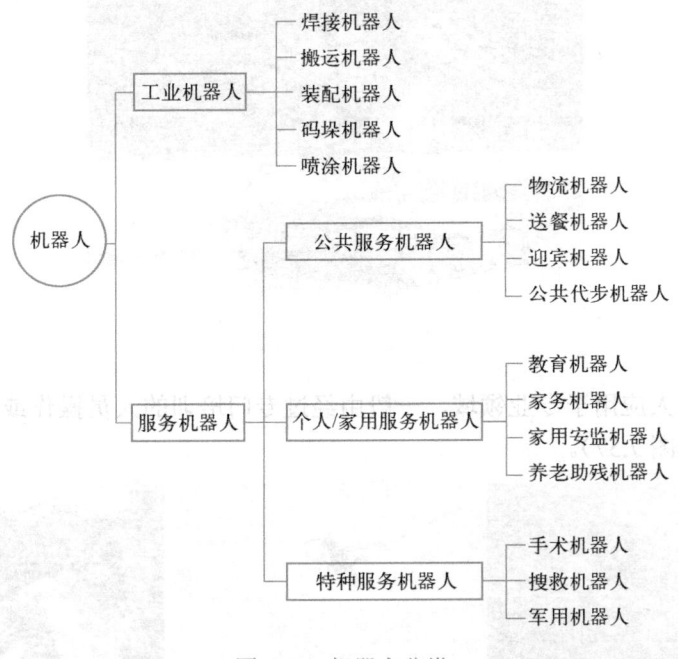

图 7.53 机器人分类

图 7.54 服务机器人

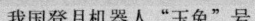

图 7.55 航天机器人

军用机器人是一种用于军事领域的具有某种仿人功能的自动机。从物资运输到无人机实战进攻，军用机器人的使用范围广泛（见图 7.56）。

图 7.56　军用机器人

特种服务机器人应用于专业领域，一般由经过专门培训的人员操作或使用，辅助和/或代替人执行任务（见图 7.57）。

图 7.57　特种服务机器人

根据特种服务机器人使用的空间（陆域、水域、空中、太空），可将其分为：地面机器人、地下机器人、水面机器人、水下机器人、空中机器人、空间机器人和其他机器人。

教育机器人是由生产厂商专门开发的以激发学生学习兴趣、培养学生综合能力为目标的机器人成品、套装或散件（见图 7.58）。

图 7.58　教育机器人

它除了机器人机体本身之外，还有相应的控制软件和教学课本等。教育机器人可以适应新课程，对学生科学素养的培养和提高起到了积极的作用，在众多中小学得以推广，并以其"玩中学"的特点深受青少年的喜爱，机器人走入学校和计算机普及校园一样，已经成为必然的趋势，机器人教育已经成为中小学教育领域的新课程。

**4．机器人构成**

机器人由六大系统构成。

1）机械结构系统：机械结构系统是机器人系统基础，主要包含传动系统和执行机构。

执行机构常将机器人本体的有关部位分别称为基座、腰部、臂部、腕部、手部（夹持器或末端执行器）和行走部（对于移动机器人）等。

2）控制系统：控制系统是机器人的"大脑和神经中枢"，主要包括系统软件和应用软件，控制机器人的自由度、精度、工作范围、速度、承载能力。

3）驱动系统：驱动系统又称伺服系统，是一种以机械位置或角度作为控制对象的自动控制系统。如：电驱动、液压驱动、气压驱动等。

4）感知系统：感知系统主要包括机器视觉。相比国外来说，国内的机器人感知系统在镜头、工业相机、视觉算法、软件平台方面还有很大发展空间。

5）人机交互系统：是操作人员与机器人进行交互的装置。

6）环境交互系统：是现代工业机器人与外部环境中的设备互相联系和协调的系统。

### 7.4.6 工业机器人

#### 1. 工业机器人国外发展现状

从 1920 年"robot"这个词被捷克剧作家创造出来，到现在机器人已经发展了百余年。从最初的单纯用于搬运的工业机器人，到第二代具有视觉传感器以及信息处理技术的工业机器人，再到能够理解人类语言的"智能机器人"。工业机器人的发展历程及应用日新月异（见图 7.59）。

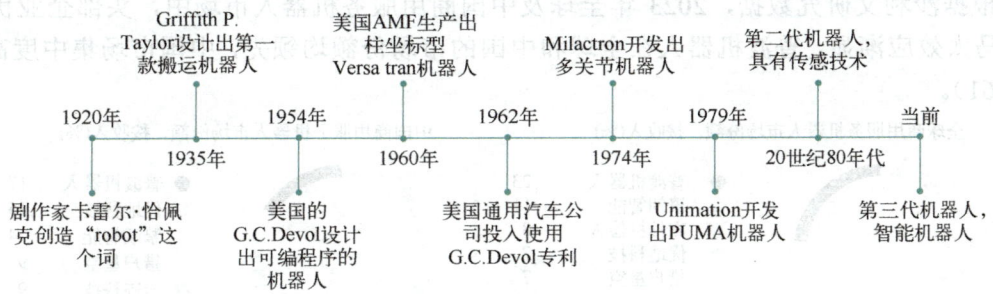

图 7.59 工业机器人发展历程

在短短 100 多年的时间中，机器人技术得到了迅速的发展。在众多制造业领域中，工业机器人应用最广泛的领域是汽车及汽车零部件制造业，并且正在不断地向其他领域拓展，如机械加工行业、电子电气行业、橡胶及塑料工业、食品工业、木材与家具制造业等。在工业生产中，焊接机器人、磨抛加工机器人、激光加工机器人、喷涂机器人、搬运机器人、真空机器人、巡检机器人等都已被大量采用（见图 7.60）。

图 7.60 工业机器人

**2. 工业机器人的发展方向**

1）协作机器人：机器人助手和伙伴。

2）云机器人：依靠云计算机处理大量的数据。

3）柔软触感机器人：能够适应各种非结构化环境，与人类的交互也更安全。机器人本体利用柔软材料制作，驱动方式主要取决于所使用的智能材料；一般有介电弹性体、离子聚合物金属复合材料等，大多数软体机器人的设计是模仿自然界各种生物，如蚯蚓、章鱼、水母等。

4）低成本机器人：Segway Robotics 公司正在打造普适型机器人软硬件，希望凭借简单易用的机器人 Loomo 开发包帮助每个人用极低的成本打造梦想中的机器人。

5）民间无人机：diydrones 是一个著名的无人机爱好者网站，它拥有超过 20000 名成员，他们自己设计建造自主飞行器。在不断扩大的开源软件和硬件资源的带动下，无人飞行器行业值得期待。

6）服务机器人：智能化水平提高，服务领域不断拓展。

近年来，随着人工智能、物联网和自动化技术的不断进步，商用服务机器人行业迅速崛起，展现出广阔的发展前景。从最初的实验室研发到如今的规模化应用，商用服务机器人已逐渐成为各行业提升效率和优化客户体验的关键工具。

根据沙利文研究数据，2023 年全球及中国商用服务机器人市场中，头部企业优势显著，马太效应渐显，普渡机器人在全球和中国的市场份额均领先，中国市场集中度高（见图 7.61）。

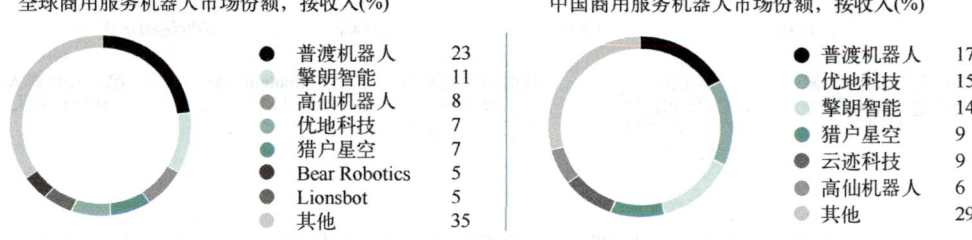

图 7.61　中国服务机器人市场份额

## 7.5　医疗+AI

人工智能在医疗领域可能会率先落地。一方面，图像识别、深度学习、神经网络等关键技术的突破带来了人工智能技术新一轮的发展，大大推动了以数据密集、知识密集、脑力劳动密集为特征的医疗产业与人工智能的深度融合。另一方面，随着社会进步和人们健康意识的觉醒、人口老龄化问题的不断加剧，人们对提升医疗技术、延长人类寿命、增强健康的需求也更加迫切。而实践中却存在着医疗资源分配不均，药物研制周期长、费用高，以及医务人员培养成本过高等问题。对医疗进步的现实需求极大地刺激了以人工智能技术推动医疗产业变革升级浪潮的兴起。图 7.62 展示了人工智能在医疗领域的九大应用。

图 7.62 人工智能在医疗领域的九大应用

## 7.5.1 疾病风险预测

**1. 流行病风险预测**

"谷歌流感趋势"是谷歌公司 2008 年上线的一个项目，它根据美国各州和主要城市对流感短语的搜索，来预测流感的爆发。

项目背后的原理也很简单：如果某地流感开始流行，那么相关搜索词"流感""板蓝根"等的统计就会增多。谷歌研究团队 2009 年在《自然》上发表的文章引起很大反响，准确预测了 2009 年流感流行，让人大吃一惊。图 7.63 为"谷歌流感趋势"预测。

疾病风险预测

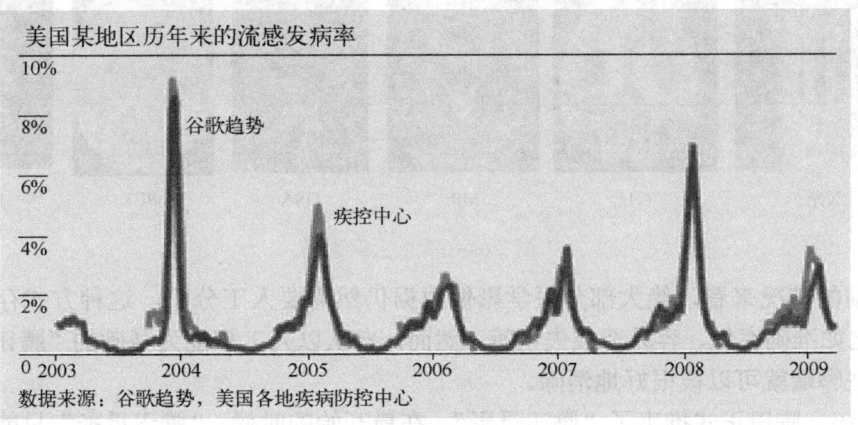

图 7.63 "谷歌流感趋势"预测

**2. 心血管病患者风险预测**

心血管病高致死率的主要原因是其发病具有隐蔽性和突发性。作为临床诊断心血管病最有效的工具，心电图和医学影像具有各自的特点。动态心电图的可便携性使其可实时监测和预警突发心血管病，在心血管病预测方面具有突出作用，但其为体外微弱电信号，不能窥视内因；

医学影像的高精度使其可发掘心血管病本质原因，在心血管病精确诊疗方面起着突出作用，但不具有实时性。因此，将人工智能技术与它们结合，充分发挥出心电图和医学影像各自的优势，能够有效提高心血管疾病预防和诊疗的效率，降低心血管病的致死率。

人工智能软件对每一次心跳都测量了心脏结构中 3 万个不同点的运动状况。把上述检测结果同患者八年的健康状况记录结合起来，人工智能软件就可以发现哪些异常状况会导致患者的死亡。人工智能软件能够对未来五年的情况做出预测，预测患者在一年后仍然存活的准确率大约为 80%，而医生对于这项预测的准确率为 60%。

### 3. 关节炎发展预测

诊断关节炎的常规标准是 X 射线。问题是，当用 X 射线发现关节炎时，损伤已经发生。

匹兹堡大学医学院和卡内基梅隆大学工程学院的研究人员创建了一种机器学习算法，可以从 MRI 扫描图像中根据医生肉眼看不到的细微征兆，在症状开始之前几年预测出关节炎的发生。通过收集大量人群 10 年间的软骨 MRI 影像数据，人工智能通过大量图像数据的学习，能够发现正常人的软骨中的异常，然后寻找健康人群和患病人群的影像差别。正常人的软骨中的水是均匀分布的，而骨关节炎患者的 MRI 图像上有水的聚集，从而预测出未来三年患有关节炎的概率，目前预测的准确度已经达到了 86.2%。

人工智能在疾病预测上的应用还包括精神病发病风险预测、慢性肾病分级预测、脑疝预测等。

## 7.5.2 智能医学影像

据相关数据显示，90%左右的医疗数据都来自医学影像。不过，影像科医生的整体数量和工作效率似乎根本没有办法应对这么多数据，而影像科医生也因此面临着巨大的压力。图 7.64 为常见医疗影像。

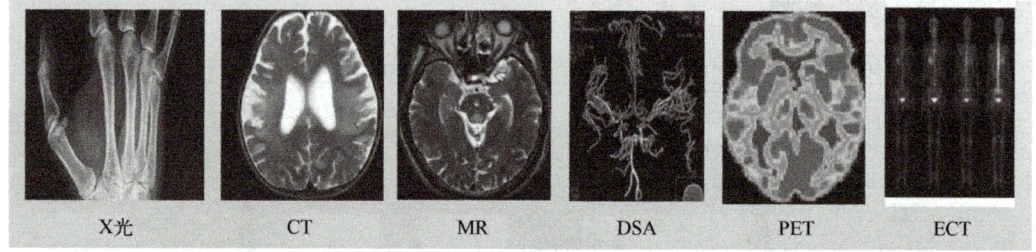

图 7.64 常见医疗影像

从目前的情况来看，绝大部分医学影像数据仍然需要人工分析，这种方式存在比较明显的弊端，比如准确率低、容易造成失误等。然而，自从以人工智能为基础的"腾讯觅影"出现以后，这些弊端就可以被很好地消除。

2017 年，腾讯正式推出了"腾讯觅影"。在最开始的时候，"腾讯觅影"只能对食道癌进行早期筛查，但发展到现在，已经可以对多种癌症（如乳腺癌、结肠癌、肺癌、胃癌等）进行早期筛查。而且值得一提的是，已有超过 100 家三甲医院都成功引入了"腾讯觅影"。

从临床上来看，"腾讯觅影"的敏感度已经超过了 85%，识别准确率也达到 90%，特异度更是高达 99%。不仅如此，只需要几秒的时间，"腾讯觅影"就可以帮医生"看"一张影像图，在这一过程中，"腾讯觅影"不仅可以自动识别并定位疾病根源，还会提醒医生对可疑影像图进行复审（见图 7.65）。

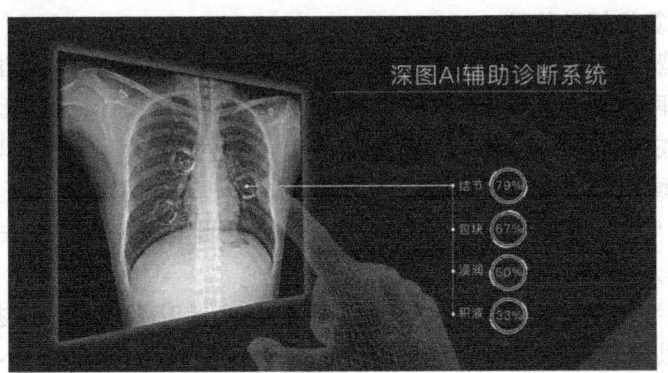

图 7.65　AI 医学影像处理

### 7.5.3　智能诊疗

如果在诊疗的过程中能够充分利用人工智能的辅助服务，不仅可以补充医疗服务的力量，还可以更加合理地分配医疗资源，提高就诊效率。例如，运用大数据分析，人工智能可以合理地错峰安排就诊和治疗的时间，这样不仅可以减少患者排队的时间，也能提高预约和就诊的效率，降低医务人员的工作压力，使其有更充裕的时间诊治患者。

智能诊疗

**1．医疗机器人**

目前常见的医疗机器人见图 7.66。

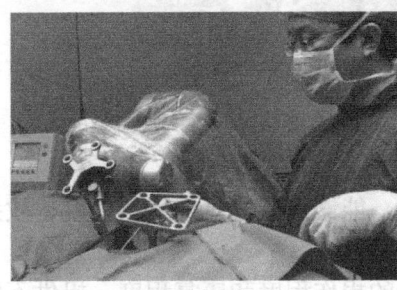
骨科手术机器人
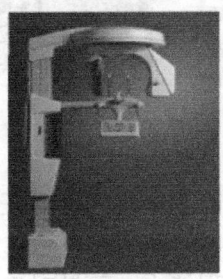
牙科辅助机器人
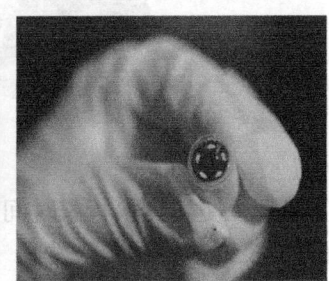
胃镜机器人

图 7.66　医疗机器人

（1）骨科手术机器人

骨科手术机器人为手术机器人中的一个细分领域。比较著名的有 ROBODOC 手术系统，由已并入 CUREXO 科技公司的 Integrated Surgical Systems 公司发布。

该系统能够完成一系列的骨科手术，如全髋关节置换术及全膝关节置换术，也用于全膝关节置换翻修术，其包括两个组件：一个是配备了三维外科手术前规划专有软件的电脑工作站 ORTHODOC(R)，以及一个用于髋、膝置换术精确空腔和表面处理的电脑操控外科机器人 ROBODOC(R) Surgical Assistant。该设备已经广泛用于全球 20000 多例外科手术。

（2）牙科辅助机器人

牙科辅助机器人是手术机器人的另一个细分市场。目前有牙齿美容机器人和义齿机器人。义齿机器人利用图像、图形技术来获取生成无牙颌患者的口腔软硬组织计算机模型，利用非接触式三维激光扫描测量系统来获取患者无牙颌骨形态的几何参数,采用专家系统软件完成全口义齿人工牙列的计算机辅助统计。

Sinora 齿雕机器人是一款比较典型的牙齿美容机器人,其突破了传统的牙齿修复方法,利用数字化口腔修复网络平台,经 3D 智能数字化技术系统直接设计,避免因材料或操作造成的误差,不会发生规定混合物、印模和设定时间有错误或不符的现象,从诊断、拍摄、设计到制作、试戴在一个区域内完成,一气呵成。例如过去需要一周时间来制作的全瓷牙,现在仅需要 1h 左右就能完成,"纯"打磨时间仅需要 8~10min,是目前最有效、最安全的牙齿美容技术。

(3) 胃镜机器人

胃镜机器人和手术机器人同属医疗机器人,只是两者以不同的方式进行"手术"而已。目前,胃镜机器人以胃镜胶囊机器人为主。患者只需吞下一颗普通胶囊大小的胶囊内镜机器人,医生就能检查胃和小肠。该遥控胶囊内镜机器人集成了各种各样的传感器,采用独创的磁场控制技术,把胶囊内镜变成了"有眼有脚"的机器人。由于其体积很小,进入体内毫无异物感与不适感,消除患者紧张、焦虑情绪,极大提高了受检者对检查的耐受性。

(4) 康复机器人

相对于传统的人工康复训练模式,康复机器人(见图 7.67)带动患者进行康复运动训练具有很多优点:

 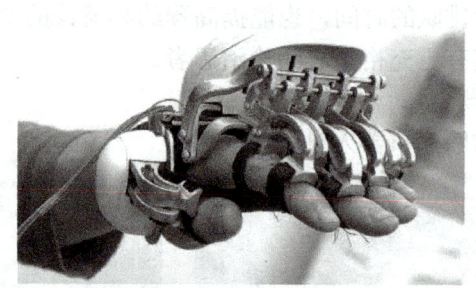

图 7.67 康复机器人

1) 机器人更适合执行长时间简单重复的运动任务,能够保证康复训练的强度、效果与精度,且具有良好的运动一致性。

2) 通常康复机器人具备可编程能力,可针对患者的损伤程度和康复程度,提供不同强度和模式的个性化训练,增强患者的主动参与意识。

3) 康复机器人通常集成了多种传感器,并且具有强大的信息处理能力,可以有效监测和记录整个康复训练过程中人体运动学与生理学等数据,对患者的康复进度给予实时反馈,并可对患者的康复进展做出量化评价,为医生改进康复治疗方案提供依据。

目前,针对肌电、脑电及运动和力学信息识别人体运动意图已经有大量的研究工作成果可以借鉴。通过肌电来估计关节力或者运动、通过力位信息来估计关节力等已经获得了较高的识别准确率,而基于脑机接口的意图识别一般只是限定在有限的动作模式上,与人体自然运动还有差距。如何设计可靠性高、识别精度高、实时性能好的意图识别系统还是有待突破的技术难点。而如何提高患者的参与水平目前还处在起步阶段。

**2. 虚拟助理**

医疗领域中的虚拟助理,基于特定领域的知识系统,通过智能语音技术和自然语言处理技术，实现人机交互，将患者的病症描述与标准的医学指南作对比，为用户提供医疗咨询、自诊、导诊等服务。

（1）智能问诊

智能问诊是各类虚拟助理中产品最多的应用场景，就是通过语音交互系统自动地完成患者的病情诊断，为医生和患者提供辅助与参考。分别针对医患沟通效率低下与医生人数不足两大难题，智能问诊又分为"预问诊"和"自诊"两大类。"预问诊"就是患者在完成挂号后的等待时间内，进入医院 APP 或公众号中的智能问诊模块，输入自己的基本信息、症状、既往病史、过敏史等信息，系统将初步形成诊断报告，在患者与医生见面之前推送给医生，以减少医生与患者的沟通内容，大大缩短问诊时间。"自诊"就是患者在手机或 PC 端通过人机交互完成智能问诊，获取诊断报告以供参考。

（2）药物推荐

药物推荐的目的在于让患者足不出户就可以知道"该吃什么药"。推荐用药属于相对小众的应用场景，其产品是"自测用药"APP，能够根据患者选择的症状和程度，通过后台算法系统给出中药和西药的用药建议。

（3）导诊机器人

导诊机器人，以其可爱的外表和易用的语音交互系统，成为中国众多医院喜闻乐见的"新员工"。导诊机器人主要基于人脸识别、语音识别、远场识别等技术，通过人机交互，执行挂号、科室分布及就医流程引导、身份识别、数据分析、知识普及等功能。

（4）语音电子病历

写病历是医生的重要工作之一。病案记录的工作量到底有多大？香港德信集团对医生每天消耗在病历记录上的时间做过调研，50%以上的住院医生平均每天用于写病历的时间超过 4h，相当一部分医生写病历的时间超过 7h。

语音电子病历基于人工智能和大数据技术，结合大量原始医疗语料数据，利用机器学习、深度学习技术进行大规模的挖掘和训练，形成医疗语音识别和语义理解模型。

语音电子病历取代键盘、鼠标的录入，让医生通过口述的方式，轻松与 PC、平板电脑等设备进行会话，口述内容被转录成文字并输入到 GIS、PACS、LIS、RIS、CIS 等系统中指定位置。

据了解，使用智能语音电子病历后，录入效率提升了 60%。

语音电子病历也面临一些挑战，医生的口音在很大程度上影响着语音的识别率，因此，语音系统可以根据不同医生的口音或者方言来建立个性化的声学模型，增强语音识别技术的针对性可以有效地提高语音的识别率。另外，语音识别技术还可以根据医生的发音习惯及语速建立不同的声学模型，区别不同的医生，在加载与医生所对应模型的基础上保证语音识别的正确率。另外，容错机制也是语音识别技术一个重要的发展方向，由于医生可能会误读一些词语，容错机制就可以帮助辨别这些错误，自动地识别出正确的词语，当医生发音错误的时候，容错机制也能够纠正语音当中的错误，从而增强识别率，带动电子病历制作质量的提升。语音识别技术还能够修正书写中的错误，如标点符号以及大小写等。

（5）其他

人工智能除了为患者提供基本的诊疗服务外，还可以通过智能陪护来照顾患者，用人性化的温暖言语来抚慰患者，从而舒缓其情绪，加速其康复。这种作用其实是工作繁忙的普通护士很难有时间去发挥的，因此也会成为人工智能应用于医疗时的一种独特优势。

### 7.5.4 新药研发

通常来讲，研发一种新药应该需要 10 年左右的时间，以及十亿元甚至上百亿元的资金，所以新药价格往往很昂贵。将 AI 融入研发新药物的过程中，不仅可以降低整体成本，还可以对新药物的安全性进行自动检验。

新药研发

首先，在筛选新药物的过程中，可以获得安全性比较高的几种备选新药物。具体来说，当出现很多种新药物都可以在一定程度上治愈某种疾病，但医生又很难对这些新药物的安全性进行判断的情况时，AI 的搜索算法便可以为医生筛选出安全性比较高的那几种。

其次，对于那些还没有进入动物实验和人体试验阶段的新药物，同样也可以依靠 AI 来准确地检测其安全性。通过筛选及搜索既有药物的副作用，AI 可以控制进入动物实验和人体试验阶段的新药物种类，这样，不仅可以大大缩短研发新药物的时间，还可以降低研发新药物的成本，一举两得。

在依靠 AI 研发新药物方面，Atomwise 是一个非常具有代表性的例子。通过超级计算机对自身已有数据库进行深入分析，利用 AI 及复杂算法对新药品的研发过程进行精准模拟，借助一些前沿技术对新药物的研发风险进行早期评估，Atomwise 不仅让新药物的研发进程速度有了极大的提升，还让新药物的研发成本有了大幅度降低。Atomwise 运行在 IBM 的蓝色基因超级计算机上，也正是因为这样，Atomwise 才具有非常强大的计算能力，也可以完成一些比较困难的任务。例如，2015 年，埃博拉病毒突然肆虐，Atomwise 用了一个星期左右的时间就找到了可以控制这种病毒的新药物，而且成本非常低，甚至没有超过 1000 美元。除了研发新药物，Atomwise 还可以提供一些别的服务，例如，为研究机构、创业公司、制药公司准确预测候选新药物的有效性。在合作方面，Atomwise 与 Merck 公司、Autodesk 公司达成了密切合作，同时还帮助生物科技公司、制药公司、相关研究机构完成药物挖掘工作。

图 7.68 给出利用人工智能探索新药候选物质的过程。

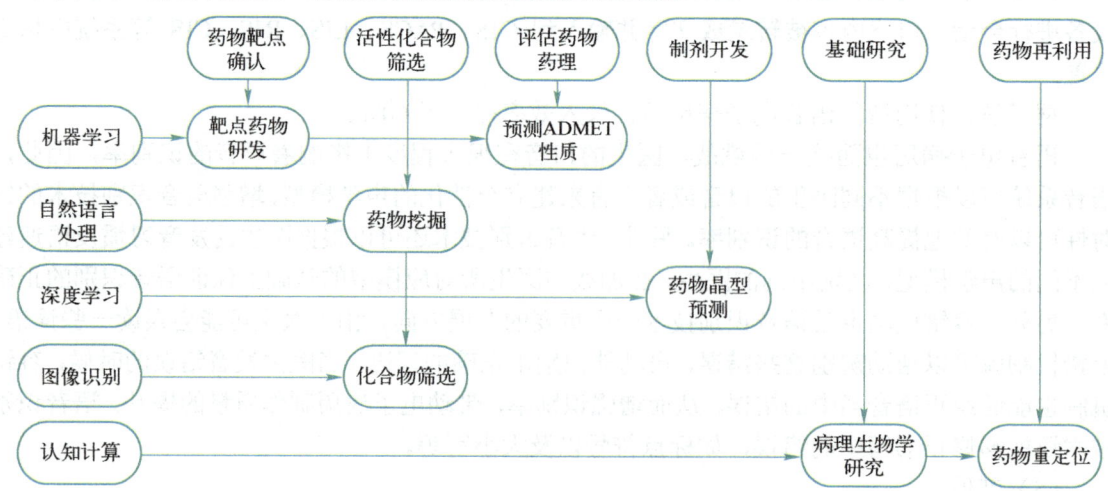

图 7.68 利用人工智能探索新药候选物质的过程

## 7.6 农业+AI

人类的农业活动经历了农业 1.0 到农业 4.0 的演化过程（见图 7.69）。

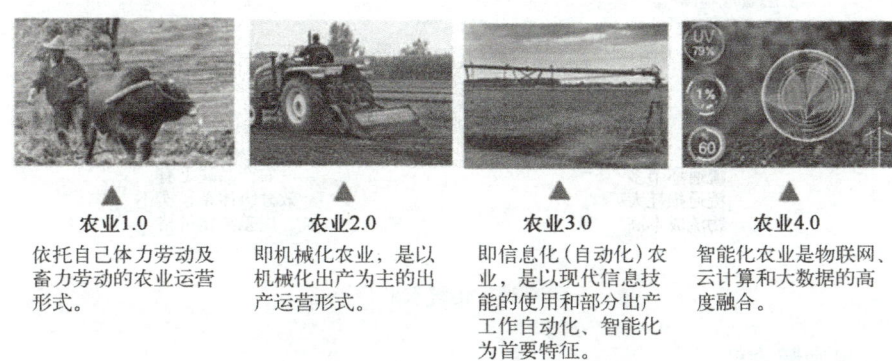

农业1.0  
依托自己体力劳动及畜力劳动的农业运营形式。

农业2.0  
即机械化农业，是以机械化出产为主的出产运营形式。

农业3.0  
即信息化（自动化）农业，是以现代信息技能的使用和部分出产工作自动化、智能化为首要特征。

农业4.0  
智能化农业是物联网、云计算和大数据的高度融合。

图 7.69 农业活动的演化过程

现代化农业指农业 3.0（自动化农业）和农业 4.0（智能农业），农业的未来是智慧农业（见图 7.70）。

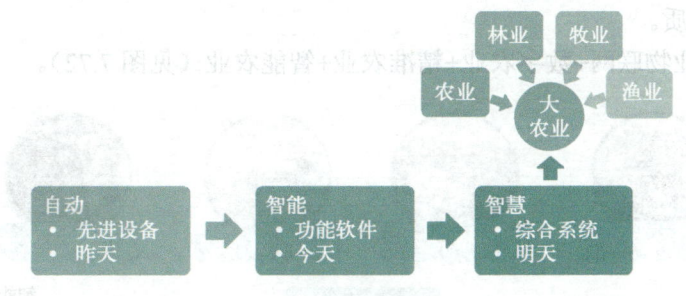

图 7.70 农业发展的未来

### 7.6.1 智慧农业

**1. 传统农业痛点**

信息化技术在其他行业已经取得丰硕成果，但科技含量低、劳动生产率低下的传统农业生产仍然无法满足农业用户的需求：增产增收、减少气候带来的不确定性（见图 7.71）。

智慧农业

因此，迫切需要通过信息化、网络化、智能化技术，加速智慧农业的实施，坚持以农业信息化推动农业现代化，提升现代农业科技创新能力，加快传统农业产业升级。以信息技术推动农业产业化，以农业信息技术延伸和拓展政府服务为手段，转变基层政府职能，提高基层政府监管和服务水平。将粗放的生产方式改变为农业科技升级，让农业生产更精准、更科学、更便捷，从而实现集约化生产、产业化经营、社会化服务、市场化运作的现代农业模式。

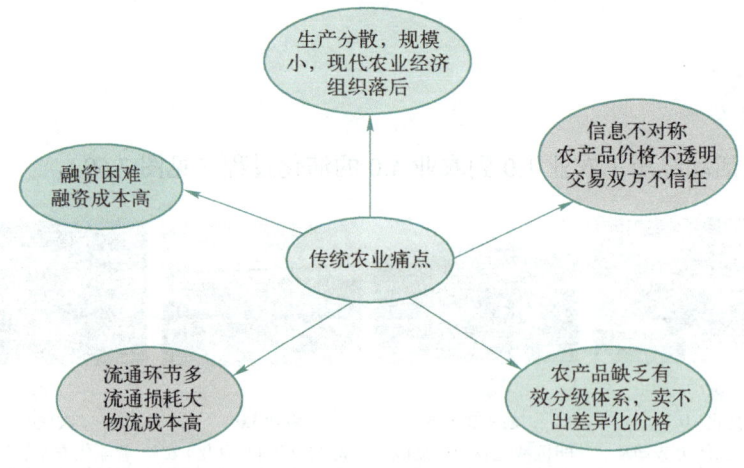

图 7.71 传统农业痛点

### 2. 什么是智慧农业

智慧农业不同于现代农业,智慧农业是农业生产中一个比较高级的阶段,它集互联网、**GPS**、**5G**、人工智能、云计算、大数据、区块链以及物联网技术于一体,实现对动植物、土壤、环境等从宏观到微观的实时监测,提高对动植物生命体本质的认知能力、农业复杂系统的调控能力和农业突发事件的处理能力,合理使用农业资源、降低生产成本、改善生态环境、提高农产品产量和品质。

智慧农业=农业物联网+数字农业+精准农业+智能农业(见图 7.72)。

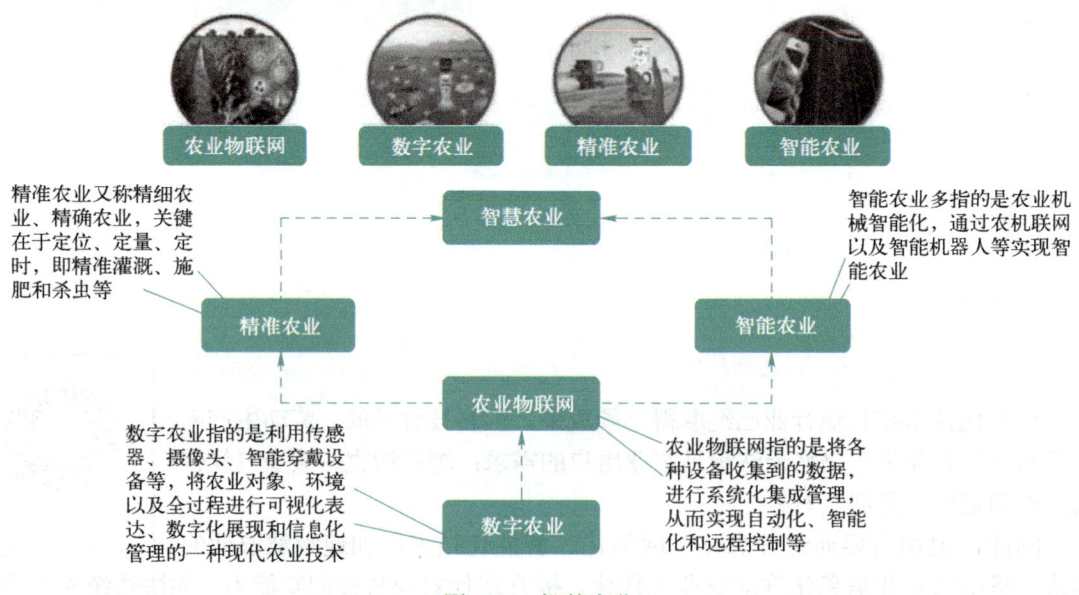

图 7.72 智慧农业

### 3. 传统农业与智慧农业对比

传统农业与智慧农业对比见图 7.73。

图 7.73　传统农业与智慧农业对比

**4．发展智慧农业的意义**

（1）智慧农业推动农业信息化

通过各种传感器和无线传输设备的使用，农田信息能够实时自动传输到农业管理人员的眼前，实现了农民和农田的有机互联，进一步通过标签技术的应用，还可以建立现代农业物流仓储和运输，实现食品安全的有效监控。同时农田信息的获取和联网还能够实现自然灾害监测预警，方便区域管理，实现高度的信息共享和农业自动化。

（2）智慧农业推动农业智能化

充分应用现代信息技术，集成应用计算机与网络技术、物联网技术、音视频技术、3S 技术、无线通信技术及专家智慧与知识，实现农业产业链各关键环节的信息化、标准化，是云计算、物联网、3S 等多种信息技术在农业中综合、全面的应用，能实现更完备的信息化基础支撑、更透彻的农业信息感知、更集中的数据资源、更广泛的互联互通、更深入的智能控制。

（3）智慧农业提高农业管理水平

物联网技术在农业中的应用显著提高了传统农业的管理水平，在农业生产环节，利用农业智能传感器实现农业环境信息的实时采集和利用自组织智能物联网对采集数据进行远程实时报送，为农作物大田生产和温室精准调控提供科学依据，优化农作物生长环境，不仅可获得作物生长的最佳条件，提高产量和品质，还可提高水资源、化肥等农业投入品的利用率和产出率。

（4）智慧农业保障农产品和食品安全

在农产品和食品流通领域，集成应用电子标签、条码、传感器网络、移动通信网络和计算机网络等农产品和食品追溯系统，可实现农产品和食品质量跟踪、溯源和可视数字化管理，对农产品从农田到餐桌、从生产到销售全过程实行智能监控，可实现农产品和食品的数字化物流，同时也可大大提高农产品和食品的质量。

智慧种植—产前阶段

## 7.6.2　智慧种植

**1．产前阶段**

（1）土壤墒情监测

土壤墒情监测系统可实现全天候不间断监测。现场远程监测设备自动采集土壤墒情实时数据：土壤温度、土壤湿度、光照度、土壤盐度、pH 值以及土壤氮磷钾等，并利用无线网络实现数据远程传输；监控中心自动接收、自动存储各监测点的监测数据到数据库中（见图 7.74）。

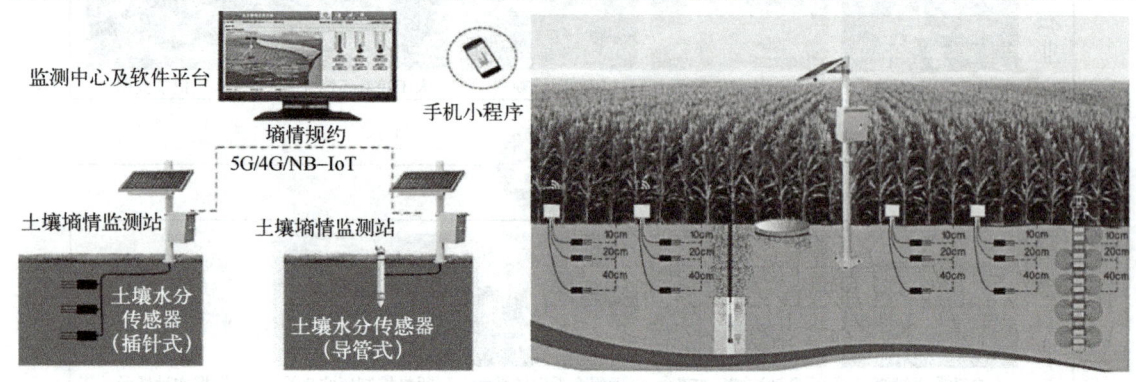

图 7.74　土壤墒情监测

（2）环境气象监测

环境气象监测系统也称为小型气象站，专门用于采集温度、湿度、光照强度、风速风向、降雨量、沙尘暴、酸雨、紫外辐射、二氧化碳、一氧化碳、甲烷、臭氧、气溶胶等气象参数，发布专业的气象预报，主要有播种期预报、物候期预报、土壤水分预报、农作物和牧草产量预报、病虫害预报、农业气象灾害预报以及农用天气预报等。

（3）精准播种

人工智能可通过获取的土壤墒情、环境气象数据分析指导合理施肥、灌溉；通过对农作物市场周期需求的预测，选择适宜种植的作物品种，避免产销脱节引发价格剧烈波动，造成经济损失和农产品浪费。此外，云计算、大数据分析和机器学习等技术，还可以帮助筛选和改良农作物基因，达到提升口味、增强抗虫性、增加产量的目的。

**2. 产中阶段**

产中阶段的主要任务包括：作物生长监测、水肥监测、病虫害监测、自然灾害预报等，见图 7.75。

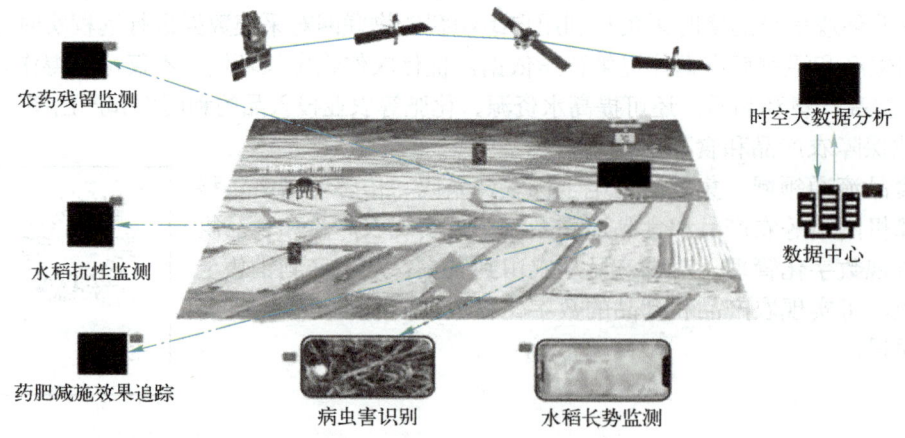

图 7.75　产中阶段主要任务

（1）精准施肥/灌溉

全球面临着土地资源紧缺、化肥农药过度使用造成的土壤和环境破坏等问题。如何在耕地资源有限的情况下增加农业的产出,同时保持可持续发展?人工智能是解决方法之一,展示出巨大的应用潜力。

传统的灌溉和施肥都是种植者凭经验来控制的,因此什么时候灌溉、什么时候施肥、灌溉量多少、施什么肥,全凭经验,存在浪费、不精准的情况。

精准灌溉、施肥是由传感器来控制的,设备自带的土壤湿度传感器,安放在农田的土壤中,可以实时监测土壤中的水分和氮磷钾数据,传感器监测的土壤信息数据,可以实时传送至后台计算机,根据不同作物、不同区域、不同时间对灌溉的水量和施肥的种类进行记录和统计分析。当后台监测到土壤水分和养分低于标准值,系统就能自动打开灌溉或者施肥系统,当监测到土壤中的水分或者养分达到了标准值,系统又可以自动关闭灌溉或施肥系统,通过传感器反馈的数据,来控制灌溉和施肥。

(2)气象灾害预警

农业气象灾害由温度引起的有干旱、冻害,由雨水引起的有洪涝、雹灾,由风引起的有台风等,这些问题都造成了农民的极大损失。

基于人工智能的天气预报准确率逐步提高,专家知识规则不断丰富,通过气象灾害指标和农作物生产的关联分析和专家推理,可实现农业气象灾害早期预警,为农业生产和管理者提供更有针对性和有价值的农业生产指导建议。

(3)智能病虫害监测

计算机视觉技术可识别作物品种、病害程度和杂草生长情况,实现智能预防和病虫害管理,提升农产品安全性。

(4)苗情监测

苗情监测是智慧农业产中的一项重要内容,能够帮助农民准确掌握作物生长发育动态、生产特点、总结作物高产规律,并且通过苗情监测的信息,作为分类指导的依据以及作物生产宏观预测和预测的依据(见图7.76)。

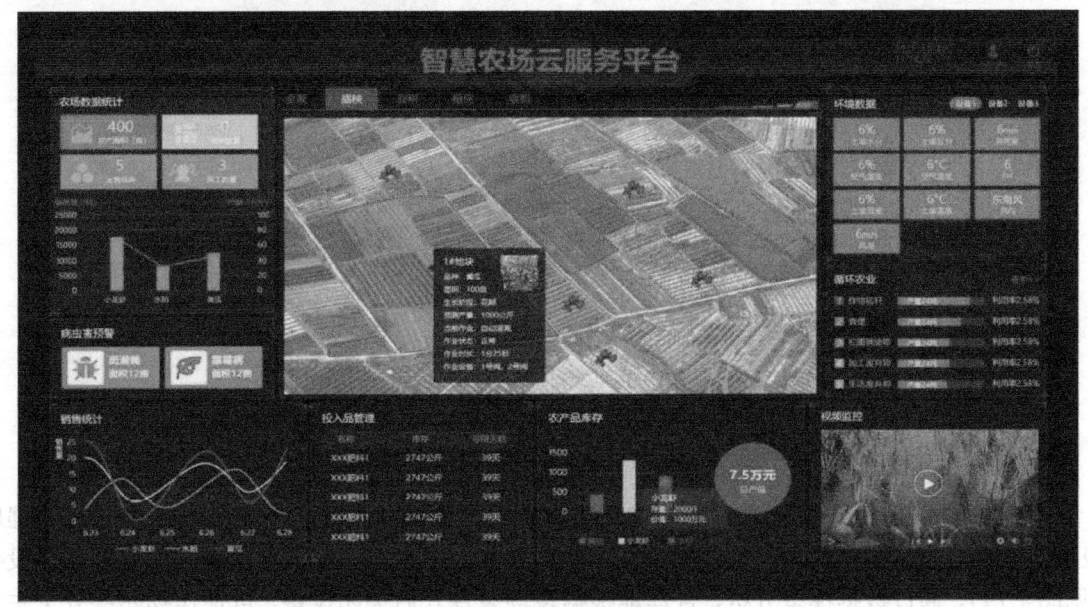

图 7.76 苗情监测

## 3. 产后阶段

1）采收环节。计算机视觉技术与机械臂或机器人结合，可实现 24 小时自动化采收，节省人力、降低成本。此外，大数据处理和语音识别等技术可运用于农业智能专家系统中，为农业从业者提供专业咨询服务和指导（见图 7.77）。

智慧种植—产后阶段

图 7.77 智能采收

2）农产品智慧供应链。具有计算机视觉的机械臂可进行农产品售前品质检测、分类和包装等工作；用大数据分析市场行情，帮助农产品电商运营，可引导企业制定更灵活、准确的销售策略；通过人工智能遗传算法和多目标路径优化数学模型，对物流配送路径进行智能优化，可完善生鲜农产品供应链（见图 7.78）。

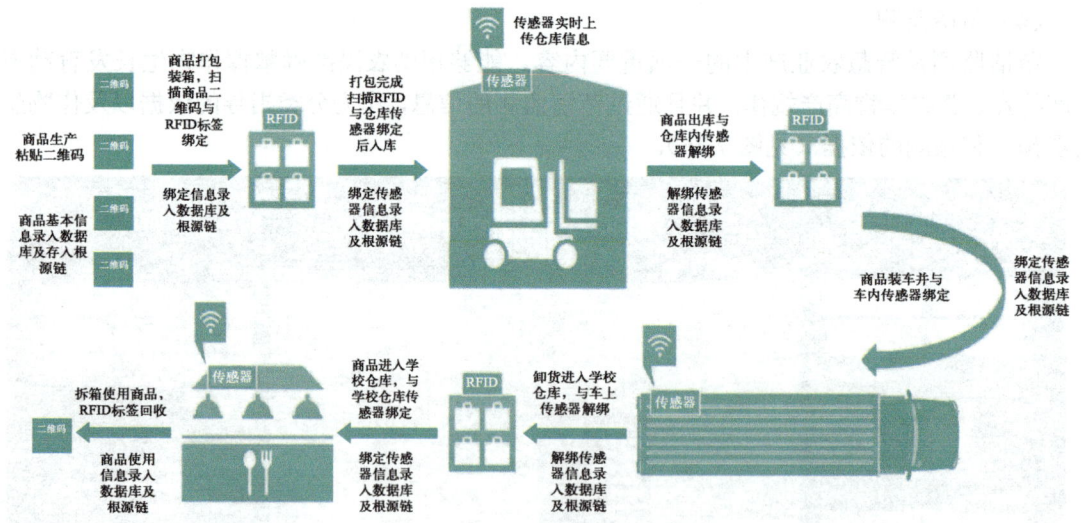

图 7.78 农产品智慧供应链

### 7.6.3 智慧大棚

智慧大棚可远程获取现场环境的空气温湿度、土壤水分温度、二氧化碳浓度、光照强度及视频图像，可以自动控制温室湿帘风机、喷淋滴灌、内外遮阳、顶窗侧窗、加温补光等设备（见图 7.79）。通过数据模型分析，合理地根据现场条件开启关闭设备，可使作物始终处于生长的最佳环境。同时，用户还可以通过手机、触摸屏、计算机等信息终端向管理者推送实时监测信息、报警信息，实现现场环境的信息化、智能化远程管理。可减少人工成本，实现无人值守，精准调控，降低生产风险，提高农作物产量。

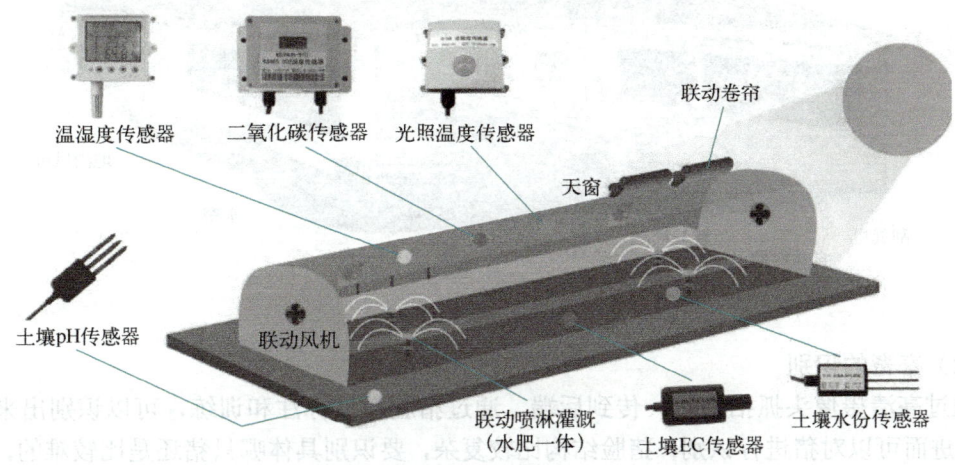

图 7.79 智慧大棚

大棚无土栽培是指作物不是栽培在土壤中，而是种植在溶有矿物质的营养液里。此技术有节水、省肥、高产、清洁卫生无污染、省工省力、易于管理等优点。只要有一定的栽培设备和管理措施，作物就能正常生长，并获得高产。营养液指标分析监测需要大数据和人工智能技术。

### 7.6.4 智慧畜牧业

畜牧业是否为农业的支柱产业，是衡量一个国家农业发达程度的主要标志，而人均畜禽供应及消费也是评价一个国家发展程度的重要指标。随着人口的增长和社会经济的发展，城市人口不断增多，人们收入不断提高，对畜禽产品的需求也急剧增加。智能畜禽养殖系统实现了智慧养殖，满足了人们对肉蛋奶的需求，并对发展国民经济，提高城乡居民生活水平做出了较大贡献。

智慧畜禽养殖系统是将物联网智能化感知、传输和控制技术与养殖业结合起来，利用先进的网络传输技术，围绕集约化畜禽养殖生产和管理环节设计而成。该系统对温度、湿度、有害气体浓度等主要环境参数准确和实时监测，同时集成及改造现有的养殖场环境控制设备，实现了畜禽养殖的智能生产与科学管理。

**1. 智慧猪舍**

猪舍环境与猪的成长息息相关，环境质量变差会导致猪的发育不良甚至疾病。通过在线监测猪生长的环境信息，包括空气温度、$NH_3$、$H_2S$、$CO_2$ 的浓度，照度等，通过智能无线控制设备自动调控猪舍生长环境条件，以实现猪的健康生长、繁殖，从而提高母猪的生产率，获得优质的猪肉（见图 7.80）。

**2. 人工智能在畜牧业中的应用**

（1）计数

将高清摄像头对准通道，当牛、鸡、羊等家畜走过的时候可以进行计数，通过无线通信连接网络，把计数结果传到云端存储。

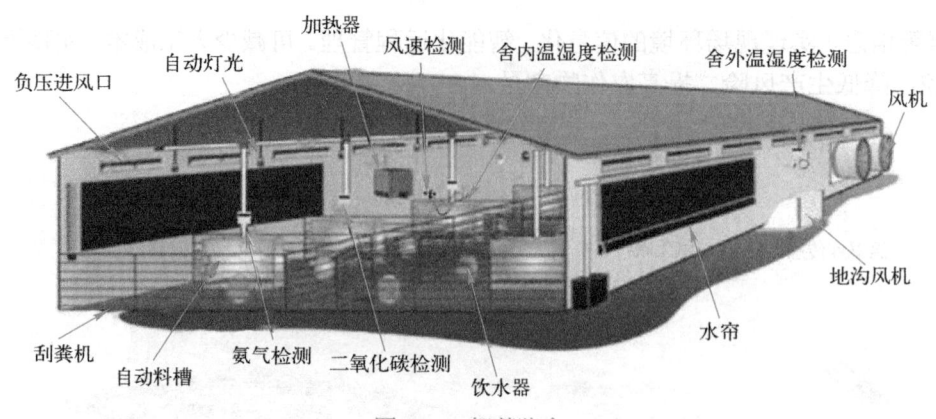

图 7.80 智慧猪舍

**(2) 家畜的识别**

通过高清摄像头抓拍猪脸,传到后端,通过猪脸数据标注和训练,可以识别出来不同的猪脸,进而可以对猪进行识别;猪脸结构比较复杂,要识别具体哪只猪还是比较难的,要不断地调优训练。利用猪脸异常表现确定其是否发情、生病(见图 7.81)。

图 7.81 猪脸识别

**(3) 家畜联网**

通过耳钉、指环、腿环等物联网终端,标示家畜的唯一性,周期性上报信息,也可以给家畜装上计步器、定位芯片实现家畜联网。

**(4) 家畜养殖供需预测**

采集养殖业的各种数据和市场销售数据、流行病数据,建立家畜出栏、存栏、售价曲线,及时调整养殖策略。

(5) 体重判断

家畜长成后应及时出栏,因为家畜长成之后就会长得很慢,甚至体重下降。结合家畜识别技术,每天抓拍到同一头家畜时对体型进行 3D 建模,判断体重,进而判断长势情况,对于长成的家畜及时提示出栏。

(6) 家畜流行病监控

根据家畜的发病数据和养殖行业数据监测,发布流行病趋势,为养殖企业提供指引预防隔离。

(7) 幼崽死亡预测

幼崽死亡诱因之一就是因成年猪挤压造成的,而语音识别技术能够有效捕捉幼崽在挤压时发出的叫声,让系统能够第一时间监测到成年猪的挤压。

## 7.6.5 智慧水产养殖

**1. 水产养殖环境监测**

利用安装在水塘等渔业养殖水域的水产物联网数据采集装置和高清摄像装置采集 pH 值、氨氧浓度和水温等水质参数,通过 NB-IOT/2G/3G/4G 等通信模块将数据上传到云平台,统计、分析鱼苗和水质状况,并依据分析结果进行鱼塘增氧、饵料投放、鱼病防治等渔业操作(见图 7.82)。

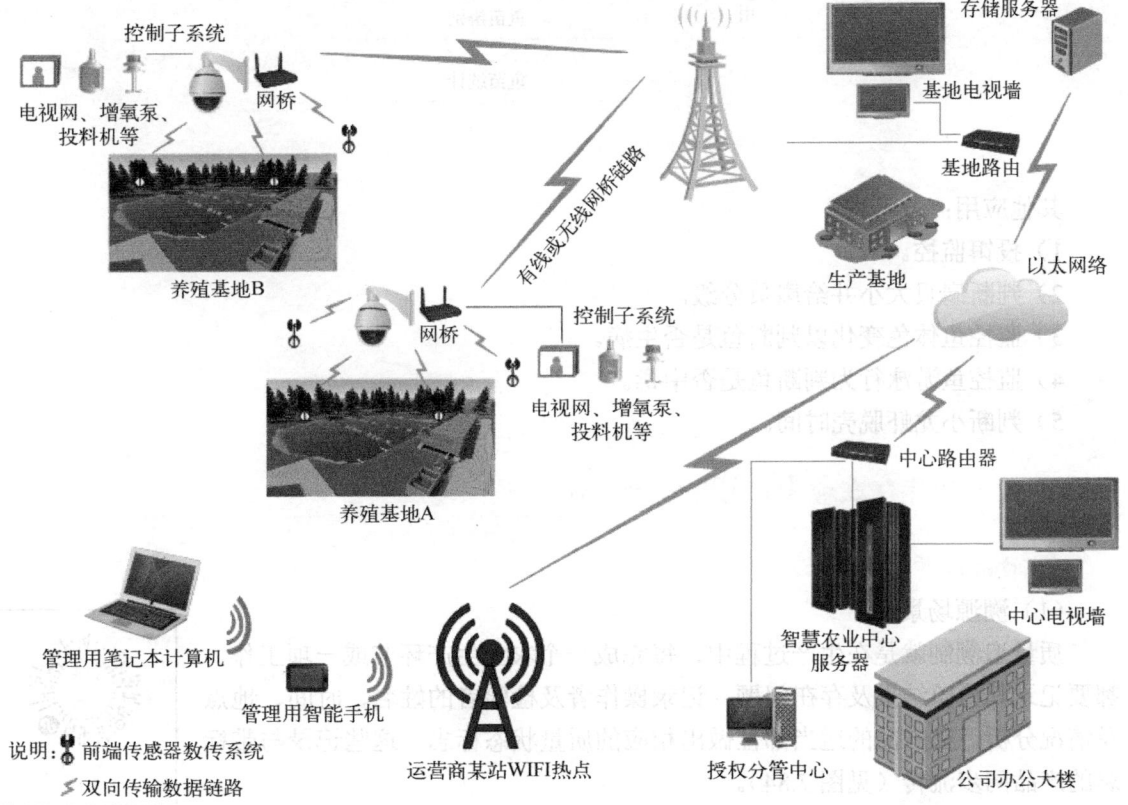

图 7.82 水产养殖环境监测

## 2. 计算机视觉在水产养殖中的应用

1）图像增强：改善视觉效果，使所得图像更适于人与计算机识别和分析。
2）图像去噪：消除照片的单个噪声点，改善光照不均匀度，突出目标的边缘等。
3）图像锐化：使图像某个特征更加突出。
4）灰度化处理：将彩色图像转化为灰色图像，以获取检测目标的特征尺寸。
5）图像二值化：将图像上的像素点的灰度值设置为 0 或 255，也就是使整个图像呈现出明显的黑白效果。
6）图像分割：将图像中的感兴趣区域与背景区域和非感兴趣区域分离开。

计算机视觉在水产养殖中的应用见图 7.83。

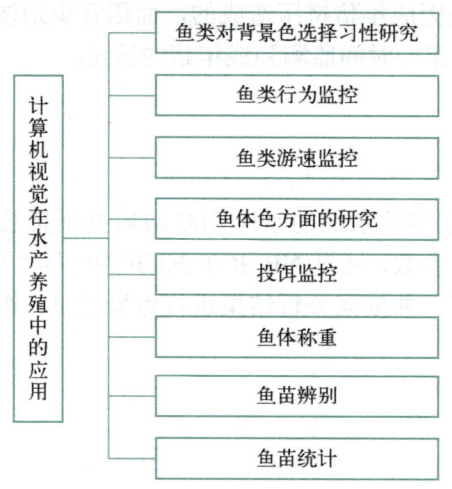

图 7.83　计算机视觉在水产养殖中的应用

其他应用：
1）投饵监控。
2）判断扇贝大小并给扇贝分级。
3）监控鱼体色变化以判断鱼是否生病。
4）监控鱼游泳行为判断鱼是否中毒。
5）判断小龙虾脱壳时间。

### 7.6.6　人工智能在农业中应用的其他场景

#### 1. 食品溯源

（1）溯源场景

质量追溯制就是在生产过程中，每完成一个农业生产环节或一项工作，都要记录其检验结果及存在问题，记录操作者及检验者的姓名、时间、地点及情况分析，在产品的适当部位做出相应的质量状态标志，这些记录与带标志的产品同步流转（见图 7.84）。

（2）基于区块链的溯源系统（见图 7.85）

食品溯源

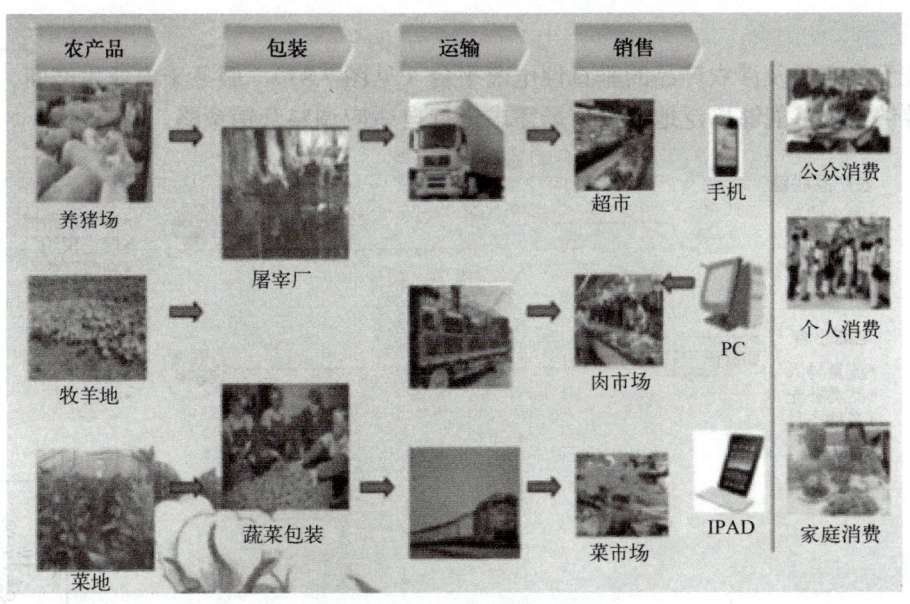

图 7.84　食品溯源场景

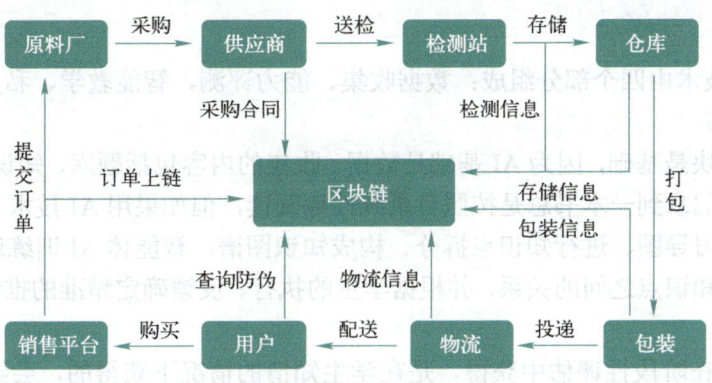

图 7.85　基于区块链的溯源系统

## 2. 专家咨询系统

基于农业信息分散在不同农业部门的现状,通过农业专家系统实现畜牧、农机、种植、教科、病虫害等农业办公文档信息汇聚、分享和展示,解决了现有系统中各类信息相对独立、信息分散的问题(见图 7.86)。

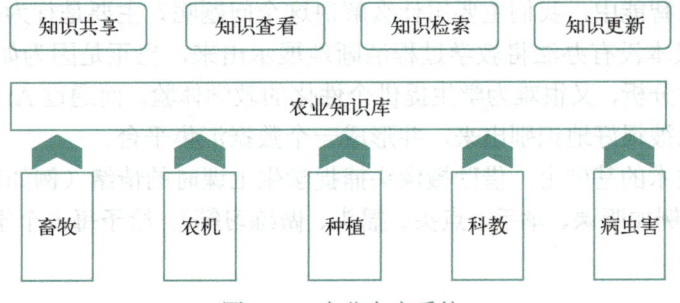

图 7.86　农业专家系统

### 3. 智慧农业电商

专注于农产品及涉农产品的垂直性电商平台（见图 7.87），服务于农业生产商、批发商以及上下游供货商，能够广泛地根据市场需求进行自适应调整营销策略。

图 7.87　智慧农业电商

## 7.7　教育+AI

AI 赋能教育

### 7.7.1　教育 AI 的技术构成

教育 AI 的技术由四个部分组成：数据收集、能力评测、智能教学、私人教练。

#### 1. 数据收集

数据收集模块是基础，因为 AI 基础是数据。收集的内容包括题库、知识图谱、学习数据。传统学习中，我们拿到一本书总是按照目录线性地阅读，但如果用 AI 技术，我们的学习路径将变为：生成学习导图、进行知识点拆分、构成知识图谱、智能体 AI 训练迭代。即进行知识点细分后构建各知识点之间的关系，并根据学生的执行、反馈确定精准的推送方向，为提升学习效率提供基础。

传统数据是在阶段性评估中获得，是在学生知情的情况下获得的，会给学生带来很大的压力。大数据的数据采集是过程性的，在学生不知情的情况下采集的，采集非常自然、真实（见图 7.88）。

#### 2. 能力评测

学生能力评测是重点，为具体路径提供方向指导。通过学生历史答题记录，AI 可以随时评测某个知识点的掌握情况，输出对知识点掌握情况的预估，进而根据预估明确下一步推送的具体路径。在人工智能中，我们主要用什么解决这个问题呢？主要是行为分析。

传统的教室根本没有办法将教学过程清晰地展示出来，也正是因为如此，教师既不能对教学过程进行科学分析，又很难为学生提供个性化的教学体验。而通过 AI 技术，图像、语音、文字等数据就可以被很好地识别出来，并形成一个数据汇集平台。

在表情识别技术的基础上，借助摄像头捕捉学生上课时的情绪（例如快乐、愤怒、悲伤、平静等）及行为（例如听课、举手、点头、摇头、做练习等），给予每一个学生充分的关注（见图 7.89）。

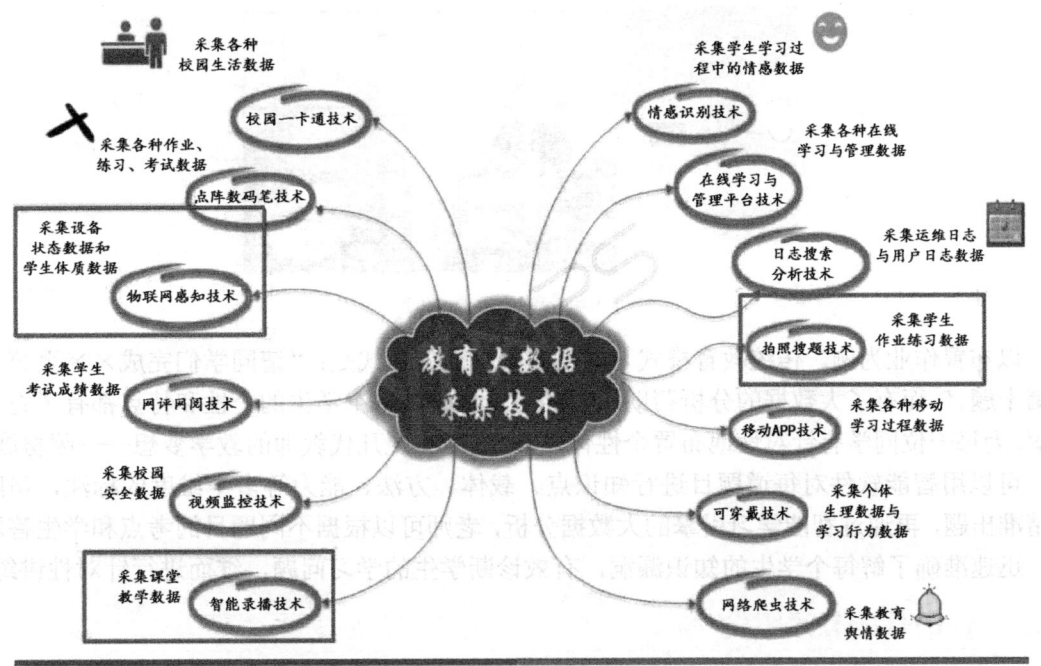

图 7.88　教育大数据采集技术

图 7.89　听课状态识别

**3．智能教学**

智能教育是教育 AI 的核心，AI 可基于学习情况推送个性化的学习方案。根据历史学习记录进行下一步推送主要基于强化学习。对于学校来说，教育 AI 根据学生情况的反馈，推送学习的内容，学生完成后进行反馈，这是最大化知识掌握程度的过程，也是强化学习的过程。图 7.90 展示了语音识别技术应用于汉语拼音教学，会自动纠正不正确的发音。

**4．私人教练**

私人教练模块是手段，是最终实现教育 AI 的步骤。即具体如何实施，学生今天做什么题，推送什么样的知识点。可以引入学习模拟器，运用模拟器可以自动构造学生的学习数据，在有一定的数据后再根据智能教学的模块，对比真实的学生去指导学习，从而提升效率。

图 7.90　语音识别在教学中应用

以布置作业为例。传统教育模式下老师布置作业的方式是："请同学们完成××页第一题到第十题。"而有了大数据的分析帮助，老师可以做到对每个学生的个性和特点都有了充分的了解，为每一位同学有针对性地布置个性化作业，进而实现几代教师的教学梦想——因材施教。

可以用智能软件对每道题目进行知识点、载体、方法、能力等多个维度的标注，帮助老师精准出题，再通过智能学习引擎的大数据分析，老师可以根据不同题目的考点和学生答题情况，迅速准确了解每个学生的知识漏洞，有效诊断学生的学习问题，继而进行针对性讲练。

### 7.7.2　AI时代的教师职责

**1. 提高教学的创新性**

在当下AI时代，教师必须有一定的危机意识，一旦有了这样的意识，教师就会想方设法提升教学的创新性。那么，教学的创新性究竟应该如何提升呢？教师需要从以下3个方面着手：

1）创新教学方法。在传统教学当中，教师一般都会采取启发式、情景式等方法，目的也非常简单：让学生学会应该掌握的知识。但不得不承认的是，这些方法很难让学生主动地接受知识，而且还不利于培养学生的各方面能力。因此，对于广大教师来说，创新教学方法已经成了当务之急。

要想实现教学方法的创新，教师就必须既让学生"学会"知识，又让学生"会学"知识，而其中最关键的是学习方法的指导。具体来说，教师应该教会学生怎样获取和巩固知识，以及怎样将这些知识应用到具体问题中去。

2）创新师生关系。在传统的师生关系当中，教师处于主动状态，而学生则处于被动状态，长此以往，学生的主体地位、创新精神、创新思维难免会被扼杀，所以要想提高教学的创新性，教师就必须将自己的主导作用充分发挥出来，与学生形成一种平等、合作的关系。

另外，在教学过程中，教师还要秉持一种宽容和开放的心态，让自己成为学生探索知识的助力者。与此同时，教师还要保证学生的主体地位，让学生自主、轻松、活泼地进行学习和思考，并从中培养学生的创新能力。师生关系越和谐，学生的学习效果就会越好。

3）创新问题情境。一个完美的问题情境设计可以让学生对问题有更加强烈的兴趣，这是提升学生创造力的一个重要条件。为此，教师先要营造一个比较舒适的教育氛围，形成一个可以吸引学生的良好环境，同时还要根据不同学科的具体情况，使问题情境得到进一步创新。

需要注意的是，上面所说的问题情境最好有一定的难度，只有这样，才可以让思考的过程变成一个创新的过程，从而充分调动学生思维活动的主动性和创新性，教师的教学创新能力也会因此得到大幅度提升。

在 AI 时代，创新是非常关键的，只有不断创新、积极创新，才可以跟上潮流，这一点对教师也同样适用。具体来说，教师必须尽快提高教学的创新能力，才能在一定程度上保证自己不被 AI 取代，才能在 AI 时代找到属于自己的那一方天地。

**2. 增加教学的科技感**

既然 AI 时代的到来已经是一个无法逆转的事实，那么教师就应该尽快接受这一现实，还应该在积极顺应 AI 的同时增强教学的科技感，例如通过一些先进的教学设备，让课堂处于一个轻松愉悦的环境当中。

1）讲数据故事让知识不再抽象。AI 时代与大数据时代相伴相随，数据是 AI 得以顺利运行的基础，AI 进入了传统课堂，也就意味着大数据进入了传统课堂。大数据已经成了教师必备的一项新的教学基本功，而大数据时代的教师及其自身所附带的工匠精神，也将会被赋予新的核心内涵——"数据精神"。

2）NLP 提高讲课效率。随着 AI 的不断发展，NLP 的能力也越来越强。在教育领域，借助 NLP 技术，教学语言转化为文字已经成为可能，具体来说，教师的讲解话语，可以被自动识别并转化为板书。教师的教学效率将会比之前有大幅度提升，从而让老师为学生教授更多、更有趣的知识。

3）借助知识图谱丰富教学内容。构建一个内容模型，并对其进行进一步优化，便可以创立知识图谱，从而帮助学生更容易、更准确地发现适合自己的内容。国外已经出现了这方面的应用，其中比较典型的是分级阅读平台。

分级阅读平台会为学生推荐最合理的阅读材料，同时还会把阅读和教学联系在一起。更重要的是，阅读材料后面还附带小测验，并会生成相关阅读数据报告，这样教师就可以更好地掌握学生的阅读情况。

例如，英语阅读平台 Newsela 抓取来自多家主流媒体的文章，然后派专人将这些文章改写为难度系数不同的版本，最后提供给处于不同学习阶段的学生。

Newsela 上的每篇文章从难到易分为 5 个难度，这里的不同难度是通过对生词量进行调节来实现的。因此，使用 Newsela 的学生并不需要担心自己的词汇量不够，只要滑动手指便可轻松切换文章的难度，非常方便。

不仅如此，在阅读完文章以后，学生还可以进行测试。同一篇文章，如果难度不同，对应的测试题目也不同。每一篇文章后面一共附带 4 道测试题，学生可以在任何时候查阅文章，只要仔细阅读，就可以取得比较不错的测试成绩。

LightSail 是与 Newsela 类似的一个应用。不过，LightSail 上的文章基本上都来自出版的书籍。相关数据显示，LightSail 收集了 400 多个出版商的 8 万多本书籍供学生阅读，而且这些书籍上的文章非常适合学生阅读。

目前，使用 Newsela 的学生数量已经接近 500 万，而 LightSail 也与多家学校达成了密切合作。

### 7.7.3　人工智能在教育中的应用场景

1）智能教育环境。利用普适计算技术实现物理空间和虚拟空间的融合，基于人工智能技术作为智能引擎，建立支持多样化学习需求的智能感知能力和服务能力，实现以泛在性、社会性、情境性、适应性、连接性等为核心特征的泛在学习。

2）智能学习过程支持。各类人工智能技术的支持下，构建认知模型、知识模型、情境模型，并在此基础上针对学习过程中的各类场景进行智能化支持，形成诸如智能学科工具、智能机器人学伴与玩具、特殊教育智能助手等学习过程中的支持工具，从而实现学习者和学习服务的交流、整合、重构、协作、探究和分享。如小智机器人，基于深度学习的语音唤醒以及远场语音交互能力，WiFi 加红外的组合，通吃传统和新兴的智能家电，实现一机智能。

3）智能教育评价。人工智能技术在试题生成、自动批阅、学习问题诊断等方面发挥重要的评价作用。例如智慧超人 k12 人工智能，应用国际顶尖算法，可以快速从百亿级知识状态中确定每名学生的薄弱知识点，实时动态地检测学生的知识状态，不断分析学生的学习问题，快速精准定位到学生的薄弱知识点。

4）智能教师助理。人工智能将替代教师日常工作中重复、单调、规则的工作，缓解教师各项工作的压力，成为教师的贴心助理。人工智能技术还可以增强教师的能力，使得教师能够处理以前无法处理的复杂事项，对学生提供以前无法提供的个性化、精准的支持，传授知识效率大幅度提升，有更多的时间与精力来关注每个学生的身心全面发展。

5）教育智能管理与服务。通过大数据的收集和分析建立起智能化的管理手段，管理者与人工智能协同，形成人机协同的决策模式，可以洞察教育系统运行过程中问题本质与发展趋势，实现更高效的资源配置，有效提升教育质量并促进教育公平。

### 7.7.4 AI 对教育的挑战

对老师而言，有了人工智能，等于拥有了一个教学的助教和科研的助理。
（1）在教学方面
1）帮助老师设计开发各种教学材料：教案、习题、教学的反思、微课、PPT 讲义等。
2）可以给予老师教学的思路、点子、创意。
3）协助老师对学生的习作自动评分，以及对学生进行及时的反馈。
（2）在科研方面
1）实现快速的阅读、分析、比较、归纳、总结，比如在 2min 内快速抓住 300 页报告的重点。
2）帮助我们写作，从起草、扩写到缩写、改写，使用不同语言的风格。

## 习题 7

**一、名词解释**
1. 智能家居　　2. 智能楼宇　　3. 智能制造
4. 工业机器人　5. 网联汽车　　6. 智能交通　　7. 推荐系统

**二、单选题**
1. 在网联汽车中，V2V 只（　　）连接。
　　A. 车与人　　　B. 车与车　　　C. 车与路　　　D. 车与建筑
2. 自动驾驶辅助系统不包括（　　）。
　　A. 自适应巡航系统　　　　　　B. 车道偏离/保持系统
　　C. 智能刹车辅助系统　　　　　D. 道路救援与车辆应急预警系统

3. 自动驾驶分级，高度自动化属于（　　）级。
   A. L3　　　　　　B. L4　　　　　　C. L5　　　　　　D. L6
4. ITS 是（　　）英文缩写。
   A. 智能制造　　　　　　　　　　　B. 自动驾驶
   C. 智能交通系统　　　　　　　　　D. 网联汽车
5. （　　）不属于智能交通系统的构成部分。
   A. 自动驾驶　　　B. 信息发布　　　C. 信息处理　　　D. 数据源
6. 经营用户的经营逻辑是（　　）。
   A. 销售商　　　　B. 供应商　　　　C. 转化率　　　　D. 连接能力
7. 以下（　　）不是新零售特点。
   A. 生态性　　　　B. 有界性　　　　C. 智慧性　　　　D. 体验性
8. 体验电商常见应用场景不包括（　　）。
   A. 虚拟试衣 APP　B. 智能搭配　　　C. 视频电商　　　D. 谷歌眼镜
9. （　　）侧重于满足某一类用户群体的个性化需求。
   A. 体验电商　　　B. 高效电商　　　C. 垂直电商　　　D. 服务电商
10. 服务电商常见应用场景不包括（　　）。
    A. 谷歌眼镜　　　B. 智能搭配　　　C. 智能客服　　　D. 经营客户
11. 利用用户历史行为推荐商品，属于（　　）推荐。
    A. 基于内容　　　B. 协同过滤　　　C. 基于知识　　　D. 关联规则
12. 利用商品属性和特征相似度推荐商品，属于（　　）推荐。
    A. 基于内容　　　B. 协同过滤　　　C. 基于知识　　　D. 关联规则
13. 利用特定领域的专家知识或普遍经验或其他理论推荐商品，属于（　　）推荐。
    A. 基于内容　　　B. 协同过滤　　　C. 基于知识　　　D. 关联规则
14. 用户画像的应用不包括（　　）。
    A. 竞品对比分析　B. 人群划分　　　C. 精准营销　　　D. 商品推荐
15. 新零售模式不包括（　　）。
    A. 苏宁模式　　　B. 银泰模式　　　C. 万达模式　　　D. 阿里模式
16. 以蒸汽机的发明和广泛应用为标志，是第（　　）次工业革命。
    A. 一　　　　　　B. 二　　　　　　C. 三　　　　　　D. 四
17. 涉及信息技术、新能源技术、生物技术等多个领域的信息控制技术革命，是第（　　）次工业革命。
    A. 一　　　　　　B. 二　　　　　　C. 三　　　　　　D. 四
18. 数字化网络化制造，智能化占比较低，数字化、网络化占比较高，是智能制造第（　　）范式。
    A. 一　　　　　　B. 二　　　　　　C. 三　　　　　　D. 四

三、判断题

1. 未来的汽车不仅是一个交通工具，更是一个会听、会看、会说、会驾驶、会思考、会学习的机器人。（　　）

2．网联汽车的特点在于应用系统位于网络上（如通信网络、卫星与广播等）而非汽车内。（　　）

3．网联汽车可以进行车辆性能与车况的自动监测、传输，进行多地、远程专家会诊，指导车辆维修等。（　　）

4．自动驾驶 L5 以上级别的应用将在 2025 年以后出现。（　　）

5．智能交通以智慧交通为基础。（　　）

6．精准营销就是通过可量化的精确的市场定位技术突破传统营销定位只能定性的局限。对市场进行准确区分，保证有效的市场、产品和品牌定位。（　　）

7．提高购物体验的品质，不仅会提高消费者购买意愿，也将为电子商务平台的长期发展带来积极的影响。（　　）

8．推荐系统用已经存在的连接，去预测未来的连接。（　　）

9．推荐系统解决的主要问题是信息超载和长尾问题。（　　）

10．用户画像本质就是"标签化"的用户行为特征。（　　）

11．"新零售"就是更高效率的零售。（　　）

### 四、填空题

1．（　　）是对用户信息在特定业务场景下的系统描述，是对用户数据建模。

2．根据机器人应用场景不同，国际机器人联合会将机器人分为工业机器人和（　　）机器人两大类。

3．机器人逻辑结构由（　　）大模块构成。

### 五、简答题

1．简述工业机器人的未来发展趋势。

2．简述智慧农业。

3．简述中国制造的特点。

# 附　　录

## 附录 A　人工智能知识体系

人工智能是一个庞大的家族，包括众多的基础理论、重要的成果及算法、学科分支和应用领域等。根据智能系统的难易程度，将人工智能知识体系划分为问题求解、表示与推理、学习与发现、感知与理解、系统与建造五个知识单元，见表 A.1。

表 A.1　人工智能知识体系

| 知识单元 | 相关学科 | 研究方向 | 描　　述 | 算法/模型/项目 |
|---|---|---|---|---|
| 问题求解 | 图搜索 | 启发式搜索 | 问题空间中进行符号推演 | 博弈树搜索，A*算法 |
|  | 优化搜索 | 智能计算 | 以计算方式随机进行求解 | 遗传算法，粒子群算法 |
| 表示与推理 | 知识表示 知识图谱 | 谓词逻辑 描述逻辑 产生式系统 框架 语义网络 | 知识表示可以看作一组描述事务的约定，把人类知识表示成机器能处理的形式 | WordNet，RDF，医学知识图谱 UMLS |
| 学习与发现 | 机器学习 | 有监督学习 | 通过训练集学习得到一个模型，然后用这个模型进行预测 | 决策树，回归，SVM |
|  |  | 无监督学习 | 学习目标并不十分明确 | 聚类、关联分析、降维 |
|  |  | 深度学习 | 深度网络训练算法 | CNN，RNN，CAN，LSTM |
|  |  | 强化学习 | 需连续不断地做出决策，才能实现最终目标的问题 | gym，DeepMind，Lab，AirSim |
|  |  | 迁移学习 | 利用从任务中学到的知识，在只有少量标记数据情况下，可以自动标注大量数据 | 图像数据的迁移学习，语言数据的迁移学习 |
| 感知与理解 | 自然语言处理 | 分词、实体识别、关系识别 | 识别实体如人名、地名、数字以及它们之间的关系 | 机器翻译、语音助手、客服 |
|  |  | 文本分类、自然文摘 | 自动摘除关键词知识 |  |
|  |  | 情感分析、问答系统 | 对主观性进行分析、处理 |  |
|  | 计算机视觉 | 图像生成、图像处理 | 由底层视觉提取对象特征，通过机器学习理解视觉对象 | 机器人装配 |
| 系统与建造 | 专家系统 | 推理、知识库 | 专家知识放入数据库，推理机对用户提问进行推理和解释，中间数据放入数据库 | Cye |
|  | 智能体 | DBI、协同、协调、协商 | 智能体是封装的实体，感知环境并接受反馈，利用自身知识求解问题 | 机器人足球 |
|  | 机器人 | 驱动装置、执行机构、检测装置、控制系统 | 具有感知、运动、思维、通信技能 | 无人机，无人驾驶 |

# 附录 B  人工智能相关学科

人工智能的一个主要目标是开发与人类智能相关的计算机功能，例如推理、学习和解决问题。这也是一门基于计算机科学、生物学、心理学、语言学、数学等学科的综合学科。下面我们将探讨人工智能研究中相关的各种学科。

自从计算机被发明以来，它们处理各种任务的速度呈现指数增长。人类开发出计算机功能，已经广泛应用于各个领域。它们的速度越来越快，尺寸也越来越小。人工智能作为计算机科学的一个分支，追求创造像人类一样聪明的计算机或机器。根据人工智能之父约翰·麦卡锡的说法，它是"制造智能机器，特别是智能计算机程序的科学与工程"。它也被认为是一种使计算机或计算机控制的机器人能够实现类似人类思考方式的智能并且进行思考的技术。通过研究人类大脑如何思考，以及人类如何在尝试解决问题时学习、决定和工作的原理，在此基础上进行研究开发智能软件和硬件系统来实现这个目标。

### 1. 哲学

如果人工智能试图回答"一台机器能聪明地行动吗？""它能像人类一样解决问题吗？""计算机智能是否像人类一样？"等问题，就必须先对"什么是智能"做出回答。正是人工智能的研究者在哲学层面上对"智能"的不同理解，才导致了人工智能在技术实践层面上产生了不同流派并且存在巨大的分歧。

在科学大家族中，没有一门学科比人工智能与哲学的关系更加紧密。人工智能的理论建立在抽象的哲学思考之上，其本质就是如何让计算机模拟人类心智能做的各种事情。人工智能关心的学习、意识、心灵、思维、自由意志等概念，都是哲学界反复讨论和研讨的概念。人工智能问题并不限于机器的伦理规范层面，也不限于机器发展带来的工具理性问题，而是对人类认知和智能本质的追寻，更涉及对人类意识和自身发展的重新思考。对人工智能问题的探寻其实就是人类在更好地了解自己、认识自己。

哲学的起点是对人类存在本质的思考，人工智能以揭示智能奥秘的方式完成哲学家对人类存在的追问。哲学如何回应人工智能的追问，应当是当下哲学研究必须面对的紧迫问题。研究人工智能的基础理论不仅是化解人工智能前沿问题及内部冲突的有效途径，也是哲学家理解人机关系等哲学问题的关键手段。

自从 1956 年达特茅斯会议提出"人工智能"概念以来，人工智能的发展经历了符号主义学派、联结主义学派和行为主义学派三大学派。这三大学派分别从功能、结构和行为这三个维度来模拟智能，在初期都取得了较大成功，但也都遭遇了瓶颈。通过逻辑推理来模拟人类智能的符号主义学派忽视了人类认知的格式塔结构，通过人工构建神经网络的方式来模拟人类智能的联结主义学派在解决一些简单问题时也需要大量运算，行为主义学派在问题求解、逻辑演算等高级智能行为上则相形见绌。进入 21 世纪，人工智能领域所涉及的理论也愈加深奥，于是人工智能研究者们干脆一心向"应用"看齐，对理论问题不闻不问，仅靠现有的技术直接进行模仿或创造智能物。当下人工智能的研究发展可谓热火朝天，但是人工智能领域旧有的哲学论题仍在搁置，人工智能技术的高速发展与自身的哲学理论基础呈现出不平衡的发展态势，人工智能领域"盲人摸象"的现状必须呼唤哲学的帮助。

有关智能生成的机理，一直是人工智能领域关注的焦点问题，可以梳理成几个最基本的问题：认知生成的机理、知识生成的机理、意义生成的机理、情感生成的机理、情境生成的机理；甚至还避不开哲学的基本问题：世界的本源是物质的还是意识的？我是谁？从哪里来？到哪里去？认识世界的手段如何？语言是破解人类智能的钥匙吗？心灵与现象的关系如何？等等。

由于多种原因，人们常常把智能与科学技术联系在一起，简称为智能科技，这是不准确的。智能早于科技的出现，当人们为了生存使用石块、木棒和火时，就出现了智能。那时还没有科技。

毋庸置疑，智能创造了科技以后，科技对智能本身的发展和演化起到非常重要的作用，尤其是极大地改变了人们的衣食住行和精神世界。科学研究采用可观测、可测量、可证明的方法，这意味着，人类可以观察、测量某种现象或问题，然后用数学工具形式化描述为严格准确的知识，进而找到对具体自然、社会现象或问题的规律性解释或结论，做出实证或证伪。

智能的生成机理，也许就像哲学中关于"我"的三个问题（我是谁？我从哪里来？我往哪里去？），本质是文化问题，智能也是多种文化交互作用的结果。

人工智能与哲学交叉研究是非常有必要的，在哲学领域，解释人工智能需要合理的理论框架进行论述，应该在人工智能的哲学层级中重新认识人工智能与人类智慧的本质，深入研究人工智能的基础理论。我们应不再局限于探讨具体的人工智能技术问题，而应开始多方面探讨人工智能的更为广泛的哲学基础、人工智能引发的伦理与法律问题，以及人工智能对人类未来社会的潜在影响。这些问题开始触及了哲学的众多学科分支，包括形而上学、认识论、语言与心智哲学、价值哲学与伦理学、社会与文化哲学等等。人工智能哲学将很快发展成为哲学学科内部一个重要的、跨学科的、具有丰富的研究课题并能产生丰富成果的学科分支。

人工智能工作者和哲学工作者加强交流会使双方受益，人工智能工作者应该和社会学家、心理学家、哲学家一起讨论，探索人工智能的基础哲学理论；哲学工作者应从哲学角度对人工智能的蓬勃兴起进行冷静分析，审视当下人工智能热潮的本质，科学地反思和判断人工智能对现代社会的冲击。人工智能领域要和哲学领域有更多的交汇，构建跨学科的思想基础，打破人文学科和理工学科之间的壁垒，促进科技与人文的融合，更好地应对人工智能时代的来临。

2. 伦理学

人工智能是机器设备还是生物？人工智能机器能不能被看作会思考的新物种？如果承认人工智能是新物种，那么人类如何与之共存？ 也许现在我们考虑这些问题为时尚早，但不要忘了，机器学习的进化速度是惊人的，甚至编写围棋人工智能程序的作者都不能理解机器学习进化的速度为何如此之快。

3. 数学

数学用于编写机器学习的逻辑和算法。哲学思考并定义了特定的智能和理论层面的运作的方式。但是，数学家的智慧提出了用于机器学习的具体步骤和算法。所以良好的数学知识是开发人工智能模型的必备技能。而且数学是人类描述客观世界的通用语言，这种语言现在也可以很好地传达给人工智能，并且被理解。正是通过以数学为基础构建的模型，人工智能正在快速认识这个客观世界，把这些拼图的碎片拼接在一起。

（1）人工智能在数学中的作用

人工智能最大的优势，在于可以帮助人们寻找出人类思维不易发现的联系，也就是帮助人类寻找"直觉"。现在的人工智能，已经可以通过一定的算法，分析大量数据间存在的关系以及规律，从而帮助发现一些新的猜想。一旦在人工智能的帮助下找到新的猜想，接下来数学家们就要对这些新猜想进行深层次的推演和证明。那些被证明为"真"的猜想，最终将会作为定理为人类直接应用。目前，人工智能已经可以提供一个强大的框架，在有大量数据或难以利用经典方法研究的数学领域，发现了不少有趣且可以获得论证的猜想。

（2）数学对人工智能的影响

没有世界一流的数学，就不可能有世界一流的人工智能。近些年，随着人工智能的又一次崛起，越来越多的人选择加入人工智能的学习行列。在学习人工智能的时候，我们首先需要学习和掌握一定的数学知识。可能会有人问了，人工智能要学习哪些数学知识呢？大致来讲就是三大核心知识，即高等数学基础、线性代数以及概率与统计。

① 高等数学基础。这一部分需要掌握的数学知识点有函数、极限、无穷、导数、梯度。此外微积分也是学习的一大重点，包括微积分基本思想、解释、定积分等等。总之，如果你想理解神经网络的训练过程，离不开多元微分和优化方法。同时，泰勒公式与拉格朗日展开式也是需要重点学习的内容。在探寻数据空间极值的过程中，如果没有微分理论和计算方法作为支撑，任何漂亮的模型都无法落地。因此，夯实多元微分的基本概念，掌握最优化的实现方法，是通向最终解决方案的必经之路。

② 线性代数。这一部分的主要知识点包括矩阵、矩阵变换/分解、特征值、随机变量、特征向量、线性核函数、多项式核函数、高斯核函数、熵、激活函数等。只有学会了灵活地对数据进行各种变换，才能直观清晰地挖掘出数据的主要特征和不同维度的信息。

③ 概率与统计。想通过一个数据样本集推测出这类对象的总体特征，统计学中的估计理论和大数定理的思想必须建立。因此概率与统计这部分要学的数学知识包括随机变量、正态/二项式/泊松/均匀/卡方/beta 分布、核函数、回归分析、假设检验、相关分析、方差分析、聚类分析、贝叶斯分析等等。我们可以通过概率与统计分析发现规律、推测未知，而这正是人工智能的核心技术——机器学习的目标。学完了这部分的数学知识，你会发现机器学习中的思想方法和核心算法大多都构筑在统计思维方法之上。

图 B.1 展示了人工智能和数学的关系。

图 B.1　人工智能和数学的关系

### 4. 生物学

生物学对人工智能的发展具有非常重大的作用，无论是研究大脑的运作原理，还是研究生物进化过程，都对我们研究人工智能发展，甚至未来是否会产生基于芯片的硅基生命体有重大意义。人工智能中的遗传算法也是仿真生物遗传学和自然选择机理，通过人工方式所构造的一类搜索算法。

### 5. 脑科学

提供有关人类大脑如何工作以及神经元如何响应特定事件的信息。这使人工智能科学家能够开发编程模型，使其像人脑一样工作。这方面深度学习和强化学习就是两个很好的例子。正是深度学习原理的公布，才有了现在人工智能研究和应用百花齐放的局面。对人类意识的产生和记忆、存储、检索原理的研究都是脑科学对人工智能的深入影响。

### 6. 心理学

人工智能是一种对人类智能行为的模拟，通过现有的硬件和软件技术来模拟人类的智能行为，包括机器学习、形象思维、语言理解、记忆、推理、常识推理等一系列智能行为。而心理学则用于研究和发现人类和动物的思维过程，该学科使数据科学能够理解大脑、行为和人，这对于制造像人类大脑这样的"会思考的机器"至关重要。

如果我们想了解人工智能背后的机制，心理学可能会提供帮助。

1）知觉信息的表达是知觉研究的基本问题，是研究其他各个层次认知过程的基础。知觉过程是从哪里开始的？外在物理世界的哪些变量具有心理学的知觉意义？作为知觉的计算模型计算的对象是什么？这些围绕知觉信息表达的问题是建立与知觉有关的学说的理论模型，无论是人类的还是计算机的，都必须首先回答的问题。而人工智能必须在计算理论层次、脑的知识表达层次和计算机实现层次上，把认知神经科学实验研究和计算机视觉研究结合起来，对上述科学问题提出崭新的理论（或思想）和解决的方法。

2）学习提升智能。学习是基本的认知活动，是经验与知识的积累过程，也是对外部事物前后关联地把握和理解的过程，以便改善系统行为的性能。计算机的信息加工过程就是学习过程的类比。人工智能的内隐学习是一种自我反思、自我观察、自我认识的学习过程。在领域知识和范例库的支持下，系统能够自动进行机器学习算法的选择和规划，更好进行海量信息的知识发现。内隐学习就是无意识获得刺激环境复杂知识的过程。在内隐学习中，人们并没有意识到或者陈述出控制他们行为的规则是什么，却学会了这种规则。在 20 世纪 80 年代中期之后，内隐学习成了心理学界，尤其是学习和认知心理领域最热门和最受关注的课题，成了对认知心理学的发展产生深远影响的最重要课题之一。

3）记忆蕴藏智能的玄机。记忆是人脑对过去经验中发生过的事物的反映，是新获得行为的保持。有了记忆，人才能保持过去的反映，使当前的反映在以前反映的基础上进行，使反映更全面、更深入。有了记忆，人才能积累经验，扩大经验。在人工智能中，工作记忆指的是一种系统，它为复杂的任务比如言语理解、学习和推理等提供临时的储存空间和加工时所必需的信息。工作记忆能同时储存和加工信息，这和短时记忆概念仅强调储存功能是不同的。工作记忆分成三个子成分，分别是中枢执行系统、视空初步加工系统和语音环路。

4）注意是智能的开关。在人工智能的研究中，所有的信息都可以进入高级处理阶段，但只有最重要的信息才会引起中枢系统的反应，在引起反应后才能体现人工智能的优越性。所以如何让计算机系统对重要信息进行"注意"，也是认知科学中必须攻克的艰难课题。

5）意识是智能的控制中枢。意识也许是人类大脑最大的奥秘和最高的成就之一，但是对意识给予统一、确切的科学定义在当前是十分困难的。不同的领域，对意识的理解也是不同的。意识是一个复杂的问题，应该找一个切入点，并且结合当前可用的认知科学的技术手段深入研究。研究意识可以将觉知和非觉知作为切入点，找到神经相关物在脑活动中的区别。实际上情感系统和免疫系统与智能也有密切的关系。所以只有在意识上找到突破口，才能让智能更加"智能"。

### 7. 语言学

语言开启智能之门。人类进化过程中，语言的使用使大脑两半球功能分化。语言半球的出现使人类明显有别于其他灵长类。而人工智能必须学会如何以语言进行信息的处理。

自然语言处理经验也是开发机器人工智能系统的必要条件。另外，人工智能学也需要一套适应人工智能和知识工程领域的、具有符号处理和逻辑推理能力的计算机程序设计语言，能够用它来编写程序求解非数值计算、知识处理、推理、规划、决策等具有智能的各种复杂问题。

### 8. 计算机科学

人工智能是融合学科，是众多学科（包括计算机科学）的共同产物。但目前为止，人工智能以计算机科学为实践主要指导，计算机科学有众多理论、实践手段与方法去实践人工智能。人工智能工程师编写用于制作人工智能神经网络的代码。神经网络会根据提供给系统的数据更新神经网络的值和属性。通过这样的方式实现了人工智能，所以计算机科学是与人工智能联系更密切的学科。人工智能工程师应具备非常强的编程技能，以及与数学和其他学科的知识。

### 9. 机器人学

随着科技创新成为时代主旋律，诸如"自动驾驶取代司机""50%以上的工作岗位将会被人工智能取代"以及"机器人大规模列装，无人工厂成真"之类的说法早已不是新闻了。但这种技术名词的滥用往往会在不经意间使大众混淆"机器人"与"人工智能"的概念。

智能机器人与人工智能有十分密切的关系。人工智能的近期目标是模仿和执行人类的某些智力功能，如判断、推理、理解、识别、规划、学习和其他问题求解。而机器人学的发展也需要人工智能技术的支持，同时，机器人学的发展又为人工智能的发展带来了新的动力，提供了一个很好的试验与应用场景。人工智能在机器人学上找到实际应用，并使问题求解、搜索规划、知识表示和智能系统等基本理论得到进一步实践和发展。

人工智能与机器人是完全不同的两种概念，前者是某一类领域的智能，比如语音翻译或者识别物体；而后者是自动执行工作的机器装置。

（1）机器人

机器人其实就是一种机器设备，所需的基本条件是人工智能+物理外壳，例如扫地机器人。现在，餐厅都运用了机器人服务员，接着会出现机器人配货打包、飞行机器人送快递等，当然还包括医疗、工业、安防等领域的机器人。

（2）两者关系

人工智能和机器人的关系可以总结为：人工智能赋予了机器人思考问题的能力，机器人是人工智能的外在表现。

在工业时代，机器人通过固定的指令，来替代工人完成工业任务；到了人工智能时代，机器人就像被赋予了一个"大脑"，就像一个"人"一样，能够独立进行思考和学习。

机器人和人工智能可以相互结合，以实现更好的自动化和智能控制。例如，机器人可以使用人工智能技术来感知周围环境，并做出相应的反应；同时，人工智能也可以使用机器人来增强其处理复杂任务的能力。总之，人工智能和机器人是相互依存的关系，它们可以相互促进，共同推动技术的发展和应用。

## 10. 自动化

今天的社会中，自动化系统无处不在。它们帮助人们处理数以亿万计的电子邮件收发、帮助你通过手机 APP 打开家中的电视、空调和暖气，并帮助你管理日程协调并安排工作。

自动化的特征是让机器代替人类完成单调的重复性劳动，解放人类的时间用于更重要的事情，使得社会变得更有效率、降低商业成本同时提高生产力。

听起来和人工智能很像，但其实自动化机器和人工智能之间最大的不同在于：自动化机器是由人类预先设置好的手工配置来驱动的。自动化系统预先内置了一系列规则，如果满足了 X 条件，则执行 Y。

说到底，自动化本质上是可以准确、高效执行命令的机器和系统。它非常忠诚地执行规则，不会犯错误，结果是 100%正确。

如果将人工智能理解成仅仅会执行任务的程序那就太狭隘了，这并不是人工智能的任务。人工智能其实可以用下面的定义来描述：一种可以模仿人类思考、语言、行为的技术。人工智能真正需要做的是像人类一样去探寻事物背后的模式，像人类一样从经验中学习，并像人类一样根据情况选择合适的响应来做出反应。

智能系统允许有例外发生，结果不是 100%正确，但误差要在允许范围内，同样的错误不能重复犯，并且相同的输入，输出不一定相同，比如 ChatGPT，每次问同一个问题，但每次的回答可能都不同。

很多时候我们都会混淆人工智能和自动化。虽然自动化设备也是可以基于人工智能而建立的，但并不代表着它们是相同的概念。

从概念上可以看出，人工智能是途径，是手段，而自动化是控制，是最终的目的，这两者不在一个维度上，就像是比较物理和火箭有什么区别一样。

可以看出，人工智能偏向于算法层面的研究，而自动化偏向于系统方面，主要是系统的构建。自动化的目的通常很明确，即控制一个变量按既定的模式稳定运行，为达此目的，从系统构建的角度入手，可以采用任何技术手段（包括所有的人工智能算法）。

从数据处理的角度，看待两者的区别：自动化系统是收集数据的，而人工智能系统则负责理解数据。两者是完全不同的系统，但是一个完美互补的系统。没有智能的自动化系统仅仅是一个机械的执行者，它只能按照既定的程序运作，无法自主学习或适应新的任务；而没有自动化的智能系统，是一个没有学生的老师，没有考核老师水平的环境，难以判断其教学能力的优劣。如果自动化和人工智能完美结合，就有青出于蓝而胜于蓝的效果。

未来，无论是作为个体，还是整个人类，都能通过自动化机器来收集巨量的数据并通过智能系统理解数据。在它们的帮助下，我们的未来将会远远超出我们的想象！而这一切，才刚刚开始。

所以，人工智能学科是一个建立在广泛学科研究基础上的综合学科，从这些学科的交集中产生，同时又将研究结果应用到这些学科中去，大大推动相关学科领域的进步和发展，以巨大的应用潜力来推动科技的快速进步，形成技术爆发的"奇点"。可以预见人工智能在未来十年之内给人类带来的影响，将远远超过计算机和互联网在过去几十年对世界造成的改变，并且这种改变必然会重构人类的生活、学习和思维方式。

# 附录 C 人工智能大事记

人工智能大事记见图 C.1。

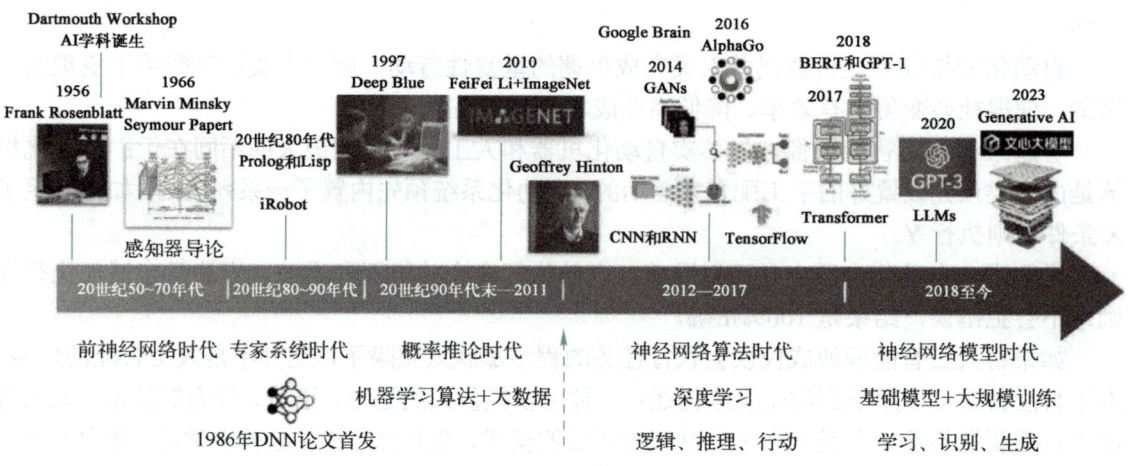

图 C.1 人工智能大事记

1936 年，英国数学家图灵在 1936 年提出了一种理想计算机的数学模型，即图灵机，为后来电子数字计算机的问世奠定了理论基础。

1943 年，美国神经生理学家麦克洛奇与匹兹建成了第一个神经网络模型（MP 模型），开创了微观人工智能的研究领域，为后来人工神经网络的研究奠定了基础。

1946 年，第一台电子计算机的诞生为人工智能的研究奠定了物质基础。

1956 年，在达特茅斯会议上，约翰·麦卡锡（John McCarthy）、马文·明斯基（Marvin Minsky）和克劳德·香农（Claude Shannon）等科学家共同发起并组织召开了用机器模拟人类智能的专题研讨会，这标志着人工智能学科的正式诞生。

1960 年，心理学家罗森布拉特提出了感知机模型，这是一个简单的人工神经网络模型，它的出现标志着人工神经网络的研究进入了新的阶段。

1966 年，基于规则的专家系统出现。基于规则的专家系统是一种能够提供专家级别建议的系统，它利用推理机制对知识库中的规则进行推理，从而提供相应的建议。这个领域的第一个著名系统是专家系统 DENDRAL，它能够提供有关化学领域的建议。

1997 年，IBM 的深蓝计算机战胜了国际象棋世界冠军卡斯帕罗夫，这是人工智能发展历程中的一个重要里程碑，它展示了人工智能在处理复杂问题方面的能力。

2011 年，IBM 的 Watson 击败人类参赛者，成为知识问答领域的超级智能。

2012 年，谷歌的深度学习算法实现图像识别突破，开创了人工智能的新篇章。

2016 年，AlphaGo 击败世界围棋冠军，引发全球对人工智能的深刻思考和讨论。

2020 年，GPT-3 问世，成为当时最先进的自然语言处理模型，引领了语言生成技术的发展。

2023 年，大模型、AIGC 在医疗、交通、金融等领域广泛应用，人工智能深度融入人类社会生活。

这些重要节点见证了人工智能的发展历程，展现了人类智慧的无限潜力。让我们共同期待未来人工智能的更大突破和应用，为人类带来更美好的未来。

# 参 考 文 献

[1] 张健,常城,孟思明,等. 人工智能深度学习基础实践[M]. 北京:人民邮电出版社,2022.

[2] 李垒,常城,许昊,等. 人工智能平台应用[M]. 北京:人民邮电出版社,2022.

[3] 何伟,张良均,金应华,等. 机器学习原理与实战[M]. 北京:人民邮电出版社,2021.

[4] 程显毅,任越美,孙丽丽. 人工智能技术及应用[M]. 北京:机械工业出版社,2020.

[5] ANDREW W T. 深度学习图解[M]. 王晓雷,严烈,译. 北京:清华大学出版社,2019.

[6] 李德毅,于剑. 人工智能导论[M]. 北京:中国科学技术出版社,2018.

[7] 鲍军鹏,张选平. 人工智能导论[M]. 北京:机械工业出版社,2011.

[8] 徐英瑾. 人工智能哲学十五讲[M]. 北京:北京大学出版社,2021.

[9] 李一邨. 人工智能算法大全[M]. 北京:机械工业出版社,2021.

[10] 丁磊. AI思维:从数据中创造价值的炼金术[M]. 北京:中信出版集团,2020.